Kartographie

I

Allgemeines, Erfassung der Informationen, Netzentwürfe, Gestaltungsmerkmale, topographische Karten

von

Günter Hake

6., neubearbeitete Auflage

Mit 142 Abbildungen und 8 Anlagen

1982

Walter de Gruyter · Berlin · New York

SAMMLUNG GÖSCHEN 2165

Dr.-Ing. *Günter Hake*

o. Professor für Topographie und Kartographie an der Universität Hannover

Die Gesamtdarstellung umfaßt folgende Bände:

Band I: Allgemeines zur Kartographie und zur Karte, Herkunft und Erfassung der Informationen, Kartennetzentwürfe, Merkmale und Mittel kartographischer Gestaltung, topographische Karten

Band II: Thematische Karten, Atlanten, kartenverwandte Darstellungen, Kartenredaktion und Kartentechnik, rechnergestützte Verfahren in der Kartographie, Kartenauswertung, Überblick zur Geschichte der Kartographie

CIP-Kurztitelaufnahme der Deutschen Bibliothek

Hake, Günter:
Kartographie / von Günter Hake. – Berlin ; New York : de Gruyter
1. Allgemeines, Erfassung der Informationen, Netzentwürfe, Gestaltungsmerkmale, topographische Karten. – 6., neubearb. Aufl. – 1982.
(Sammlung Göschen ; 2165)
ISBN 3-11-008455-4

NE: GT

Vorbemerkung

Verfasser der 1. bis 3. Auflage (1962–1968) des Bandes „Kartographie" war Prof. Dr.-Ing. *Viktor Heißler*. Nach seinem Tode 1966 bearbeitete Prof. Dr.-Ing. *Günter Hake* die 4. Auflage als „Kartographie I" neu (1970) und schuf durch stoffliche Erweiterung einen weiteren Band „Kartographie II" (1970). 1975 erschien die 5. Auflage des Bandes I, 1976 die 2. Auflage des Bandes II. Nunmehr liegt die 6. Auflage des Bandes I in völlig neuer Bearbeitung vor.

Die Göschen-Bände „Kartographie I und II" sind nach der stofflichen Entwicklung, nach Form und Schwierigkeitsgrad so angelegt, daß sie sich möglichst vielseitig verwenden lassen. In erster Linie dienen sie als einführende und begleitende Fachliteratur für Hochschulstudenten der Fachrichtungen Vermessungswesen, Kartographie und Geographie, aber auch der übrigen geowissenschaftlichen Bereiche und der raumbezogenen Planung. Daneben eignen sie sich zum Selbststudium und zur Fort- und Weiterbildung für alle diejenigen, die mit der kartographischen Wiedergabe räumlicher Bezüge zu tun haben. Schließlich vermitteln und erleichtern sie den Einstieg in das weiterführende und vertiefende Fachstudium.

Die Anlagen zu diesem Band wurden freundlicherweise von folgenden Stellen zur Verfügung gestellt:

Anlagen 1–4: Landesvermessungsamt Rheinland-Pfalz, Koblenz
Anlagen 5–7: Institut für Angewandte Geodäsie, Frankfurt am Main
Anlage 8: Willy Größchen, Dortmund

Verfasser und Verlag danken diesen Stellen für ihre großzügige Unterstützung, durch die sie den vorliegenden Göschen-Band „Kartographie I" in wertvollster Weise bereichert haben.

Inhalt

1. Allgemeines zur Kartographie und zur Karte

1.1 Begriff und Aufgabe der Kartographie

1. *Begriffliches.* Zahlreiche Definitionen zum Begriff „Kartographie“ zeigen das Bemühen um Wesen, Inhalt und Umfang dieses Stoffgebietes. In möglichst kurzer und doch allgemeiner Form läßt sich Kartographie bezeichnen als *Wissenschaft und Technik des Entwurfs, der Herstellung und des Gebrauchs kartographischer Darstellungen; diese vermitteln raumbezogene Informationen durch ein System geometrisch gebundener graphischer Zeichen.*

Die damit gleichzeitig definierten *kartographischen Darstellungen* bezeichnet man in ihrer Gesamtheit auch als *kartographische Ausdrucksformen.* Unter diesen ist die *Karte* am bedeutendsten; die übrigen Ausdrucksformen (z. B. Luftbild, Panorama, Globus) gelten als *kartenverwandte Darstellungen.*

Das mehrsprachige Wörterbuch der *Internationalen Kartographischen Vereinigung 1973,* das rund 1200 kartographische Begriffe erläutert, beschreibt die Kartographie als „Wissenschaft, Technik und Kunst der Herstellung von Karten und kartenverwandten Darstellungen, ausgehend von unmittelbaren Beobachtungen und/oder der Auswertung von Quellen, mit den Arbeitsvorgängen des Kartenentwerfens, der Kartengestaltung, der Ausführung des Kartenoriginals und der Kartenvervielfältigung, sowie der Lehre der Kartenbenutzung“. Dieser Begriffserläuterung schließt sich auch das Fachwörterbuch „Benennungen und Definitionen im deutschen Vermessungswesen“ *(Institut für Angewandte Geodäsie 1971)* an. Weitere Definitionen finden sich z. B. bei *Witt 1979.*

Die Gliederung der beiden Bände richtet sich weitgehend nach der im ersten Absatz gegebenen Definition. Da jedem Entwurf das *Erfassen* der Informationen vorausgeht, werden im Kap. 2 zunächst die Informationsquellen und die Erfassungsvorgänge besprochen. Für den Entwurf selbst bildet das Kartennetz das notwendige geometrische Gerüst; mit den Einzelheiten hierzu befaßt sich das Kap. 3. Den für jede graphische Wiedergabe gültigen *allgemeinen* kartographischen Gestaltungsmerkmalen widmet sich das Kap. 4.

Im Anschluß daran werden die *speziellen* Gestaltungsmerkmale topographischer Karten (Kap. 5) und im Band II die der thematischen Karten (II,1), der Atlanten (II,2) und der kartenverwandten Darstellungen (II,3) näher behandelt. Der Band II befaßt sich ferner mit der Redaktion und Technik für die Herstellung und Vervielfältigung der Karten (II,4), dem Einsatz der Automation (II,5) und dem Gebrauch der Karten (II,6); er schließt mit einem kurzen geschichtlichen Abriß (II,7).

2. *Aufgabe der Kartographie.* Sie hat die theoretischen und praktischen Voraussetzungen dafür zu schaffen, daß kartographische Darstellungen entstehen, aus denen die Benutzer eine möglichst zutreffende Vorstellung oder Erkenntnis der vergangenen, gegenwärtigen oder geplanten Wirklichkeit gewinnen. Der Kartograph wird damit zum graphischen Dolmetscher raumbezogener Informationen *(Hake 1977).*

Diese Aufgabe ist nicht einmalig oder zeitlich begrenzt. Vielmehr erfordern die sich ständig verändernde Wirklichkeit und die immer wieder neu gewonnenen Aspekte in der Erfassung und Gestaltung der Umwelt auch fortgesetzt die Herstellung neuer sowie die Anpassung vorhandener kartographischer Ausdrucksformen. Die *Kartographie als angewandte Wissenschaft* entwickelt und verbessert dazu ständig eine möglichst vielseitige Methodenlehre, und zur technischen Realisierung bedient sie sich auch der Erkenntnisse und Entwicklungen anderer Disziplinen (z. B. Photogrammetrie und Fernerkundung, Automation, graphische Techniken). So versucht sie, den weiterhin wachsenden und vielseitigen Anforderungen der Praxis rechtzeitig und in möglichst wirtschaftlicher Weise zu genügen.

Wie lückenhaft diese Anforderungen bisher erst erfüllt sind, geht beispielhaft aus dem Stand der Erschließung der Erde durch topographische Karten hervor *(United Nations 1976, Böhme 1979).* Etwa um 1977 waren nur rund 40% der Landflächen der Erde durch brauchbare Karten 1 : 100000 oder 1 : 50000 gedeckt, und der jährliche Zuwachs betrug nur 1%.

1.2 Entwicklung und Stellung der Kartographie

Kartographische Ausdrucksformen gibt es schon seit langer Zeit. Dennoch hat sich die Kartographie erst relativ spät aus einem

Hilfsmittel zur Erforschung der Erde, zur Abgrenzung privaten Besitzes und politischer Zuständigkeit, zur Landnutzung sowie für den Verkehr und für militärische Operationen zu einem eigenständigen Wissenszweig entfaltet. Aus diesem langen Wege war sie gekennzeichnet durch rein empirisch-handwerkliche Techniken der Zeichnung und Vervielfältigung einerseits und graphisch-künstlerische Gestaltung andererseits. Erst mit Beginn einer exakteren Geländedarstellung am Ende des 18. Jahrhunderts traten wissenschaftliche Methodenlehren auf, deren weitere Entwicklung bis in die heutige Zeit reicht.

Die *Stellung* der Kartographie ist bei aller Eigenständigkeit in Theorie und Praxis gekennzeichnet durch eine enge Verknüpfung mit verschiedenartigen Wissenschaften und Berufsfeldern. Zu den mit ihr verbundenen *Wissenschaften* zählen seit langem die Geowissenschaften (Geodäsie, Geographie, Geologie, Geophysik) und die Raumforschung. In diese Bereiche war sie anfänglich auch wissenschaftlich eingebettet. Neuere Betrachtungsweisen *(Arnberger/Kretschmer 1975, Kretschmer 1980)* ordnen ihr heute im mehr theoretischen Bereich den Charakter einer Formalwissenschaft zu, etwa vergleichbar der Sprachwissenschaft; im mehr praktischen Bereich ergeben sich andererseits in verstärktem Maße auch ingenieurwissenschaftliche Aspekte *(Hake 1981)*. Damit entstehen weitere Verbindungen zur Kommunikationstheorie, zur Mathematik und Informatik, zur Wahrnehmungspsychologie, zur Nachrichtentechnik, zur Didaktik und zu den Geschichtswissenschaften. Zu Aspekten und Tendenzen in der modernen Kartographie äußert sich auch *Ormeling 1978*.

Als benachbarte *Berufsfelder* kommen in Betracht: Das Vermessungswesen mit Topographie und Photogrammetrie, die raumbezogene Planung, das Unterrichts- und Verlagswesen, die elektronische Datenverarbeitung und das graphische Gewerbe. Darüber hinaus ergeben sich Tätigkeiten in allen Bereichen von Forschung und Praxis, deren Thematik sich zur Anwendung kartographischer Ausdrucksformen eignet.

Über die Abgrenzung der Kartographie, vor allem zu den sog. Mutterwissenschaften Geodäsie und Geographie, finden sich Betrachtungen bei *Finsterwalder 1956, Schmidt-Falkenberg 1964, Arnberger 1970, 1975,*

1976 und *Schamp 1979*. Die Meinungen über die danach zur Kartographie gehörenden Stoffgebiete (1.3) stimmen heute weitgehend überein. Eine größere Abweichung davon ergibt sich vor allem mit der bei den Vereinten Nationen *(United Nations 1951)* gegebenen Begriffsbestimmung. Danach schließt die Kartographie durch die Formulierung „. . . and includes every operation from original survey to final printing of maps." auch weite Teile der Geodäsie ein. Dem entspricht auch der Aufgabenkatalog der dortigen *Cartographic Section*.

1.3 Einteilung der Kartographie

Diese ist nach verschiedenen Gesichtspunkten möglich:

1. Die vom Standpunkt der Wissenschaftssystematik wichtigste Gliederung ist die nach *Stoffgebieten*. Sie führt zunächst zu der vielfach üblichen Zweiteilung in theoretische und praktische Kartographie. Die *theoretische* Kartographie – vereinzelt auch als *Kartologie* bezeichnet – bezieht sich im Anhalt an die erste Definition der Kartographie in 1.1 vorwiegend auf Entwurf und Gebrauch. Sie umfaßt daher neben den grundlegenden Betrachtungen zum Wesen kartographischer Ausdrucksformen vor allem

a) Mathematische Kartographie (Kartennetzentwürfe),
b) Kunde, Aufbereitung und Kritik der Quellen,
c) Grundlagen und Methoden kartographischer Gestaltung,
d) Redaktion kartographischer Darstellungen,
e) Gebrauch kartographischer Darstellungen,
f) Geschichte der Kartographie.

Die *praktische* oder *angewandte* Kartographie hat ihren Schwerpunkt im Bereich der Herstellung. Sie ist daher vor allem Kartentechnik, die von der Materialkunde bis zum Auflagendruck reicht und dabei alle anzuwendenden Technologien (z. B. Reproduktionstechnik, Automation) einschließt.

Diese Zweiteilung, die etwa in den Begriffen *Wissenschaft* und *Technik* der genannten Definition zum Ausdruck kommt, kann jedoch nicht viel mehr sein als ein stark vereinfachtes Schema. Tatsächlich durchdringen sich Theorie und Praxis in den einzelnen Stoffgebieten in mehr oder weniger starkem Ausmaß. Nach anderen Auffassungen ist es daher zutreffender, eine Zweiteilung in allgemeine und spezielle Kartographie vorzunehmen, wobei jeder Bereich Theorie und Praxis aufweist. Die *allgemeine* Kartographie besitzt dabei einen mehr fundamentalen Charakter, während die *spezielle* Kartographie sich stärker an den jeweils technischen Möglichkeiten und wirtschaftlichen Erfordernissen orientiert. Schließlich wird vereinzelt im theoretischen Bereich noch unterschieden zwischen der Theorie im engeren Sinne als einem System von Begriffen und Aussagen und der Methodologie als einem System von Regeln *(Freitag 1979)*.

Die Vielfalt solcher Meinungen ist neben persönlichen Standpunkten auch ein Zeichen für den allgemeinen Auffassungswandel und die anhaltende Entwicklung und Veränderung der Kartographie. Im Zusammenhang damit bemühen sich vertiefende Betrachtungsweisen, das Wesen kartographischer Darstellungen noch näher zu ergründen. Eine solche *Metakartographie* widmet sich vor allem den Beziehungen zu Sprache, Raum und Zeit. Weitere Hinweise und Meinungen zum mehr theoretischen Teil der Kartographie finden sich u. a. bei *Witt 1977, 1979* und *Ogrissek 1980 b*. Bei einer von *Freitag 1979* entwickelten Dreiteilung in allgemeine, vergleichende und historische Kartographie weist jeder Teil einen theoretischen, methodologischen und praktischen Bereich auf.

Entsprechend der Abgrenzung und Einteilung der Kartographie ergeben sich die Ziele der kartographischen *Forschung*. Dabei ist das Forschungsobjekt die kartographische Darstellung selbst einschließlich der Methoden und Techniken zu ihrer Verwirklichung. Daraus ergeben sich die Schwerpunkte der Forschung heute weltweit auf den Gebieten von Kommunikation und visueller Wahrnehmung, in der Anwendung von Methoden zur Aufbereitung, Verarbeitung und Wiedergabe der Objektinformationen unter Einschluß der Computertechnik und der graphischen Techniken sowie in den Untersuchungen zur Geschichte der Kartographie und einzelner kartographischer Darstellungen.

Der häufig benutzte Begriff *Kartenkunde* erstreckt sich im engeren Sinne auf die oben in a), c) und e) genannten Bereiche, wird aber auch – vor allem in Lehrbüchern – auf andere Stoffgebiete ausgedehnt und schließt dann auch meist die Besprechung bestimmter Karten und Kartenwerke sowie geschichtliche Betrachtungen ein.

2. Die Gliederung nach der *Herkunft* kartographischer Ausdrucksformen führt zur Einteilung in amtliche und private Kartographie.

Die *amtliche* Kartographie wird von öffentlichen Institutionen ausgeübt, die im Rahmen von Gesetzen, Verwaltungsanordnungen oder -vereinbarungen tätig sind. In diesen Bereich fallen die amtlichen topographischen Kartenwerke, die Katasterkarten sowie weitere Karten und Kartenwerke (z. B. Seekarten, Luftverkehrskarten), an derem Vorhandensein aus Gründen der Rechts- und Verkehrssicherheit, der Landesverteidigung, der Verwaltung, Planung usw. ein besonderes öffentliches Interesse besteht.

Die *private (gewerbliche)* Kartographie erfüllt dagegen, von öffentlichen Aufträgen abgesehen, in erster Linie die in der heutigen Zeit rasch wachsenden Bedürfnisse nach Information auf verschiedensten Gebieten. In ihren Bereich gehören vor allem die Atlanten, Schul-, Stadt-, Straßen- und Wanderkarten sowie zahlreiche thematische Karten.

3. Andere Möglichkeiten zur Einteilung der Kartographie entsprechen der Gruppierung der Karten (1.5.6). So ist es z. B. üblich, von topographischer und thematischer Kartographie zu sprechen, aber auch von der Kartographie großer, mittlerer und kleiner Maßstäbe.

1.4 Kartographische Ausdrucksformen als Kommunikationsmittel

Die Vorgänge bei Entstehung und Gebrauch kartographischer Ausdrucksformen lassen sich als Teile spezieller Kommunikationsprozesse auffassen und damit auch durch das Begriffssystem der Kommunikationstheorie beschreiben. Eine solche Betrachtungsweise gestattet es, das allgemeine Kommunikationsprinzip auch in der Kartographie zu erkennen und zugleich die Eigenarten kartographischer Kommunikation wahrzunehmen. Im Zusammenhang damit spielen auch Fragen der Wahrnehmungspsychologie eine zunehmende Rolle (4.2).

1.4.1. Kommunikationsphänomene

Jeder Kommunikationsvorgang läßt sich allgemein durch den Satz „Wer sagt was zu wem mit welcher Wirkung?“ beschreiben.

Zwischen den *Kommunikationsgrößen* oder *Kommunikatoren* (Menschen, Tiere und Automaten) gibt es dabei entweder

- dialogisierende Kommunikation als *wechselseitige,* sich gegenseitig beeinflussende Beziehungen oder
- diagnostische Kommunikation als *einseitige* Erfassung, Beobachtung, Analyse oder Erkenntnis der Außenwelt, wie sie sich für den einzelnen Kommunikator jeweils als Gesamtheit der belebten und unbelebten Umwelt ergibt.

Kommunikation dient der *Informationsübertragung;* ihre Wirkung besteht in dem Einfluß, den die empfangene Information auf den Kommunikator ausübt. Hierbei bedeutet Information soviel wie Nachricht oder Mitteilung.

Die *Informationstheorie* beschreibt den Vorgang der Informationsübertragung durch ein Schema, dessen Begriffe weitgehend der Nachrichtentechnik entstammen. Wie aus Abb. 1

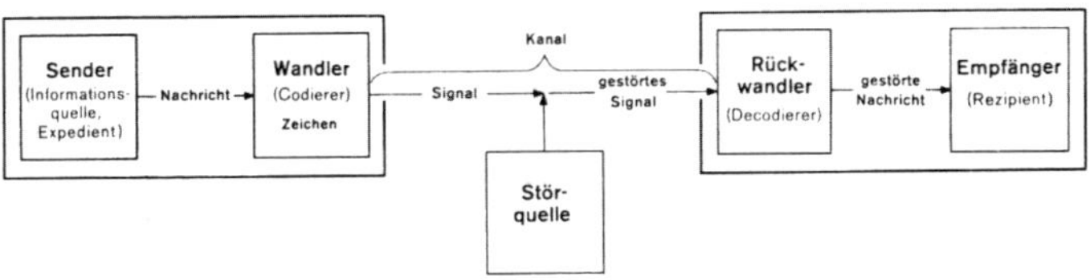

Abb. 1. Schema der Informationsübertragung

hervorgeht, wird ein Kommunikator zum *Sender* (Expedient) und der andere zum *Empfänger* (Rezipient) der Information. Der Inhalt dieser Information wird zunächst beim Sender im Wege der sog. *Codierung* (Verschlüsselung) in bestimmte *Zeichen* (z. B. Buchstaben) umgesetzt. Diese wiederum werden auf einem bestimmten *Kanal* als physikalische *Signale* (z. B. als Schallimpulse) ausgestrahlt und erreichen so den Empfänger. Dort werden sie wieder zu Zeichen zusammengesetzt, die ihrerseits dann im Wege der sog. *Decodierung* (Entschlüsselung) die Nachricht ergeben. Auf den Informationskanal können von außen *Störquellen* (z. B. Lärm) einwirken und die Zeichenbildung und damit auch den Inhalt der Nachricht beim Empfänger beeinflussen.

Aus dieser Beschreibung folgt, daß Informationen stets in codierter Form als Zeichen übertragen werden. Zeichen oder Zeichenfolgen lassen sich demnach auch als Realisationen von Informationsinhalten auffassen. Dabei beschränkt sich der Begriff des Zeichens keineswegs nur auf das, was sich im optischen Wege wahrnehmen läßt. Auch Laute, Gerüche und Berührungen gehören daher zu den Zeichen. Darüber hinaus spricht man von *Zeichensystemen,* wenn aus einem Zeichenvorrat mannigfaltige Kombinationen zusammenhängender Zeichen zu einer Vielzahl von Ausdrucksmöglichkeiten führen.

Die *Zeichentheorie,* die sog. *Semiotik,* befaßt sich als Wissenschaft von den Zeichen und Zeichensystemen mit den Beziehungen der Zeichen untereinander, zu den bezeichneten Objekten und den sie wahrnehmenden Subjekten. Naturgemäß spielt innerhalb der Semiotik das sprachliche Zeichensystem eine zentrale Rolle, da es in den menschlichen Kommunikationsprozessen am häufigsten auftritt.

Kommunikation ist offenbar eine existentielle und soziale Notwendigkeit. Die dabei übertragene Information erhält damit nach einigen Meinungen in der Grundlagenforschung den Wert einer Basisgröße neben Materie und Energie. Innerhalb der Kommunikationstheorie lassen sich Informationstheorie und Zeichentheorie als zwei verschiedene Aspekte auffassen. Die erste ist eine mehr mathematische Betrachtungsweise, die sich z. B. mit der Quantifizierung des Informationsgehalts und der Leistungsfähigkeit von Informationskanälen befaßt. Die zweite betrachtet in einer mehr erkenntnistheoretischen Weise die Zeichen, die die Information repräsentieren.

Das Normblatt DIN 44300 „Informationsverarbeitung" gibt folgende Definitionen:

- Zeichen: Ein Element aus einer zur Darstellung von Information vereinbarten endlichen Menge von verschiedenen Elementen. Die Menge wird Zeichenvorrat genannt.
- Signal: Die physikalische Darstellung von Nachrichten oder Daten.
- Daten: Zeichen oder kontinuierliche Funktionen, die zum Zwecke der Verarbeitung Information auf Grund bekannter oder unterstellter Abmachungen darstellen.

Dabei bestehen digitale Daten nur aus Zeichen, analoge Daten nur aus kontinuierlichen Funktionen.

Von besonderer Bedeutung für das Zustandekommen eines wechselseitigen, also dialogisierenden Kommunikationsvorganges ist es, daß die Kommunikatoren über ein bestimmtes gemeinsames Repertoire an Zeichen (Zeichenvorrat) und Zeichenbedeutungen verfügen. Nur dann nämlich ist es dem Empfänger möglich, die Zeichen in ihrer Struktur zu erkennen und die durch die Zeichen codierten Informationen zu gewinnen. Wer z. B. das lateinische Alphabet nicht kennt und/oder die deutsche Sprache nicht beherrscht, wird den Inhalt dieses Buches seinem Sinne nach ohne weitere Hilfe nicht begreifen.

Bei jedem Kommunikationsvorgang ist mit Verfälschungen und Minderungen der Informationen zu rechnen (Abb. 2).

1. Bereits beim Sender können die Informationen über die Wirklichkeit von der Wirklichkeit selbst mehr oder weniger abweichen. Dies folgt daraus, daß von der gesamten Wirklichkeit stets nur Teilmengen erfaßt werden und daß daher gewisse Generalisierungen unvermeidbar sind. Hinzu kommt, daß

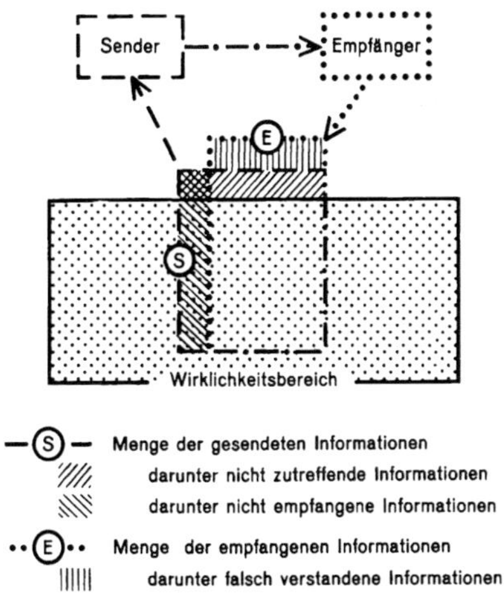

Abb. 2. Informationsverfälschung und -minderung beim Kommunikationsvorgang

z. B. bei schwierigen fachwissenschaftlichen Erhebungen die Erkenntnisbildung nur im Rahmen des sinnlich und apparativ Wahrnehmbaren sowie des allgemeinen Wissenstandes und Weltbildes möglich ist.

2. Die Abweichungen beim Empfänger sind – vom Einfluß äußerer Störungen abgesehen – im wesentlichen Probleme des oben besprochenen Zeichenrepertoires. Dabei werden Teilinformationen nicht aufgenommen oder falsch verstanden.

Auch die kartographische Darstellungsweise, die Kartengraphik, läßt sich als ein Zeichensystem auffassen. Seine Gesetzmäßigkeiten und Besonderheiten werden in 4.2 näher behandelt.

1.4.2 Das kartographische Kommunikationsnetz

Wendet man die allgemeinen Erkenntnisse über Kommunikation auf die Kartographie an, so ergibt sich ein Netz aus mehreren Kommunikationsvorgängen, wie es Abb. 3 in groben Zügen darstellt. Dabei wird die Umwelt zunächst durch eine weitgehend einseitige diagnostische Kommunikation erfaßt.

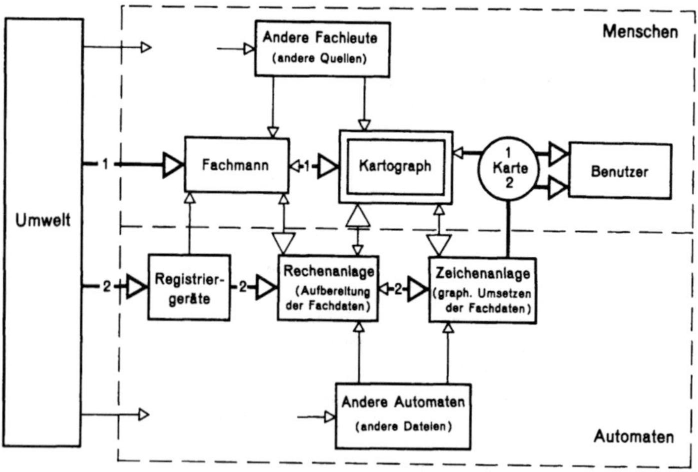

Abb. 3. Das kartographische Kommunikationsnetz

Innerhalb des dargestellten Kommunikationsnetzes liegt der Schwerpunkt kartographischer Aktivitäten rund um den Kartographen mit Einschluß der verwendeten Automaten. Der Kartograph ist einerseits Empfänger, dann aber wieder Sender von Informationen. Im letzteren Falle liegt eine vorwiegend visuelle Kommunikation mit dem Benutzer vor, bei der die *kartographische Ausdrucksform als Kommunikationsmittel,* d. h. als Träger kartographischer Zeichen dient. Eine eingehendere Betrachtung hierzu findet sich bei *Hake 1973.*

In Abb. 3 kennzeichnet die Netzlinie 1 den Ablauf der konventionellen Kartenherstellung wie folgt:

1. Informationsübertragung von der Umwelt zum Fachmann: Die Zeichen der Umwelt, die der Fachmann (z. B. Topograph, Geologe, Planer) auf verschiedenen physikalischen Kanälen als Signale empfängt, werden im Gedächtnis oder als Protokolle, Registrierungen, Karteneintragungen usw. gespeichert und zu einer Vorstellung von der Umwelt, meist beschränkt auf die Fachthematik, verarbeitet.

2. Informationsübertragung vom Fachmann zum Kartographen: Die Zeichen des Fachmanns für seine Umweltvorstellung sind in neuen Unterlagen niedergelegt; der Fachmann wird mit diesen zum Sender für den Kartographen. Dieser wiederum verarbeitet die Unterlagen mit dem Ziel, seine aus ihnen gewonnene Umweltvorstellung in eine Kartendarstellung umzusetzen.

3. Informationsübertragung vom Kartographen zum Benutzer: Die Zeichen des Kartographen ergeben in ihrer Gesamtheit die kartographische Ausdrucksform. Der Benutzer als Empfänger verarbeitet die aus seinen Wahrnehmungen gebildeten Informationen zu seiner eigenen Umweltvorstellung. Diese Vorstellung wird mehr oder weniger von der Wirklichkeit abweichen; das Schema in Abb. 2 erläutert die Gründe hierfür.

Dieser zunächst sehr einseitig gerichtete Verlauf der Informationen gilt streng genommen nur dann, wenn der Benutzer auf diesem Wege neue Informationen über die Umwelt erhält. Wird dagegen die kartographische Wiedergabe vorwiegend zu Vergleichen benutzt, so erweitert sich die Informationskette zu einem oder mehreren Regelkreisen. Solche Vergleiche können sich beziehen a) auf die Umwelt selbst (z. B. Geländevergleich), b) auf eine andere kartographische Darstellung und c) auf eine bereits bestehende Vorstellung von der Umwelt. Die Folge solcher Vergleiche könnte darin bestehen, daß der Fachmann neue Sachinformationen codieren muß, der Kartograph die Kartenzeichen zu ändern hat oder der Benutzer sein Weltbild korrigiert. Schließlich läßt sich das Netz noch erweitern um die vielen und wichtigen Fälle, in denen mehrere Benutzer mit Hilfe der Karte untereinander kommunizieren.

Gegenüber der Netzlinie 1 in Abb. 3 ergeben sich immer weitere Modifikationen, je mehr Geräte zur automatisierten Erfassung, Aufbereitung und Wiedergabe der Daten eingesetzt werden. Schließlich gibt die Netzlinie 2 den vollständigen automatisierten Datenfluß bis zur Karte an. Ein solcher Ablauf läßt sich z. B. heute bereits weitgehend verwirklichen bei der Herstellung von Flurkarten oder topographischen Grundkarten durch Registriertachymetrie oder digitale Luftbildauswertung, von Wetterkarten aus digitalen Wetterdaten oder von Flächendichtekarten aus Datenbanken. Aber auch diese Vorgänge erfordern den Einsatz von Menschen für gedankliche Leistungen (z. B. mathematische Formulierungen von Lösungswegen, Programmierung) und für operationelle Eingriffe (z. B. Gerätebedienung, Transport von Datenträgern). Da ferner die Herstellung und Anwendung neuer Karten auf diesem Wege vielfach überhaupt erst möglich oder sinnvoll wird, dürfte sogar schon deshalb mit einer weiteren Zunahme kartographischer Aktivitäten – auch personell – zu rechnen sein.

Die vorgestellte Betrachtung unter dem Aspekt der Kommunikation mag zunächst den Eindruck erwecken, als handele es sich um eine rein akademische Erörterung bereits bekannter Sachverhalte ohne jeden praktischen Bezug. Tatsächlich ergibt sich jedoch aus dieser Denkweise ein Gewinn in zweifacher Hinsicht:

- Eine solche Betrachtung schärft das Bewußtsein für Wesen und Zweck der kartographischen Ausdrucksform.
- Durch Anwendung allgemeiner Erkenntnisse der Kommunikationswissenschaft (bis hin zur Werbegraphik!) und durch fachspezifische Experimente (z. B. zur Zeichenwahrnehmung, *Vanecek 1980*) ergeben sich weitere Möglichkeiten, die Kartengraphik wirkungsvoller einzusetzen.

Die Einstellung der Kartographie hierzu kommt auch zum Ausdruck in den Tätigkeiten und Veröffentlichungen der Kommission „Kartographische Kommunikation" der Internationalen Kartographischen Vereinigung. Eine Reihe solcher Publikationen befindet sich im *Internationalen Jahrbuch für Kartographie 18 (1978)* und *19 (1979)*. Mit der Gesamtproblematik befassen sich u. a. *Bollmann 1978, 1980* und *Ucar 1979.*

1.5 Die Karte – Begriffe, Eigenschaften, Gruppierungen

Die weiteren Ausführungen dieses Bandes befassen sich ausschließlich mit der *Karte* als der wichtigsten kartographischen Ausdrucksform. Über die *kartenverwandten Darstellungen* enthält Band II,3 weitere Einzelheiten.

1.5.1 Herkunft und Wandel der Bezeichnungen

Der Name Karte kommt vom lateinischen *charta* (Brief, Urkunde), bürgerte sich jedoch erst im 15. Jahrhundert ein. Bis dahin war die Bezeichnung *mappa* üblich, die im englischen Sprachgebiet noch als *map* für Landkarten erhalten geblieben ist, während mit *chart* ausschließlich Seekarten und Luftfahrtkarten gemeint sind. Vom 15. bis 17. Jahrhundert wurde häufig auch noch die Bezeichnung *Landtafel* bzw. das dieser Bezeichnung entsprechende lateinische Wort *tabula* benutzt. Zum Alter der Begriffe Karte und Kartographie äußert sich eingehend u. a. *Sališčev 1979a.*

Die Bezeichnung *Landkarte* im *weiten* Sinne soll die Karte in der hier geltenden Bedeutung sprachlich klarer abgrenzen gegen alle anderen Bedeutungsinhalte des Wortes Karte (z. B. Spielkarte, Fahrkarte usw.). Im *engeren* Sinne versteht man unter Landkarte alle Karten, die im Gegensatz zu den Seekarten ganz oder überwiegend Landflächen darstellen.

1.5.2 Begriff der Karte

Wie zum Begriff „Kartographie" gibt es auch über die Karte eine Vielzahl von Definitionen. So bezeichnet z. B. das Wörterbuch der *Internationalen Kartographischen Vereinigung 1973* die Karte als „maßstäblich verkleinerte, generalisierte und erläuterte Grundrißdarstellung von Erscheinungen und Sachverhalten der Erde, der anderen Weltkörper und des Weltraumes in einer Ebene".

Aus den übrigen Definitionen seien einige herausgegriffen. Nach *Finsterwalder 1952* ist die Karte „die möglichst richtige und vollständige, durch Bezeichnungen erläuterte Darstellung der Landschaft in der zweidimensionalen Papierfläche unter Hervorhebung und Zusammenfassung des Wesentlichen. Feinheit der Wiedergabe, zugleich aber auch Zweckmäßigkeit und Wirtschaftlichkeit bei der Herstellung und Vervielfältigung sind Kennzeichen und Voraussetzung für eine Karte und ein Kartenwerk". *Imhof 1968* nennt Karten „verkleinerte, vereinfachte, inhaltlich ergänzte und erläuterte Grundrißbilder der Erdoberfläche oder von Teilen derselben". Schließlich spricht *Krallert 1963* von „verebneten Abbildungen der Erdoberfläche vermittels konventioneller Zeichen und darauf beruhende Darstellungen verschiedener Thematik". Weitere Definitionen hat z. B. *Witt 1979* zusammengestellt.

1.5.3 Bestandteile der Karte

Eine Karte läßt sich sowohl in formaler als auch in sachlicher Hinsicht in verschiedene Bestandteile gliedern:

a) *Formale (äußere)* Gliederung (Abb. 4a)

1. Das *Kartenfeld (Kartenbild, Kartenspiegel)* ist die Fläche, in der der Karteninhalt dargestellt ist. Nach der Gestalt des Kartenfeldes unterscheidet man zwischen Rahmenkarten und Inselkarten. Die heutigen Karten sind meist *Rahmenkarten;* ihr Kartenfeld ist von quadratischer, rechteckiger oder trapezartiger Form, wobei die Begrenzungslinien (Kartenschnittlinien, Blattschnittlinien) meist durch Linien des Kartennetzes gebildet werden (5.5.1). *Inselkarten* stellen bestimmte topographische oder politische Bereiche ohne ihre Nachbarschaft, also inselartig dar.

Mitunter (z. B. bei Stadtkarten) tritt im Kartenfeld neben der *Hauptkarte* noch eine *Nebenkarte* auf. Diese enthält entweder einen Hauptkartenausschnitt in größerem Maßstab (z. B. Stadtzentrum) oder einen Anschlußbereich, der bei richtiger Lage über das Kartenfeld hinausgehen würde. *Leerflächen* sind Flächen des Kartenfeldes, die keinen Inhalt aufweisen; *Überzeichnungen* sind Inhaltsdarstellungen, die über die Begrenzungslinien des Kartenfeldes hinausgehen. Vereinzelt bei Karten, häufiger bei Kartenausschnitten und -zusammenfügungen fällt der Kartenrahmen ganz oder teilweise fort, und das Kartenfeld reicht ganz oder an einigen Stellen bis an die Blattbegrenzung. Die sonst im Kartenrand anzutreffenden Angaben befinden sich dann in der restlichen Randfläche oder im Kartenfeld.

2. Der *Kartenrahmen* ist eine streifenförmige schmale Fläche zwischen der Kartenschnittlinie (Kartenfeldrandlinie), die das Kartenfeld abgrenzt, und einer äußeren Begrenzungslinie, an der

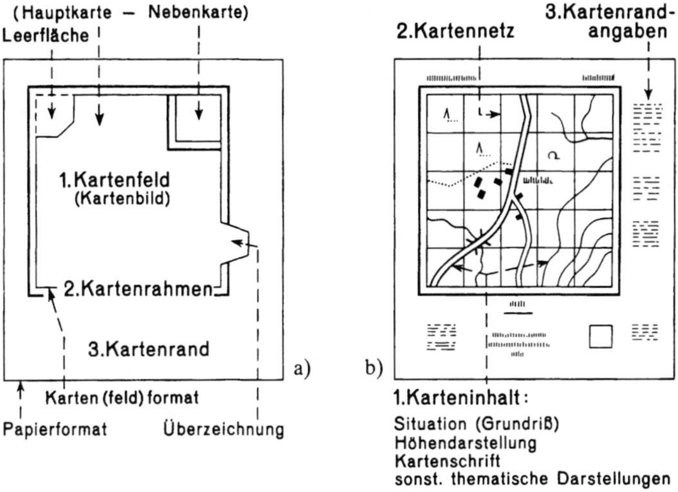

Abb. 4. Bestandteile der Karte

der Kartenrand beginnt. Vereinzelt besteht der Kartenrahmen nur aus einer Begrenzungslinie zwischen Kartenfeld und Kartenrand. Inselkarten gibt es sowohl mit als auch ohne Kartenrahmen.

3. Der *Kartenrand* ist die Kartenfläche außerhalb des Kartenrahmens. Er wird durch das quadratische oder rechteckige *Blattformat* (Papierformat) abgegrenzt.

b) *Sachliche (innere)* Gliederung (Abb. 4b)

1. Der *Karteninhalt* liegt innerhalb des Kartenfeldes und ist

- im engeren Sinne die Gesamtheit der graphischen Strukturen, d. h. der Zeichen im Sinne von 1.4,
- im weiteren Sinne die Gesamtheit der Informationen, für die diese Zeichen stehen (Kartenthema).

Er besteht aus der Situation (Grundriß), Höhendarstellung, Schrift und solchen thematischen Angaben, die sich nicht den anderen Teilen des Karteninhalts zuordnen lassen (z. B. Diagramme). Karten ohne Schrift gelten als *stumme* Karten (z. B. die sog. Fragekarten oder Lernkarten des Unterrichts, oft in der Form der Umrißkarte).

2. Das *Kartennetz* stellt bestimmte Linien des geodätischen oder geographischen Koordinatennetzes in der Kartenebene dar und ermöglicht damit die geometrisch einwandfreie Darstellung des Karteninhalts. Ist das Kartennetz nicht dargestellt, so liegt in den meisten Fällen wenigstens dem Entwurf oder der Vorlage ein Kartennetz zugrunde. Karten, die ein Kartennetz, aber keinen Karteninhalt aufweisen, gelten als *Leerkarten*.

3. Die *Kartenrandangaben* umfassen alle textlichen und graphischen Darstellungen im Kartenrand (z. B. Maßstab, Zeichenerklärung), aber auch im Kartenrahmen (z. B. Koordinatenwerte, Anschlußhinweise). Nebenkarten im Kartenrand werden auch als *Beikarten* bezeichnet.

1.5.4 Erscheinungsformen der Karte

Als *Kartenwerk* (z. B. topographisches Kartenwerk, Flurkartenwerk) bezeichnet man die Gesamtheit der Karten, die auf einer systematischen Grundlage von Kartennetz, Blattschnitt und -bezeichnung in einheitlicher Gestaltung und meist in gleichem Maßstab ein bestimmtes Gebiet (z. B. den Bereich eines Staates) lückenlos überdecken. Das einzelne Stück daraus ist das *Karten-* oder *Einzelblatt.*

Als *Atlas* gilt die systematische, meist buchförmig gebundene Sammlung von Karten ausgewählter Maßstäbe für ein bestimmtes Gebiet (z. B. Weltatlas, Nationalatlas), zur Darstellung besonderer Themen (z. B. Klimaatlas, Seuchenatlas) oder typischer topographischer Erscheinungen (z. B. topographischer Atlas, Luftbildatlas). Näheres siehe Band II,2.

Wandkarten sind Karten sehr großen Formats und relativ grober graphischer Gestaltung, um bei Unterricht und Vortrag die Lesbarkeit auch bei größerem Betrachtungsabstand zu ermöglichen. Im Gegensatz dazu bezeichnet man auch Karten des üblichen, handlichen Formats als *Handkarten. Textkarten* sind kleinformatige, meist einfarbige Karten im Zuge fachwissenschaftlicher Texte, von Pressemeldungen usw.

Über Rahmenkarten, Inselkarten, Hauptkarten, Nebenkarten, stumme Karten sowie Umriß-, Leer- und Beikarten siehe 1.5.3.

Deckblattkarten, auch *Oleatenkarten* genannt, sind Karten auf durchsichtiger Folie. Sie lassen sich über anderen Karten einpassen und gestatten damit die Zusammenschau verschiedener Darstellungen (graphische Addition) für Sach- oder Zeitvergleiche, für kartometrische Arbeiten oder zur Orientierung. In besonderen Fällen enthalten sie Angaben über inzwischen eingetretene oder über geplante Veränderungen.

Blindenkarten (tactual maps) enthalten erhabene Punkt- und Linienelemente sowie Blindenschrift zum Abtasten.

Der Begriff *Plan* wird noch sehr unterschiedlich benutzt:

1. Die überlieferte Auffassung versteht darunter eine geometrisch exakte, aber kartographisch einfach gestaltete Kartierung in sehr großen Maßstäben (z. B. Katasterplan 1: 1000).
2. Dagegen gilt als Plan häufig auch eine Karte, die vorwiegend der Übersicht dienen soll und daher ihrem Maßstab entsprechend geometrisch und inhaltlich stärker vereinfacht ist (z. B. Stadtplan).
3. Als Plan gilt mitunter auch eine Karte, die nur einen Teil der endgültigen Darstellung enthält (z. B. Lageplan).
4. In neuerer Zeit bezieht man den Begriff Plan im Sinne von „Planung" immer mehr auf die Darstellung eines künftigen Vorhabens (z. B. Bebauungsplan, Regionalplan), unter anderem auch im Rahmen gesetzlicher Formulierungen. Ein solcher Plan besteht in vielen Fällen aus dem Kartenteil und einem vorgeschriebenen Textteil.

Als *Arbeitskarten* gelten 1) Karten, die für bestimmte Eintragungen bereitgehalten werden (mitunter in der einfachen Form der *Umrißkarte*), aber auch 2) solche Karten, in denen erstmalig (und evtl. nur vorläufig) die Ergebnisse von Vermessungen oder thematischen Aufnahmen dargestellt sind.

Unter *Kartogramm* versteht man 1) die Darstellung eines Zahlenwertes je Bezugsfläche (z. B. Bevölkerungsdichte) oder 2) eine topographisch nicht exakte, mehr schematische Darstellung von

Raumbezügen, evtl. auch auf der Grundlage themenbezogener, nicht geometrischer Maßstäbe.

Eine *Kartenskizze* ist eine einfache kartographische Darstellung, die weder geometrisch noch graphisch exakt ist. Wird sie örtlich nach einfachen Messungen oder Schätzungen gefertigt, so bezeichnet man sie auch als *Geländeskizze.*

Die im angloamerikanischen Sprachgebiet übliche Bezeichnung *mental map (Gould/White 1974)* meint die gedanklichen und visuellen Vorstellungen, die Menschen in Form einer Karte von bestimmten geographischen Bereichen haben. Diese lassen sich als Kartenskizze abfragen und gestatten Rückschlüsse auf Bildungsstand, räumliches Vorstellungsvermögen, Erfahrungen und Gewohnheiten.

Nach der zeitlichen Einstufung liegen *alte Karten* oder *Karten aus früherer Zeit* dann vor, wenn sie ein gewisses Alter erreicht haben und nicht mehr bearbeitet werden oder bereits durch neuere Karten in anderer Darstellungsweise ersetzt wurden. Dagegen sollten als *historische Karten* nur solche Karten gelten, die geschichtliche Themen behandeln.

Luftbildkarten (Photokarten) entstehen auf der Grundlage entzerrter Luftbilder, die mit kartographischen Gestaltungsmitteln ergänzt werden. Dabei liegen *Orthophotokarten* vor, wenn die Entzerrung wegen der Höhenunterschiede im Gelände durch Orthoprojektion, d. h. differentiell, entstanden ist (2.1.4.2 und Bd. II, 3.1). Zur Unterscheidung von solchen Karten bezeichnet man die anderen Karten häufig als *Strichkarten.*

Die Bezeichnung als *Computerkarte* wird benutzt 1) in sehr allgemeiner und relativ unscharfer Weise für alle Karten, die mit Geräten der elektronischen Datenverarbeitung entstehen oder 2) nur für Karten, die mit Hilfe eines sonst für alphanumerische Ausgaben verwendeten Zeilendruckers erzeugt werden *(Zeilendruckerkarten, Printerkarten).*

Im Zusammenhang mit der kartographischen Anwendung der Computertechnik steht auch die *digitale Karte.* Diese sprachlogisch unbefriedigende Bezeichnung meint den auf einem Speichermedium befindlichen digitalen und damit maßstabsunabhängigen Datenbestand, der für eine Umwandlung in analoge Kartendaten jederzeit verfügbar ist. Zutreffender ist daher die Benennung dieses Bestandes als *digitales Modell, digital gespeicherte Karte* oder *latente Karte.* Näheres siehe 2.2.2.5 und Band II, 5.

Eine Klassifizierung der Karten als *real map* oder verschiedener Typen der *virtual map* nach den Merkmalen „bildhaft oder nicht" und „materiell oder nicht" stammt von *Moellering 1980.*

1.5.5 Eigenschaften der Karte

Die Eigenschaften der Karte lassen sich beschreiben durch die Merkmale, in denen sie sich von anderen Kommunikationsmitteln unterscheidet. Dies gelingt am einfachsten durch eine Analyse der in 1.5.2 gegebenen Definition für den Begriff der Karte. In den Abschnitten 1.5.5.1 bis 1.5.5.3 wird daher jeweils auf Teile dieser Definition Bezug genommen.

Eckert 1921 fordert von der Karte, daß sie richtig, vollständig, zweckentsprechend, klar und verständlich, lesbar und schön sein soll. Diese Forderungen lassen sich gleichfalls als notwendige Eigenschaften erläutern. Sie sind jedoch der Eigenart und dem Maßstab der einzelnen Karte entsprechend auszulegen.

1.5.5.1 Kartenmaßstab

Karten sind „maßstäblich verkleinerte ... Grundrißdarstellungen ..." und beruhen daher – im Gegensatz zu den originalen Bildern der Künstler und Photographen – auf einfachen und meist eindeutigen geometrischen Beziehungen.

Als Kartenmaßstab gilt das *lineare* Verkleinerungs- oder Verjüngungsverhältnis der Karte gegenüber der Natur (Längenmaßstab). Aus dem Vergleich einer Kartenstrecke s' mit der ihr entsprechenden Naturstrecke s ergibt sich der *Maßstab* zu $M = s' : s$ oder in anderer Schreibweise zu $M = s'/s$. Streng genommen handelt es sich bei der Naturstrecke s stets um den auf Meereshöhe reduzierten horizontalen Anteil der räumlichen Entfernung zwischen zwei Punkten. Nur dann nämlich ist eine widerspruchsfreie grundrißliche Darstellung möglich.

Anstelle der Maßstabsangabe $M = s'/s$ für den Einzelfall eines Streckenvergleichs erhält man eine allgemeine normierte Aussage, wenn man im Zähler statt der variablen Größe s' die Längeneinheit 1 einführt. Das entspricht einer Kürzung des Bruches s'/s durch s', und man erhält

$$M = \frac{1}{\frac{s}{s'}}.$$

Wird $\frac{s}{s'} = m$ gesetzt, so ergibt sich mit

$$M = 1 : m$$

die übliche Form der Angabe des *numerischen* Kartenmaßstabes. Sie besagt, daß einer Längeneinheit in der Karte m Einheiten in der Natur entsprechen. Dabei wird m als *Maßstabszahl* oder *Maßstabsfaktor,* seltener als *Modul* bezeichnet.

Die *Umrechnung von Kartenmaßen in Naturmaße* und umgekehrt läßt sich mit Hilfe der Formeln $s = m \cdot s'$ und $s' = s : m$ leicht durchführen. Auf einigen Kartenwerken ist neben dem numerischen Kartenmaßstab zusätzlich angegeben, welcher Kartenstrecke in cm die Naturstrecke von 1 km entspricht, z. B. „1 : 25000 (4 cm der Karte = 1 km der Natur)".

Die Kartenmaßstäbe beruhen allgemein auf runden Maßstabszahlen, z. B. 1 : 25000, 1 : 100000 usw. Unrunde Maßstabsangaben ergeben sich aus nichtmetrischen Maßsystemen. So liegt z. B. der britischen Karte 1 : 63360 das Verhältnis 1 Zoll (inch) zu 1 Meile (mile) zugrunde; damit ergibt sich (siehe 2.1.2.1) 1 : (12 · 5280) = 1 : 63360. Die alten hannoverschen Separationskarten, die später zum Teil auch noch bei der Aufstellung des Grundsteuerkatasters als Grundlagen dienten, besaßen vielfach einen Maßstab von 1,5 Fuß zu 200 Ruten. Bei 1 Rute = 16 Fuß ergibt sich 1,5 : (16 · 200) = 1 : 2133,3.

Der Maßstab einer Karte ist streng genommen innerhalb des Kartenfeldes nicht konstant, da es theoretisch keine vollständig längentreue Abbildung der definierten Erdoberfläche geben kann (3.1.3.3). In Karten größerer Maßstäbe wirkt sich dies jedoch praktisch nicht aus. Bei kleinmaßstäbigen Karten, die große Teile der Erdoberfläche darstellen, treten dagegen relativ große Längenverzerrungen auf. Dann wird entweder der Maßstab der längentreuen Bereiche, ein Maßstabsdiagramm, der Mittelpunktmaßstab oder ein Durchschnittswert angegeben.

Die von *Eckert 1921* erhobene Forderung nach *Richtigkeit* der Karte (1.5.5) ist in geometrischer und graphischer Hinsicht abhängig von a) der geodätischen Grundlage, b) der topographischen Vermessung und thematischen Aufnahme, c) der Wahl des Netzentwurfes, d) der Kartierung und Zeichnung und e) dem Vervielfältigungsverfahren.

Setzt man in die Formel $M = 1 : m$ Zahlenwerte für m ein, so wird der Betrag von M um so größer, je kleiner m ist. Dementsprechend spricht man von *großen* Maßstäben (bzw. großmaßstäbigen Karten) bei relativ kleinen Maßstabszahlen; umgekehrt bezeichnet man als *kleine* Maßstäbe (bzw. kleinmaßstäbige Karten) solche mit relativ großen Maßstabszahlen.

Neben dem numerischen Kartenmaßstab enthalten Karten meist auch einen *graphischen* Maßstab. Dieser hat die Form einer *Maßstabsleiste (Maßstabsskala)*, mit deren Hilfe Abgriffe und Vergleiche möglich sind. In topographischen Karten findet man oft einen *Schrittmaßstab*. Der früher bei Karten größerer Maßstäbe übliche *Transversalmaßstab* ist heute kaum noch anzutreffen. Als graphischer Kartenmaßstab eignet sich auch das dargestellte Kartennetz. Einfach gestaltete Karten enthalten oft nur eine Maßstabsleiste.

Der Vorteil graphischer Maßstäbe ergibt sich, wenn z. B. bei einer auf Papier gedruckten Karte durch Schwankungen der Luftfeuchtigkeit Dimensionsänderungen auftreten. Da der graphische Maßstab die Längenänderungen mitmacht, kann man ihn direkt und relativ zuverlässig zur Längenbestimmung heranziehen (Bd. II,6). Man erhält ferner den tatsächlichen mittleren Maßstab einer solchen Karte, wenn man für das Kartennetz oder die Maßstabsleiste die Istwerte dem Soll gegenüberstellt.

Zum *Flächenverhältnis* zwischen Natur und Karte führt folgende Überlegung: Eine beliebig begrenzte Fläche kann man sich in ein Rechteck mit den Seiten a und b verwandelt denken. Die Naturlängen der Rechteckseiten ergeben sich aus den Kartenlängen zu $a = m \cdot a'$ bzw. $b = m \cdot b'$; die Naturfläche des Rechteckes ist

$$F = a \cdot b = m \cdot a' \cdot m \cdot b'.$$

Da das Produkt $a'b'$ die Kartenfläche F' darstellt, ist

$$F = F' \cdot m^2,$$

d. h., die Naturfläche ist gleich Kartenfläche mal Maßstabsfaktor zum Quadrat. Umgekehrt ist $F' = F : m^2$.

Die *Umrechnung zwischen verschiedenen Maßstäben* gestaltet sich wie folgt: Im Kartenmaßstab $M_1 = 1 : m_1$ entspricht der Naturstrecke s die Kartenstrecke $s_1' = s : m_1$, im Maßstab $M_2 = 1 : m_2$ entspricht derselben Strecke s eine Kartenstrecke $s_2' = s : m_2$. Daraus folgt das Verhältnis

$$s_1' : s_2' = m_2 : m_1,$$

d. h. Kartenlängen in verschiedenen Maßstäben verhalten sich umgekehrt wie die entsprechenden Maßstabszahlen. Analog ergibt sich für die Flächen

$$F_1' : F_2' = m_2^2 : m_1^2,$$

d. h., Kartenflächen in verschiedenen Maßstäben verhalten sich umgekehrt wie die Quadrate der entsprechenden Maßstabszahlen.

Der erhebliche Verlust an Zeichenfläche, der damit beim Übergang von einer Karte größeren Maßstabs in eine solche kleineren Maßstabs eintritt, ist die Hauptursache für die bei der Kartengestaltung (4.4) auftretenden Probleme. So geht z. B. bei der Ableitung einer Karte 1 : 100 000 aus einer Karte 1 : 25 000 die Darstellungsfläche auf 1/16 ihrer ursprünglichen Größe zurück.

Als *Maßstabsfolge* bezeichnet *Freitag 1962* den Fall, bei dem die Maßstabszahlen verschiedener Karten durch einen einfachen Faktor (z. B. 2) oder eine festgelegte Folge von Faktoren miteinander verbunden sind. Dagegen liegt eine *Maßstabsreihe* vor, wenn verschiedene Faktoren ohne Regelhaftigkeit auftreten. Häufig werden jedoch beide Begriffe als Synonyme angesehen. Die Wahl einer Maßstabsfolge spielt eine wichtige Rolle in der Atlaskartographie und in der amtlichen Kartographie.

Die manuelle Herstellung von Karten findet mitunter in einem besonderen *Arbeitsmaßstab* statt, der gewöhnlich größer ist als der endgültige *Originalmaßstab*. Durch die anschließende Verkleinerung lassen sich dann die geometrischen und graphischen Ungenauigkeiten soweit reduzieren, daß sie kaum noch wahrnehmbar sind.

Neben dem graphischen Längenmaßstab können in Karten noch zwei weitere Arten graphischer Maßstäbe auftreten:

1. Der *Neigungsmaßstab (Böschungsdiagramm)* erleichtert die Bestimmung des Geländeneigungswinkels aus den Höhenlinien topographischer Karten (Bd. II,6).

2. Der *Wertmaßstab (Signaturenmaßstab)* gestattet die Entnahme quantitativer Angaben aus thematischen Karten mit Hilfe von Diagrammen oder Wertskalen (Bd. II,1).

1.5.5.2 Die Karte als Konfiguration

Die Karte kann nur solche Teile der Wirklichkeit darstellen, die einen Raumbezug besitzen, eignet sich also nicht zur Wiedergabe von räumlich nicht fixierbaren Sachverhalten wie z. B. Formeln, Empfindungen oder Kunstwerken.

Die Informationstheorie unterscheidet zwischen räumlichen und zeitlichen Folgen physikalischer Signale. Die räumliche Folge, die *Konfiguration*, ist an Ortskoordinaten, nicht aber an die Zeitkoordinate gebunden. Dagegen hängt die zeitliche Folge, der *Vorgang* (die Sequenz), nur von der Zeitkoordinate ab wie z. B. Sprache und Musik.

Da die Karte als „... Grundrißdarstellung ... in einer Ebene" definiert ist, läßt sie sich als zweidimensionale Konfiguration auffassen. Bei ihrem Gebrauch treten allerdings sowohl konfigurative wie sequentielle Wahrnehmungen auf. Dabei liefert die Konfiguration einen besonders hohen Grad von Anschaulichkeit und spontanen Erkennens in bezug auf räumliche Beziehungen im Vergleich zur Beschreibung durch Text, Tabellen usw.

Die Karte als Konfiguration läßt sich allgemein wie folgt beschreiben:

- Sie ist ein hervorragendes *Informationsmittel* über räumliche Beziehungen.
- Sie ist zugleich ein *Informationsspeicher,* der jedoch wegen der Eigenarten der Kartengraphik im Vergleich zu anderen Konfigurationen (z. B. Luftbild, Mikrofilm) eine relativ geringe Speicherkapazität je Flächeneinheit besitzt.

1.5.5.3 Die Karte als Modell

Modelle sind Arbeitsmittel der Wissenschaft, aber auch Gebilde der täglichen Kommunikation. Sie ermöglichen es, die zunächst regellose Fülle der Umweltinformationen durch Ordnung und Reduktion faßbar zu machen. Aufbauend auf dem jeweiligen Erkenntnisstand sind Modelle mehr oder weniger gute Annäherungen an die Wirklichkeit oder Teile davon. Durch Ansatz mathematischer Beziehungen, graphischer Darstellungen, verbaler Formulierungen, körperlicher Nachbildungen usw. machen sie die Wirklichkeit in ihren Merkmalen erst begreifbar oder leichter verständlich. Diese Modellbildung, die mehr oder weniger fachbezogen sein kann, ist nach ihrem Wesen eine Verallgemeinerung (Generalisierung).

Auch die Karte läßt sich unter diese allgemeinen Betrachtungen einordnen: „Jedes Kartenzeichnen ist ein Generalisieren" *(Imhof 1965)*. Die Begriffsbestimmung der Karte (1.5.2) als „... generalisierte und erläuterte Grundrißdarstellung von Erscheinungen und Sachverhalten ..." bringt ihren Modellcharakter zum Ausdruck. Die Karte entsteht jedoch nicht unmittelbar nach der Wirklichkeit. Vielmehr bildet zunächst der jeweilige Fachmann (z. B. Topograph, Geologe, Sozialgeograph) aus den von ihm erfaßten Informationen ein Primärmodell der Umwelt. Der Fachmann informiert den Kartographen über dieses Modell; damit wird die Karte ein *Sekundärmodell* der Wirklichkeit. Der Benutzer der Karte bildet sich daraus sein tertiäres Modell der Umwelt *(Hake 1974)*.

Die Theorie der Modellbildung unterscheidet nach steigendem Abstraktionsgrad zwischen ikonischen (z. B. Bilder), analogen (z. B. Nachbildungen) und symbolischen (z. B. Formeln) Modellen. Soweit die Karte wegen ihrer spezifischen Kartengraphik in bezug auf die dargestellten Objekte symbolhaft ist, kann man sie als Symbolmodell auffassen. Da die Karte Objektzusammenhänge und damit räumliche Strukturen erkennbar macht, ist sie insoweit auch ein Strukturmodell. Schließlich ist die Karte nach ihrer Erscheinungsform ein graphisches Modell. Dieses kann jedoch aus einem digitalen Modell (z. B. Datenbank) entstanden sein.

Hinsichtlich ihrer Bestandteile kann die Karte noch unterschiedlichen Modellcharakter aufweisen: Die Darstellung des Kartennetzes, einer Planung oder eines Geoids ist eine theoretische Konstruktion und damit ein deduktives Modell. Dagegen ergibt die graphische Umsetzung lokaler Informationen wie Topographie, Bodenarten, Bevölkerungsstruktur ein ortsgebundenes Abbildungsmodell; soweit dieses jedoch typische allgemeingültige Aussagen enthält (z. B. zur Küstenform), ist es auch ein induktives Modell. Weitere Betrachtungen zur Karte als Modell finden sich u. a. bei *Board 1967, Papay 1972* und *Witt 1979*.

Auch einige von *Eckert 1921* genannten Forderungen an die Karte (1.5.5) lassen sich mit dem Modellbegriff erläutern. So bezieht sich die Forderung nach *Richtigkeit* auch auf die qualitative und quantitative Richtigkeit der Objektinformationen (z. B. die richtige Angabe von Nutzungsarten, Wegeklassen; Temperaturen, Transportmengen) mit Einschluß der graphisch zutreffenden Wiedergabe. Mit kleiner werdendem Maßstab nimmt auch die Detailrichtigkeit ab (4.4). Die Forderung nach *Vollständigkeit* kann selbstverständlich nicht bedeuten, daß überhaupt alle erfaßbaren Objekte wiederzugeben sind. Die Karte soll vielmehr die Objekte vollständig enthalten, die nach bestimmten Auswahlregeln in Betracht kommen. Eine solche *relative* Vollständigkeit hängt natürlich sehr stark vom Maßstab ab, denn je kleiner der Maßstab, desto weniger Einzelheiten lassen sich darstellen. Schließlich wird die Vollständigkeit auch durch die ständigen Veränderungen beeinflußt, die sich durch Naturkräfte und menschliche Eingriffe ergeben. Als letztes bestimmt der *Zweck* der Karte sehr stark die Wahl des Maßstabs, des Netzentwurfs, der Inhaltsgestaltung, der Abgrenzung und des Formats. Er ist damit von entscheidendem Einfluß auf Form und Inhalt der Modellbildung.

Der Grad der Übereinstimmung zwischen Karten als Modellen und der Wirklichkeit kann durch mehrere Umstände beeinträchtigt sein:

a) Der Erkenntnisstand zur sachgerechten Wirklichkeitserfassung und deren Auswertung ist nicht ausreichend (Fachproblem).

b) Die kartographische Darstellung ist sachlich und/oder graphisch unzulänglich (kartographisches Problem).

c) Die visuelle Wahrnehmung ist erschwert und führt zu falscher oder reduzierter Auswertung (z. B. schlechtes Licht, vermindertes Sehvermögen: Störproblem).

d) Das Eigenrepertoire des Kartenbenutzers reicht für die Auswertung der Karte nicht aus (Bildungsproblem).

e) In der zwischen Erfassung und Auswertung liegenden Zeit hat sich die Wirklichkeit teilweise verändert (Aktualitätsproblem).

f) Bei den Informationsübertragungen fehlt das Bemühen um Wahrhaftigkeit (Karte als Lüge, z. B. bei historischen Fälschungen: ethisches Problem).

Die Konsequenzen daraus liegen für die Kartographie bei b) in intensiven Anstrengungen in Forschung und Praxis, bei d) in dem Bemühen um Schulung im Kartenlesen und bei e) in einer möglichst kurzfristigen Fortführung der Karten.

1.5.5.4 Kartengraphik

Die bisher beschriebenen Karteneigenschaften erfordern eine typische graphische Darstellungsweise, die in ihrer Gesamtheit auch als Kartengraphik bezeichnet wird. Ihr Aufbau, ihre Merkmale und die Gesetzmäßigkeiten ihrer Anwendung werden in 4.2 näher behandelt.

Die stärksten Impulse für die Entwicklung einer systematischen, aussagekräftigen und vielseitigen Kartengraphik sowie einer möglichst klaren Terminologie dazu gingen in erster Linie weltweit von der raschen Entfaltung und der zunehmenden Bedeutung der *thematischen* Kartographie aus. Die bisher gewonnenen Erfahrungen und Erkenntnisse fanden im deutschsprachigen Raum ihren Niederschlag in Veröffentlichungen von *Pillewizer 1964* und *Meynen 1972*, vor allem aber in den Hand- und Lehrbüchern zur thematischen Kartographie von *Arnberger 1966, Witt 1970* und *Imhof 1972.* Daneben brachte *Bertin 1974* wertvolle Aspekte.

1.5.6 Kartengruppierungen

Karten lassen sich nach verschiedenen Gesichtspunkten gruppieren. Als wichtigste Unterscheidungsmerkmale gelten dabei 1. der Karteninhalt, 2. der Kartenmaßstab, 3. die Art der Entstehung, 4. die Art der Herkunft und 5. die Erscheinungsform der Karte.

Darüber hinaus ist es üblich, auch die folgenden Merkmale zur Beschreibung bestimmter Kartengruppen zu verwenden:

- Eigenschaft des Kartennetzes (z. B. flächentreue Karte),
- Herkunft der Informationen (z. B. statistische Karte),
- Art und Umfang der Aussage (z. B. analytische Karte),
- graphisches Gefüge (z. B. Isolinienkarte),
- geographische Ausdehnung (z. B. Kontinentkarte),
- historische Zuordnung (z. B. Portulankarte),
- Art der Vervielfältigung (z. B. Siebdruckkarte).

Diese Gesichtspunkte sind jedoch für eine allgemeine Kartensystematik von geringerer Bedeutung; sie werden daher hier nicht weiter behandelt.

Fragen der Kartengruppierung werden in fast allen Hand- und Lehrbüchern besprochen. Eine eingehende Untersuchung stammt auch von *Ogrissek 1980a.*

1. Gruppierung nach dem Karteninhalt

Die heute vorherrschende Auffassung geht von einer Zweiteilung in topographische und thematische Karten aus. In *topographischen* Karten sind die „... Situation, Gewässer, Geländeformen, Bodenbewachsung und eine Reihe sonstiger ... Erscheinungen ... Hauptgegenstand ...“. Dagegen stellen die *thematischen* Karten die „... Erscheinungen und Sachverhalte zur Erkenntnis ihrer selbst ...“ dar *(Internat. Kartograph. Vereinigung 1973)*, d. h. sie machen ein bestimmtes Thema (z. B. Klima, Planung) durch das Mittel kartographischer Darstellung verständlich.

Diese Zweiteilung liegt auch den weiteren Betrachtungen dieses Buches zugrunde. Sie ist jedoch nicht unumstritten. Es gibt Meinungen, nach denen die Topographie auch nur ein Thema wie jedes andere sei. Dann würde sich die Gruppierung nach dem Karteninhalt als eine Einteilung nach zahlreichen Themengebieten ergeben, die jederzeit erweiterungsfähig sein müßte. Demgegenüber läßt sich die besondere Stellung der Topographie als Thema wie folgt begründen:

- Topographische Karten sind der notwendige Kartengrund aller thematischen Karten, manchmal allerdings mit stark reduziertem Inhalt. Sie besitzen also eine Basisfunktion.
- In der Praxis der Kartenherstellung orientieren sich die Organisationsformen, besonders bei den Fachbehörden, an dieser Zweiteilung. Das ist vor allem die Folge historischer Entwicklungen.

Für die Gruppe der topographischen Karten wird auch die Bezeichnung als allgemein-geographische Karten benutzt *(Sališčev 1967)*. Als eigentliche topographische Karten gelten dann nur Karten bis zum Maßstab von etwa 1 : 300 000, während die Karten kleineren Maßstabs als geographische oder chorographische Karten bezeichnet werden. Vor allem von geographischer Seite gibt es hierzu die Meinung, daß der genannte Maßstab die Grenze zwischen exakter und detailreicher topographischer Darstellung und der allgemeineren geographischen Beschreibung markiere. Dem hält *Imhof 1968* entgegen, daß jede dieser Karten „eine topographische *und* eine geographische Darstellung“ sei. Auch *Arnberger/Kretschmer 1975* bezeichnen alle diese Karten als topographische Karten.

Die Grenze zwischen topographischen und thematischen Karten ist nicht exakt anzugeben. Zunächst ist festzustellen, daß nahezu jede topographische Karte auch thematische Darstellungen (z. B. politische Grenzen, Gebäudenutzung) enthält; sie bleibt dennoch eine topographische Karte. Andererseits machen aber bereits wenige, aber graphisch betonte thematische Darstellungen auf einer vollständigen topographischen Karte diese zur thematischen Karte. Dazwischen kann man sich Mischformen denken (z. B. bei bestimmten Stadt-, Straßen- und Wanderkarten). Die für diesen Bereich gelegentlich verwendete Bezeichnung als angewandte Karte ist allerdings nicht sehr glücklich. Letztlich werden der Zweck und die daraus folgende Graphik einer Karte die Zuordnung in eine der beiden Gruppen in den meisten Fällen ermöglichen.

Weitere Betrachtungen zur Gruppierung nach dem Karteninhalt finden sich auch bei *Finsterwalder 1951* und *Schmidt-Falkenberg 1964.*

2. Gruppierung nach dem Kartenmaßstab

Hierzu läßt sich etwa folgende Einteilung vornehmen:

Große Maßstäbe: 1 : 10000 und größer,

Mittlere Maßstäbe: kleiner als 1 : 10000 bis etwa 1 : 300000,

Kleine Maßstäbe: kleiner als 1 : 300000.

Die angegebenen Grenzbereiche zwischen den drei *Maßstabsgruppen* können allerdings noch erheblichen Schwankungen unterliegen:

- Sie gehen davon aus, daß in einem Gebiet, wie z. B. Mitteleuropa, bereits zahlreiche Karten und Kartenwerke unterschiedlichsten Maßstabs vorliegen. Dagegen kann in einem kartographisch unerschlossenen Bereich ein Kartenwerk 1 : 50000 durchaus als großmaßstäbig gelten.
- Sie setzen den normalen kartographischen Duktus voraus. Daher wird man z. B. Wandkarten auch dann noch als kleinmaßstäbig ansprechen müssen, wenn ihr Kartenmaßstab rein zahlenmäßig in die mittlere Maßstabsgruppe fällt.

3. Gruppierung nach der Art der Entstehung

Man unterscheidet zwischen Grundkarten und Folgekarten. *Grundkarten* sind die unmittelbare und exakte Wiedergabe der durch topographische Vermessung oder thematische Aufnahme gewonnenen originalen Daten. *Folgekarten* – auch als *abgeleitete Karten* bezeichnet – entstehen dagegen durch kartographisches

Umgestalten (Generalisieren) von Grundkarten oder anderen Folgekarten meist größeren Maßstabs (4.4).

Bei topographischen Karten ist diese Unterscheidung relativ eindeutig, soweit es um die Herstellung geht. Bei Fortführungen können jedoch in stärkerem Maße Mischformen eintreten. Ähnliches gilt für thematische Karten aus dem Naturbereich. Dagegen kann die Unterscheidung bei anderen thematischen Karten im Einzelfalle schwieriger sein wegen der Art der Quellen und ihrer Aufbereitung. Näheres dazu siehe Bd. II,1.

4. Gruppierung nach der Herkunft

Entsprechend der in 1.3 beschriebenen Einteilung in amtliche und private Kartographie kann man zwischen *amtlichen* und *privaten* Karten unterscheiden.

5. Gruppierung nach der Erscheinungsform

Die in 1.5.4 näher beschriebenen Erscheinungsformen der Karte lassen weitere Gruppierungen zu. Insbesondere ist hierbei die Unterscheidung zwischen Rahmen- und Inselkarten sowie zwischen Hand- und Wandkarten eindeutig und einfach.

1.6 Institutionen mit kartographischen Tätigkeiten, Ausbildungswege

Die *amtliche Kartographie* in der Bundesrepublik Deutschland wird in erster Linie von folgenden Stellen wahrgenommen:

- Landesvermessungsbehörden und Institut für Angewandte Geodäsie (Topographische Kartenwerke, siehe 5.6.1),
- Kataster- bzw. Vermessungsämter (Flurkarten),
- Stadtvermessungsämter (Stadtkarten, siehe 5.7.1),
- Landesforstverwaltungen (Forstkarten),
- Flurbereinigungsbehörden (Karten der agrarstrukturellen Planung),
- Deutsches Hydrographisches Institut (Seekarten),
- Behörden der Bundeswasser- und Schiffahrtsverwaltung (Strom- und Kanalkarten),
- Deutsche Bundesbahn (Eisenbahnkarten),
- Bundesanstalt für Flugsicherung (Luftverkehrskarten),

- Bundesforschungsanstalt für Landeskunde und Raumordnung (Thematische Karten zur Raumentwicklung),
- Bundesanstalt für Geowissenschaften und Rohstoffe sowie Geologische Landesämter (Geologische Karten, Bodenkarten),
- Deutscher Wetterdienst (Wetter- und Klimakarten),
- Militärgeographischer Dienst (Karten der Landesverteidigung).

Über die Herausgabe der amtlichen topographischen Kartenwerke anderer Staaten siehe 5.6.2 bis 5.6.5.

Die *gewerbliche Kartographie* in der Bundesrepublik Deutschland erzeugt vor allem Stadtkarten, Straßenkarten, Karten für den Tourismus, Wandkarten, Atlanten und Globen. Zahlreiche Einrichtungen der Privatkartographie führen daneben ganz oder teilweise kartographische Aufträge anderer Stellen – vor allem von Behörden – aus.

Eine umfangreiche Darstellung zu beiden Bereichen mit zahlreichen Kartenbeispielen hat *Bosse 1970* herausgegeben. *Bormann 1979* gibt die Institutionen mit kartographischen Tätigkeiten in der Bundesrepublik Deutschland und in Berlin (West) mit dem Stande vom 1. 1. 1979 wie folgt an:

- 425 Vermessungs- und Katasterämter der Bundesländer,
- 482 Ämter des Bundes und der Bundesländer mit vermessungstechnischen und kartographischen Sonderaufgaben,
- 163 Ämter der Gemeinden und Gemeindeverbände;
- 51 kartographische Verlage, die mit einer eigenen Kartographie kartographische Erzeugnisse auf den Markt bringen,
- 87 kartographische Institute und Freischaffende, die für amtliche Kartographie, halbamtliche Dienststellen und Verlage nur im Werkauftrag tätig werden, ohne eigene kartographische Erzeugnisse zu verlegen,
- 183 Verlage und andere Herausgeber (Buchgemeinschaften, Buchhandlungen, Druckereien, Wander- und Gebirgsvereine, Dachverbände des Tourismus, Zulieferer der Automobilindustrie usw.), die die von ihnen verlegten kartographischen Erzeugnisse im Werkauftrag und/oder auf dem Lizenzwege erwerben bzw. erworben haben, was jedoch die Tätigkeit einzelner Kartographen im Angestelltenverhältnis nicht ausschließt.

Für die fachliche *Ausbildung* bestehen in der Bundesrepublik Deutschland drei Möglichkeiten:

1. Die praktische Ausbildung zum *Kartographen* beruht auf der „Verordnung über die Berufsausbildung zum Kartographen von 1975“. Sie ist bei geeigneten Stellen der amtlichen oder der gewerblichen Kartographie möglich und verteilt sich nach einem 3jährigen Ausbildungsplan auf Betrieb und Berufsschule.
2. Die Ausbildung zum *Ingenieur-Kartographen* ist an den Fachhochschulen Berlin (West), Karlsruhe und München möglich. Sie geht von einem 6semestrigen bzw. 8semestrigen (mit 2 Praxissemestern) Studienplan aus.
3. Die Ausbildung zum *wissenschaftlichen Kartographen* ist durch das Studium des Vermessungswesens oder der Geographie (Nebenfach Kartographie) an einer wissenschaftlichen Hochschule möglich. Sie beruht auf einem 8- bis 10semestrigen Studienplan. Etwa 85% der Diplom-Ingenieure des Vermessungswesens legen nach einem 2jährigen Vorbereitungsdienst noch die II. (Große) Staatsprüfung ab und qualifizieren sich damit für den höheren vermessungstechnischen Verwaltungsdienst.

Die Ausbildung in den Fällen 2 und 3 beruht auf den jeweils gültigen Hochschulgesetzen, Studien- und Prüfungsordnungen. Für alle drei Bereiche gibt es einschlägige *Blätter zur Berufskunde* (Herausgeber: Bundesanstalt für Arbeit) als Informationsmaterial zur Berufswahl. Eine umfassende Darstellung zu den Ausbildungswegen in der Kartographie haben *Bosse/Meine 1975* herausgegeben.

Der *wissenschaftlichen Forschung* widmen sich vor allem die Fachgebiete für Kartographie, Photogrammetrie, Geodäsie und Geographie der wissenschaftlichen Hochschulen sowie das Institut für Angewandte Geodäsie.

Die *Deutsche Gesellschaft für Kartographie (DGfK)* ist eine Vereinigung von kartographisch Tätigen und Angehörigen verwandter Berufe zur Pflege der Kartographie sowie der fachlichen Förderung der in den kartographischen Berufen Tätigen und des

Berufsnachwuchses. Sie besteht aus etwa 1500 Mitgliedern, veranstaltet jährlich den Deutschen Kartographentag und ist selbst Mitglied der 1959 in Bern gegründeten *Internationalen Kartographischen Vereinigung (IKV*; englisch: *International Cartographic Association/ICA)*. Die IKV, die 59 nationale Mitgliedsgesellschaften umfaßt (Stand von 1980), veranstaltet alle zwei Jahre eine größere Tagung. Ihre Aufgaben im einzelnen beschreibt *Ormeling 1979*.

1.7 Entwicklung des kartographischen Schrifttums, Kartennachweise

Der Entwicklung der Kartographie (1.2) entsprechend erschienen Abhandlungen mit kartographischer Thematik zunächst vor allem in Büchern und Zeitschriften aus den Bereichen der Geographie und des Vermessungswesens. Daneben gab es Monographien zu einzelnen Teilgebieten (z. B. Kartennetzentwürfen), kurzgefaßte Einführungen sowie stärker anwendungsbezogene Werke (z. B. zum militärischen Kartenwesen und zu geologischen Karten). Als erste allgemeine und wissenschaftlich fundierte Darstellung in deutscher Sprache gilt das Werk von *Eckert 1921/1925*.

Etwa seit der Mitte des 20. Jahrhunderts ist ein starkes Anschwellen der kartographischen Fachliteratur zu verzeichnen. Neben zahlreichen Hand- und Lehrbüchern in verschiedenen Sprachen erscheinen in vielen Staaten auch neue Fachzeitschriften mit rein kartographischem Inhalt. Einschlägige Zusammenstellungen hierzu finden sich u. a. bei *Meine 1966, Arnberger/Kretschmer 1975, Stams 1977, Sališčev 1979b, Witt 1979* und *Stephens 1980*. Als einzige Fachzeitschrift dieser Art in deutscher Sprache gibt es seit 1951 die „Kartographische Nachrichten"; sie ist zugleich Organ der Deutschen Gesellschaft für Kartographie, der Schweizerischen Gesellschaft für Kartographie und der Österreichischen Kartographischen Kommission in der Österreichischen Geographischen Gesellschaft. Daneben erscheinen kartographische Fachaufsätze auch in Zeitschriften des Vermessungswesens, der Geographie, der Raumplanung, der Datenverarbeitung, des graphischen Gewerbes usw.

Als Nachweis des nationalen und internationalen Schrifttums erscheint seit 1974 in der Bundesrepublik Deutschland jährlich die „Bibliographia Cartographica“ mit bisher 7 Bänden (Stand von 1981) und insgesamt rund 16000 Titeln. Ihr Vorgänger war die „Bibliotheca Cartographica“, die von 1957 bis 1971 in einer Folge von 30 Heften erschien und rund 25000 Titel nachwies. Daneben gibt es Bibliographien für einzelne Teilgebiete, z. B. für die Internationale Weltkarte 1 : 1000000 *(Meynen 1962)* und für die Automation in der Kartographie (Bd. II,5).

Das Literaturverzeichnis am Ende des Buches enthält am Anfang Erläuterungen zur Auswahl des Schrifttums usw.

Über die von ihnen herausgegebenen Karten führen die Behörden *Kartenverzeichnisse* mit Blattübersichten, Preisangaben usw. Daneben gibt es bei Buchhändlern auch Verzeichnisse aller wichtigen amtlichen und privaten Karten bestimmter Gebiete, wobei vielfach touristische Gesichtspunkte vorherrschen. Nach Vollzähligkeit und Umfang ist besonders der jährlich erscheinende Geo-Katalog des Internationalen Landkartenhauses „Geo-Center“ (Stuttgart/München/Berlin) mit rund 50000 Titeln zu erwähnen, in denen Karten, Atlanten, Globen, Reiseführer und Zubehör aus allen Bereichen der Erde nachgewiesen sind.

Größere Bibliotheken mit besonderen Kartenabteilungen führen *Kartenkataloge* und geben Mitteilungen über Neuerwerbungen heraus. Über solche und andere Kartensammlungen informiert *Zögner 1981*.

2. Herkunft und Erfassung der Informationen

Zur Herstellung jeder Karte gehört die Überlegung, *woher* und *wie* die Informationen zu gewinnen sind, die in einer Karte zum Ausdruck kommen sollen.

Nach der *Herkunft* (Quelle) kann man unterscheiden:

- Die ursprünglichste Quelle der Information ist das Objekt selbst, daneben auch ein Abbild (z. B. Luftbild) des Objekts (2.2, 2.3). Die Erfassung ist hierbei eine originäre und unmittelbare.
- Andere Quellen (z. B. Karten, Statistiken) enthalten vielfach bereits die gewünschten Informationen (2.4). Die Erfassung

ist hierbei eine sekundäre und mittelbare und meist auch mit einer besonderen Aufbereitung verbunden.

Die *Erfassung* läßt sich wie folgt beschreiben:

- Die *geometrisch-topographische* Erfassung beruht auf den Methoden des Vermessungswesens (2.1, 2.2) und führt zu topographischen Karten.
- Die verschiedenen *thematischen* Erfassungen ergeben sich durch die Verfahren der jeweiligen Fachdisziplinen (2.3, 2.4). Sie führen auf der Grundlage topographischer Karten oder durch weitere Vermessungen zu thematischen Karten.

Eignung und Zuverlässigkeit der Informationen hängen stark von der Beschaffenheit der einzelnen Quelle ab. Eine *Quellenkritik* ist daher geboten (2.5).

2.1 Meßverfahren und Meßgeräte im Vermessungswesen

Dieser Abschnitt beschränkt sich nach einem allgemeinen Überblick auf die Meßmethoden selbst. Die einzelnen Anwendungen dieser Methoden erscheinen dagegen im Abschnitt 2.2.

2.1.1 Überblick über die Vermessungsarbeiten

Die *Vermessungskunde* – oder *Geodäsie* im weiteren Sinne – befaßt sich mit der Ausmessung und Abbildung der Erdoberfläche. Im engeren Sinne erstreckt sich der Begriff der Geodäsie – wie im englischen und französischen Sprachgebiet üblich – nur auf die Grundlagenvermessungen.

Nach der *Anwendung* ergibt sich folgende Einteilung:

1. *Grundlagenvermessungen* haben stets die Krümmung der Erdoberfläche zu berücksichtigen.
   - Die *Erdvermessung* bestimmt die Erdfigur und das äußere Schwerefeld durch Messungen kontinentalen Ausmaßes.
   - Die *Landesvermessung* schafft für ein Staatsgebiet Lage- und Höhenfestpunkte und legt diese in einem aus der Erdvermessung gewonnenen Bezugssystem fest.

2. *Einzelvermessungen* sind in der Regel eingebettet in die von Erd- und Landesvermessung geschaffenen geodätischen Grundlagen. Als Bezugsfläche im Grundriß reicht aber bei einem Vermessungsgebiet von geringerer Ausdehnung als etwa 10 km gewöhnlich eine örtliche Horizontalebene aus.
   - *Topographische Vermessungen* erfassen die sichtbaren Gegenstände an der Erdoberfläche und die Geländeformen, meist als Fortsetzung der Landesvermessung (Landesaufnahme). Ist die Erdoberfläche vom Wasser bedeckt, spricht man von *hydrographischen Vermessungen.*
   - *Katastervermessungen* dienen der Abgrenzung von Eigentum und Nutzung am Grund und Boden.
   - *Ingenieurvermessungen* beziehen sich auf Bauwerke und Maschinen im Stadium ihrer Planung, Absteckung, Errichtung und Überwachung.

Nach den *Komponenten der geometrischen Festlegung* unterscheidet man:

1. *Lagemessungen* (Horizontalmessungen, Grundrißmessungen) legen die Objekte zweidimensional auf der Bezugsfläche fest (z. B. im Liegenschaftskataster).
2. *Höhenmessungen* (Vertikalmessungen) ermitteln den vertikalen Abstand gegen die Höhenbezugsfläche (z. B. bei Messungen von Höhenfestpunkten, Fundamenten, Pegeln).
3. *Messungen nach Lage und Höhe* (dreidimensionale Messungen) sind als räumlich eindeutige Festlegungen das Kennzeichen der meisten topographischen Vermessungen.

Nach der *Art der Objekterfassung* gibt es:

1. *Messungen am Objekt* erfassen dieses unmittelbar von einem meist erdfesten Standpunkt (terrestrische Messung).
2. *Bildmessungen* (Photogrammetrie, Fernerkundung) beziehen sich auf ein Abbild des Objekts.

Sprachlich versteht man unter dem Begriff *Messung* vorwiegend den technischen Vorgang, unter *Vermessung* dagegen mehr den Bezug der Messung auf das Objekt.

Nähere Darstellungen zur Vermessungskunde finden sich in den Bänden zum Handbuch der Vermessungskunde *(Jordan-Eggert-Kneißl 1956ff.)*, in den Lehrbüchern zur Vermessungskunde von *Großmann 1975/1976/1979* und *Volquardts/Matthews 1975/1980*, zur Instrumentenkunde von *Deumlich 1980*, zur Photogrammetrie von *Finsterwalder/Hofmann 1968, Lehmann 1969, Schneider 1974* und *Schwidefsky/Ackermann 1976*, zur Geodäsie von *Torge 1975* sowie in weiteren Lehrbüchern zu einzelnen Teilbereichen der Vermessungskunde (z. B. Ausgleichungsrechnung). Begriffliche Erläuterungen sind u. a. zusammengestellt in den 18 Bänden des dreisprachigen Fachwörterbuches „Benennungen und Definitionen im deutschen Vermessungswesen“ *(Institut für Angewandte Geodäsie 1971)* sowie in den Normblättern *DIN 18709* und *DIN 18716*.

2.1.2 Maßeinheiten und Koordinatensysteme

2.1.2.1 Längenmaße

In den meisten Staaten der Erde ist die Einheit der Längenmessung das Meter (m). Dezimale Vielfache und Teile des Meters entstehen durch Vorsetzen von Kurzzeichen (z. B. km, hm, dam; dm, cm, mm, μm, nm).

Das 1868 im Norddeutschen Bund und 1872 im Deutschen Reich gesetzlich eingeführte Meter war durch einen Platin-Iridium-Endmaßstab definiert (*Legales* Meter). 1893 wurde nach einem internationalen Prototyp das *internationale* Meter eingeführt. Die zuletzt 1960 international festgelegte Definition auf der Basis der Kryptonstrahlung ist in der Bundesrepublik Deutschland im Gesetz über Einheiten im Meßwesen von 1969 (mit Änderungen von 1973) enthalten. Einzelheiten hierzu finden sich bei *Simmerding 1970, Strasser 1974* und *Bayer-Helms 1974*.

Nichtmetrische Maßsysteme gelten vor allem noch in Großbritannien und in den USA. Dabei ist

1 inch (in.)	(deutsch : Zoll)			=	2,54 cm
1 foot (ft)	(deutsch : Fuß)	=	12 in.	=	30,48 cm
1 yard (yd)		=	3 ft	=	91,44 cm
1 fathom	(deutsch : Faden)	=	6 ft	=	1,8288 m
1 statute (british) mile		=	5280 ft	=	1609 m
1 engl. (London) mile		=	5000 ft	=	1524 m

Seit 1965 werden in Großbritannien die Maßangaben in den amtlichen Karten auf das Meter umgestellt.

Als nautisches Maß gilt in der Schiffahrt heute noch die Seemeile (sm) = 1852 m als mittlere Länge einer Bogenminute auf dem Erdmeridian.

Vor Einführung des Meters gab es zahlreiche, sehr uneinheitliche Maßsysteme. Einige davon sind in der folgenden Tabelle zusammengestellt. Dabei wurde das Zoll mit dem Kurzzeichen '' häufig noch in 12 Linien (''') unterteilt.

Land	Zoll ('') [cm]		Fuß (') [cm]		Rute [m]		Meile [m]
Preußen (Rheinl.)	2,615	· 12 =	31,38	· 12 =	3,766	· 2000 =	7532,5
Bayern (München)	2,432	· 12 =	29,18	· 10 =	2,918	–	7420,4*)
Württemberg	2,865	· 10 =	28,65	· 10 =	2,865	· 2600 =	7448,7
Sachsen	2,360	· 12 =	28,32	$\cdot \frac{91}{6}$ =	4,295	–	7500,0**)
Hannover (Calenbg.)	2,435	· 12 =	29,22	· 16 =	4,675	–	7419

*) Geographische Meile = 1/15 Äquatorgrad = 7420,4
**) Norddeutsche Meile von 1868 = 7500,0

Land	Zoll ('') [cm]		Fuß (') [cm]		Rute [m]		Meile [m]
Österreich	2,634	· 12 =	31,61	· 6 =	1,896 (Klafter)	· 4000 =	7585,9
Schweiz	3,000	· 10 =	30,00	· 10 =	3,000	· 1600 =	4800,0 (Wegstrecke)

2.1.2.2 Flächenmaße

Durch Quadrieren der Längenmaße ergeben sich die Flächenmaße km^2, hm^2, m^2, dm^2, cm^2, mm^2, usw. Dabei bezeichnet man auch 100 m^2 = 1 Ar (a) und 10000 m^2 = 1 Hektar (ha).

Einige ältere Flächenmaße sind z. B. 1 preußischer Quadratfuß = 0,099 m^2, 1 preuß. Quadratrute = 14,18 m^2, 1 preuß. Morgen = 2553 m^2, 1 württembergischer Morgen = 3152 m^2, 1 bayerisches Tagwerk =

3407 m^2, 1 Wiener Joch = 1600 Quadrat-Klafter = 5755 m^2, 1 geographische Quadratmeile = 55,0629 km^2.

2.1.2.3 *Winkelteilungen*

Als herkömmliche Einheit des ebenen Winkels gilt die Teilung des Vollkreises in 360° (Grad) mit den sexagesimalen Untereinheiten 1′ (Minute) = 1°/60 und 1″ (Sekunde) = 1′/60 = 1°/3600.

Das Vermessungswesen benutzt heute wegen der Vorteile bei Messung und Berechnung nahezu ausschließlich die Teilung des Vollkreises in 400 gon mit den dezimalen Untereinheiten 1 cgon = 0,01 gon und 1 mgon = 0,1 cgon = 0,001 gon. Für die gegenseitige Umwandlung ist

1° = 1,111 111 111 ... gon, 1 gon = 0,9°,
1′ = 1,851 851 851 ... cgon, 1 cgon = 0,54′,
1″ = 0,308 641 975 ... mgon. 1 mgon = 3,24″.

Als weitere gesetzliche Einheit gilt der Radiant (rad) als Zentriwinkel eines Kreises vom Halbmesser 1 m und einem Bogen von 1 m. Damit ergibt sich

1 rad = 57,29578° = 3 437,75′ = 206 265″ bzw.
1 rad = 63,66198 gon = 6 366,20 cgon = 63 662 mgon

und umgekehrt

1° = 0,017 453 rad, 1′ = 0,000 291 rad, 1″ = 0,000 005 rad

bzw.

1 gon = 0,015 708 rad, 1 cgon = 0,000 157 rad, 1 mgon = 0,000 016 rad.

2.1.2.4 *Koordinatensysteme*

1. Ebene Koordinatensysteme

Zur numerischen Festlegung von Punkten im Grundriß und zur Darstellung in Karten großer und mittlerer Maßstäbe dienen die *ebenen geradlinigen rechtwinkligen (kartesischen) Koordinaten* der Landesvermessung. Diese entstehen durch mathematische Abbildung (geodätische Abbildung, 3.7) der Ergebnisse der Grundlagenvermessung (2.2.1) von der Oberfläche des Erdellipsoids in die Ebene. Dabei zeigt die positive x-Achse (Abszisse) nach oben (Gitter-Nord), die positive y-Achse (Ordinate) nach rechts (Abb. 5). Die Lage des Nullpunktes 0 des Systems ergibt sich aus der Festlegung, die bei der einzelnen geodätischen Abbildung getroffen wird.

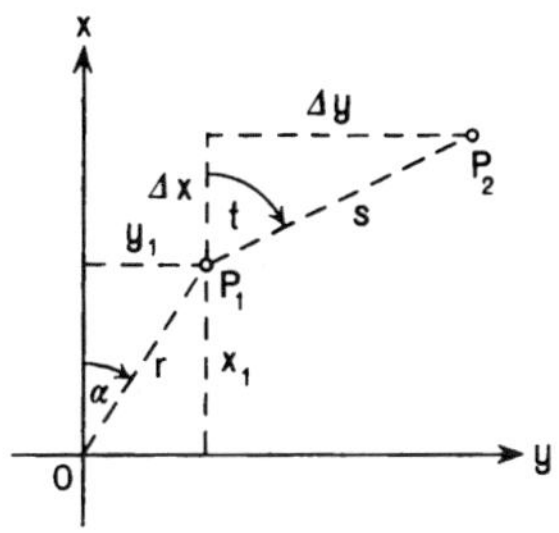

Abb. 5. Rechtwinkliges und polares Koordinatensystem

In ähnlicher Weise entstehen in Einzelfällen örtliche Koordinatensysteme mit einem vereinbarten Nullpunkt und einer vorgegebenen Richtung der x-Achse.

In Abb. 5 ist der Punkt P_1 durch das Koordinatenpaar x_1 und y_1 eindeutig fixiert. Anstelle solcher rechtwinkliger Koordinaten läßt sich dieser Punkt auch durch die beiden Elemente r und α (rechtsdrehend) eines *Polarkoordinatensystems* beschreiben.

Zwischen zwei Punkten P_1 und P_2 mit den Koordinatendifferenzen $\Delta x = x_2 - x_1$ und $\Delta y = y_2 - y_1$ ergeben sich Strecke s und Richtungswinkel t (rechtsdrehend) zu

$$s = \sqrt{\Delta x^2 + \Delta y^2} \quad \text{und} \quad \tan t = \frac{\Delta y}{\Delta x}.$$

Umgekehrt erhält man aus den polaren Elementen s und t von P_1 aus die Koordinaten von P_2 zu

$$x_2 = x_1 + s \cdot \cos t \quad \text{und} \quad y_2 = y_1 + s \cdot \sin t.$$

Diese Koordinatenumwandlungen (rechtwinklig/polar und umgekehrt) lassen sich heute schon mit vielen Taschenrechnern unmittelbar durchführen.

2. Räumliche Koordinatensysteme

In Karten kleinerer Maßstäbe (etwa ab 1 : 500000) wird gewöhnlich das Netz der *geographischen Koordinaten* dargestellt, und zwar durch mathematische Abbildung von der definierten Erdoberfläche in die Ebene (siehe Kap. 3). Dieses auf die Griechen zurückgeführte sphärische System (Abb. 6) bezeichnet als Äquator *Ä* den Kreis, dessen Ebene senkrecht zur Rotationsachse NS der Erde durch den Erdmittelpunkt verläuft. Die parallel zum Äquator verlaufenden Breiten- oder Parallelkreise (z. B. B_P) werden vom Äquator aus polwärts in Winkelwerten von 0° bis 90° gezählt, und zwar als nördliche bzw. südliche *geographische Breite* φ. Die Meridiane oder Längenkreise (z. B. L_P) schneiden den Äquator und alle Breitenkreise senkrecht und gehen durch die beiden Pole N und S. Ihre *geographische Länge* λ wird vom 1884 international vereinbarten Nullmeridian in *Greenwich* aus westlich und östlich von je 0° bis 180° gezählt.

Bei der Annahme der Erdfigur als *Rotationsellipsoid* ist die geographische Breite φ der Winkel zwischen der Oberflächennormale in P und der Äquatorebene; der Scheitelpunkt liegt damit außerhalb des Erdmittelpunktes (Abb. 31). Bei der Annahme als *Kugel* ist dagegen der Scheitelpunkt von φ stets mit dem Kugelmittelpunkt identisch (Abb. 6).

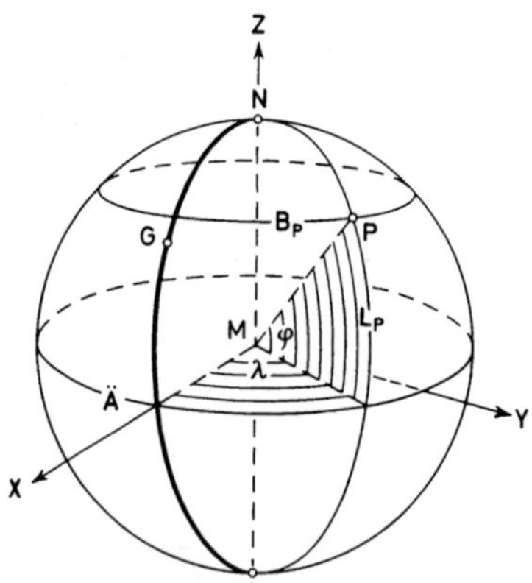

Abb. 6. Geographisches Koordinatensystem auf der Kugel und globales Koordinatensystem

In Karten des 16. und 17. Jahrhunderts sind die Angaben der geographischen Länge meist auf die Azoren oder die Kapverdischen Inseln bezogen. 1634 einigte man sich auf den 20° westlich von Paris definierten Meridian von Ferro, der westlichsten Kanarischen Insel (17°39′46″ westl. Greenwich). Weitere früher häufig benutzte Nullmeridane sind u. a. der von Paris (2°20′14″ östl. Gr.), von Berlin (13°23′44″ östl. Gr.) und Pulkowo bei Leningrad (30°19′39″ östl. Gr.).

Als *globales Koordinatensystem* der Erdmessung gilt ein erdfestes räumliches rechtwinkliges System (X, Y, Z) mit dem Ursprung im Erdschwerpunkt (Geozentrum), der Z-Achse in der mittleren Rotationsachse der Erde, der XY-Ebene in der mittleren Äquatorebene und der XZ-Ebene in der mittleren Meridianebene von Greenwich (Abb. 6).

2.1.3 Messungen am Objekt

2.1.3.1 Winkelmessung

Im Vermessungswesen werden Horizontal- und Vertikalwinkel gemessen. Das Instrument dazu ist der *Theodolit* (Abb. 7), der meist auf einem dreibeinigen Stativ befestigt wird. Das Fernrohr des Theodolits kann mit dem Oberbau horizontal um die vertikale Stehachse sowie allein vertikal um die horizontale Kippachse gedreht werden. Das im Fernrohr befindliche Strichkreuz (Abb. 8) dient der exakten Einstellung von Zielpunkten.

Am Horizontalkreis wird stets nur die *Richtung* zu einem Punkt abgelesen; ein *Horizontalwinkel* ergibt sich demnach als Differenz zweier Richtungen. Am Vertikalkreis liest man den *Vertikalwinkel* dagegen unmittelbar als *Zenitwinkel* z gegen die Zenitrichtung (senkrecht nach oben) oder seltener als *Höhenwinkel* α gegen die Horizontale ab. Damit gilt $z = 100 - \alpha$ (gon). Zenitrichtung bzw. Horizontale erhält man mit Hilfe einer Libelle oder eines automatischen Indexes. Je nach Leistungsfähigkeit des Theodolits liegt die Genauigkeit einer gemessenen Richtung etwa zwischen ± 0,1 mgon und ± 10 mgon.

Besondere Horizontalwinkel für Orientierungen, Berechnungen usw. ergeben sich wie folgt:

- *Richtungswinkel* gegen die x-Achse (Gitter-Nord) eines geodätischen Koordinatensystems (Abb. 5) aus Berechnungen (2.1.2.4),
- *Geographisches Azimut* gegen die geographische Nordrichtung (Abb. 37), meist aus Beobachtung von Gestirnen,

Abb. 7. Skalentheodolit Th 42 – Zeiss/Oberkochen

Abb. 8. Strichkreuz mit Distanzstrichen. Zielpunkt ist Knopfmitte der Turmspitze.

– *Magnetisches Azimut* gegen die magnetische Nordrichtung aus Messungen mit der Kompaßnadel.

2.1.3.2 Streckenmessung

Als endgültige Strecke zwischen zwei Punkten gilt im Vermessungswesen in der Regel die auf den Meeresspiegel reduzierte horizontale Komponente der räumlichen Entfernung. Nach dem Meßprinzip unterscheidet man zwischen mechanischer, optischer und elektronischer Streckenmessung.

1. Mechanische Streckenmessung

Sie wird hauptsächlich mit Rollbändern aus Stahl ausgeführt. Diese sind 20, 25, 30, 50 oder auch 100 m lang. Solche Meßgeräte kamen bisher vor allem in der Katastervermessung zum Einsatz. Als Einheit der Ablesung gilt dabei in der Regel 1 cm.

2. Optische Streckenmessung

Nach der ursprünglichen Konzeption durch *v. Reichenbach* (1810) befinden sich auf der Strichplatte des Fernrohrs eines Theodolits oder Nivelliers (2.1.3.3) zusätzlich zwei Distanzstriche (Abb. 8). Liest man zwischen den Strichen den Abschnitt l einer im Zielpunkt aufgehaltenen Vertikallatte ab, so erhält man bei horizontaler Visur die Entfernung E zu

$$E = c + k \cdot l.$$

Die Konstanten c und k bestimmt man durch Eichmessungen. Dabei wird bereits bei der Fernrohrkonstruktion angestrebt, daß $c = 0$ und $k = 100$ ist. Bei geneigten Visuren unter dem Zenitwinkel z ist

$$E = (c + k \cdot l) \cdot \sin^2 z.$$

Reduktionsrechnungen nach dieser Formel lassen sich beim Einsatz sog. *Reduktionstachymeter* vermeiden. Diese besitzen in der Form der *Diagrammtachymeter* statt der festen Distanzstriche im Gesichtsfeld zwei Kurvenpaare, deren Abstände sich beim Kippen des Fernrohrs verändern. Der Lattenabschnitt l zwischen einem Kurvenpaar verringert sich dabei um den Faktor $\sin^2 z$; er entspricht damit stets der Horizontaldistanz E. Weitere Ausführungen hierzu mit Ablesebeispiel siehe 2.1.3.4 und Abb. 16.

Da die Ablesung des Lattenabschnittes l höchstens auf $\pm$ 1 mm möglich ist, ergibt sich danach unter Berücksichtigung von $k = 100$ eine Streckengenauigkeit von höchstens $\pm$ 0,1 m.

Im Vergleich zur mechanischen Streckenmessung ist die optische Streckenmessung ungenauer, aber schneller und bequemer. Sie war daher bis zum Aufkommen der elektronischen Streckenmessung die vorherrschende Methode in der terrestrischen topographischen Vermessung.

3. Elektronische Streckenmessung

Hierbei wird die Laufzeit elektromagnetischer Wellen ermittelt, die am Standpunkt in Streckenrichtung ausgestrahlt, am Zielpunkt reflektiert und am Standpunkt wieder empfangen werden. Man erhält die räumliche (schräge) Entfernung durch

Multiplikation der halben Laufzeit mit der Ausbreitungsgeschwindigkeit c der Wellen in der Atmosphäre. Dabei ist $c = c_0 : n$, wobei $c_0 = 299\,792{,}5$ km/s die Ausbreitungsgeschwindigkeit im Vakuum ist. Der Brechungsindex n schwankt in mittleren Breiten zwischen 1,00029 und 1,00034 und ist durch Messung von Temperatur, Druck und Feuchtigkeit der Luft zu ermitteln. Die Laufzeit wird nicht direkt gemessen, sondern ergibt sich durch Vergleich zwischen den Phasenlagen der gesendeten und der empfangenen Meßwelle. Um deren eindeutige Ausbreitung zu gewährleisten, wird sie durch Modulation einer sog. Trägerwelle aufgeprägt. Nach der Länge der Trägerwellen unterscheidet man:

- Mikrowellen-Entfernungsmesser,
  z. B. mit Trägerwelle 0,03 m (≙ 10 GHz Frequenz) und
  mit Meßwelle 40 m (≙ 7,5 MHz Frequenz);
- Elektrooptische Entfernungsmesser,
  mit Trägerwelle im Bereich von Infrarot oder
  sichtbarem Licht (z. B. 0,9 μm) und z. B.
  mit Meßwelle 20 m (≙ 15 MHz) für die Feinmessung.

Nach dem Aufbau der Geräte unterscheidet man:
- Geräte nur für die Streckenmessung (Abb. 9),
- Geräte in Verbindung mit einem Theodolit zur gleichzeitigen Messung von Strecken und Winkeln (Abb. 17),
- Integrierte Geräte als Einheit von Theodolit und Entfernungsmesser (Abb. 18).

Die Meßgenauigkeit liegt selbst bei Streckenlängen von mehreren km noch bei etwa ± 1 bis 2 cm. Dies und die wirtschaftliche Arbeitsweise verschaffen diesem Verfahren immer mehr Eingang sowohl in die Grundlagenvermessungen wie in die Einzelvermessungen. Näheres siehe u. a. bei *Kahmen 1978* und *Zetsche 1979*.

Zur elektronischen Streckenmessung kann man noch folgende Verfahren rechnen:

- *Funkortungsverfahren* zur Positionsbestimmung auf Gewässern (2.2.2.4), bei denen zu mehreren Festpunkten gleichzeitig Entfer-

Abb. 9. Elektrooptischer Distanzmesser Eldi 2 S – Zeiss/Oberkochen

nungen bzw. Entfernungsunterschiede gemessen werden. Die geometrischen Örter für die Position sind dann auf die Festpunkte bezogene Kreise bzw. Hyperbeln.

- *Laserimpulsentfernungsmessungen* zu Satelliten und zum Mond.
- *Dopplermessungen* mit Satelliten, die Mikrowellen abstrahlen. Die durch die Satellitenbewegung entstehende Frequenzverschiebung (Dopplereffekt) ist ein Maß für die Entfernungsänderung. Diese wiederum ermöglicht aus einer Anzahl von Meßintervallen die Lagebestimmung der erdfesten Meßstation.
- *Very Long Baseline Interferometry* (VLBI) ist eine interferometrische Messung der Radiostrahlung von Quasaren über einer Basis, die mehrere 1000 km lang sein kann. Sie soll einen Beitrag zur Messung von Größe und Figur der Erde sowie deren Veränderung liefern.
- *Satellitenaltimetrie* mit Radarwellen zur Bestimmung der Satellitenhöhe über der Erdoberfläche.

2.1.3.3 Höhenmessung und Tiefenmessung

Als Höhe (oder Tiefe) gilt im Vermessungswesen der in der Lotlinie gemessene Abstand von einer Bezugsfläche (2.2.1.3). Da diese meist nicht direkt zur Verfügung steht, erfassen die Messungen selbst nur *Höhenunterschiede*.

1. Geometrisches Nivellement

Hierbei wird der Höhenunterschied benachbarter Punkte durch horizontales Zielen nach lotrecht gestellten Skalen (Nivellierlatten) bestimmt. Bezeichnet man die Ablesung an der Latte

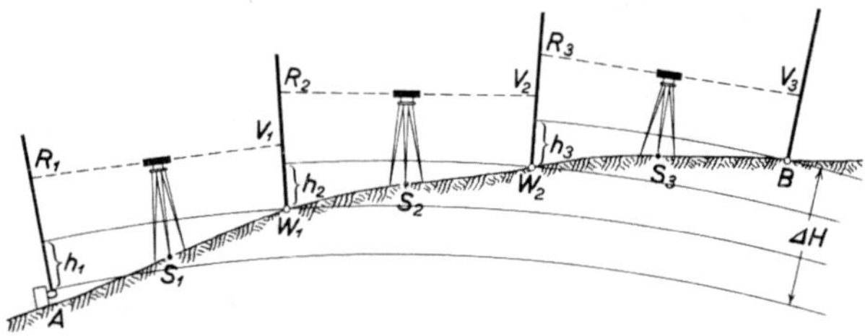

Abb. 10. Nivellement

im Punkt A (Abb. 10) mit R_1 (Rückblick) und die in W_1 mit V_1 (Vorblick), so ist der Höhenunterschied zwischen A und W_1

$$h_1 = R_1 - V_1.$$

Durch fortlaufendes Summieren der gemessenen Höhenunterschiede ergibt sich der Höhenunterschied aus einem solchen Liniennivellement zwischen A und einem Punkt B in größerer Entfernung zu

$$\Delta H = h_1 + h_2 + h_3 + \ldots = \Sigma h = \Sigma R - \Sigma V.$$

Ist die Höhe des Anschlußpunktes A bekannt, so erhält man die Höhe des Punktes B aus

$$H_B = H_A + \Delta H.$$

Die Nivellementsausrüstung besteht aus dem Nivelliergerät (Abb. 11) mit Stativ und den Nivellierlatten ((Abb. 12).

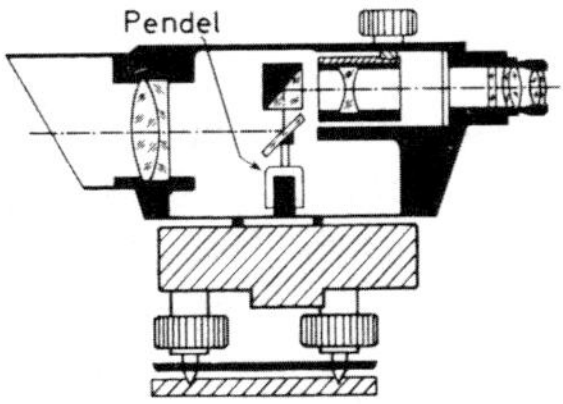

Abb. 11. Schnitt durch das selbsthorizontierende Nivellier AUTOM – Breithaupt/Kassel

Nach der Vorrichtung zur Horizontierung unterscheidet man:

- *Nivelliere mit Libellenhorizontierung:* Bei einspielender Röhrenlibelle verläuft die Zielachse horizontal.
- *Nivelliere mit selbsthorizontierender Ziellinie:* Ein pendelförmiger Kompensator führt die Horizontierung automatisch mit optischen Bauelementen durch.

Nach der Leistungsfähigkeit werden durch den mittleren Fehler $m_h \pm = a \cdot \sqrt{n}$ unterschieden (n = Nivellementslänge in km):

- *Baunivelliere* für einfache technische Zwecke ($a \approx$ 10 mm),
- *Ingenieurnivelliere* für Festpunktnivellements, topographische und Ingenieurvermessungen ($a \approx$ 3 bis 5 mm),
- *Fein- oder Präzisionsnivelliere* für Festpunktnivellements höchster Genauigkeit ($a \approx 1$ mm und besser).

Die *Nivellierlatten* sind aus Holz und 3 bis 5 m lang. Die a) einfache und b) doppelte Felderteilung (DIN 18703) besteht meist aus Zentimeterfeldern (Abb. 12), deren Farbe von Meter zu Meter wechselt.

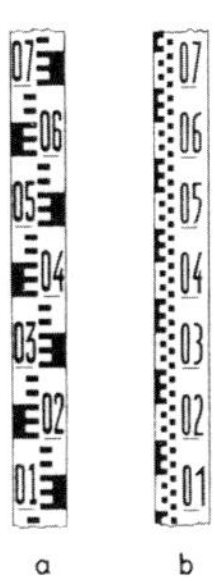

Abb. 12. Ausschnitte von Nivellierlatten

2. Hydrostatisches Nivellement

Die horizontale Bezugslinie wird nach dem Gesetz der kommunizierenden Röhren durch eine mit Wasser gefüllte *Schlauchwaage* erzeugt. An den Schlauchenden befinden sich Standgläser mit Skalen zur Ablesung des Wasserstandes. Mit Präzisionsgeräten läßt sich die Höhe auf ± 1 mm und genauer übertragen; beim Einsatz längerer Schläuche sind Stromübergänge und Inselanschlüsse möglich.

3. Trigonometrische Höhenmessung

Hierbei ergibt sich der Höhenunterschied h zwischen dem Punkt J und der Zieltafel T (Abb. 13) aus dem in J gemessenen Zenitwinkel z (Höhenwinkel α) und der Horizontalentfernung s zu $h = s \cdot \cot z$ ($= s \cdot \tan \alpha$). Man erhält s aus direkter oder indirekter Streckenmessung oder durch Rechnung aus Koordinaten (2.1.2.4). Mit der Instrumentenhöhe i in A, der Tafelhöhe t in P und der bekannten Höhe H_A ergibt sich damit die Höhe von P zu

$$H_P = H_A + s \cdot \cot z + i - t.$$

Diese Formel gilt jedoch nur für kurze Entfernungen bis etwa 250 m.

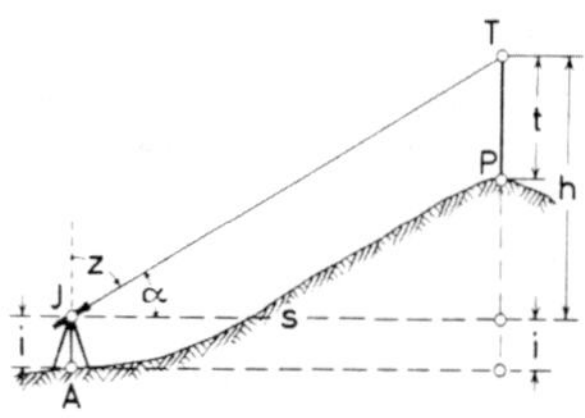

Abb. 13. Trigonometrische Höhenmessung über kurze Strecken

Bei größeren Strecken ergibt sich die Höhe des Punktes P unter Berücksichtigung der Erdkrümmung und der atmosphärischen Strahlenbrechung (Refraktion) zu

$$H_P = H_A + s \cdot \cot z + \frac{s^2}{2r} \cdot (1 - k) + i - t.$$

Mit $r = 6370$ km und dem Durchschnittswert des sog. Refraktionskoeffizienten von $k = 0{,}13$ erhält man für das Glied $s^2/2r \cdot (1 - k)$ den ungefähren Wert $0{,}068\, s^2$(km). Der Einfluß von Erdkrümmung und Refraktion beträgt damit z. B. 0,07 m für $s = 1$ km und 0,27 m für $s = 2$ km.

Das Verfahren erreicht gewöhnlich nicht die Genauigkeit des Nivellements, ist aber z. B. in sehr bergigem Gebiet wesentlich wirtschaftlicher als dieses.

4. Barometrische Höhenmessung

Ihr liegt die physikalische Tatsache zugrunde, daß der Luftdruck mit wachsender Höhe abnimmt. Zur Messung des Luftdrucks dienen

- *Quecksilberbarometer* (Flüssigkeitsbarometer) in einem Zentralpunkt zur Registrierung der meteorologisch bedingten Druckschwankungen und damit zur Korrektur der Messungsergebnisse sowie
- *Federbarometer* (Trockenbarometer, Aneroide) für die eigentliche Feldmessung.

Die Maßeinheit des Luftdrucks ist 1 *Millibar* (mbar) = 100 Pa (Pascal) = 100 N/m^2 (N = Newton). *Altimeter* sind Geräte, die statt der mbar-Teilung eine lineare Meterskala besitzen und damit das unmittelbare Ablesen der Höhenwerte gestatten.

In mittleren Breiten und in Meereshöhe entspricht einer Luftdruckänderung von 1 mbar eine Höhenänderung von etwa 8 m. Da der Luftdruck höchstens auf ± 0,3 mbar meßbar ist, folgt daraus eine Höhengenauigkeit von höchstens ± 2 m. Das Verfahren eignet sich für Erkundungen, Expeditionen und überschlägliche Vermessungen.

5. Höhenmessung mit Freihandgeräten

Solche Geräte eignen sich bei geringeren Genauigkeitsansprüchen zur Bestimmung von Höhenunterschieden oder Gefällsangaben. Sie beruhen meist auf dem Pendelprinzip.

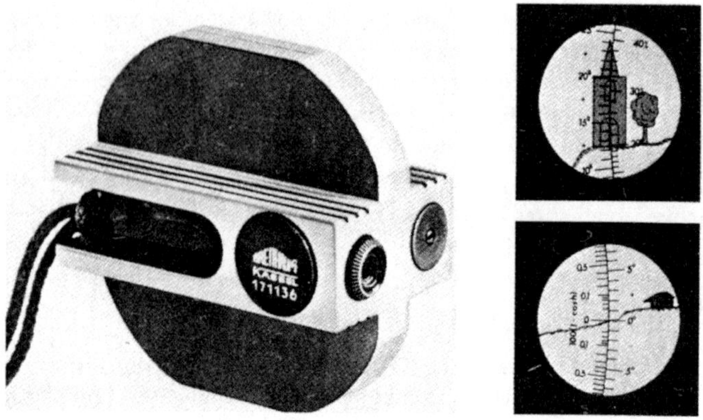

Abb. 14. Handgefällmesser mit Okulareinblick links und rechts – Breithaupt/Kassel

Der durchsichtige Teilkreis des Handgefällmessers von Breithaupt (Abb. 14) wird durch ein Pendelgewicht nach der Lotrichtung orientiert. Befindet sich das Okular links vom Teilkreis, kann man eine Prozentskala oder Winkelwerte in gon ablesen; ist der Okulareinblick rechts, so erscheinen Gradteilung und eine Teilung zur Horizontalreduktion schräg gemessener Strecken. Mit der Prozentskala $p\,\%$ läßt sich bei bekannter Strecke s ein Höhenunterschied $h = s \cdot p/100$ bestimmen. Umgekehrt kann man auch bei bekanntem Wert h (z. B. Fluchtstabhöhe von 2 m) die Entfernung mit $s = 100 \cdot h/p$ erhalten. Mit dem Nullstrich der Teilungen ist ein grobes Nivellieren möglich.

6. Tiefenmessung

Die Tiefe von Gewässern wurde früher meist mit Peilstangen oder an Leinen befestigten Loten gemessen. Heute benutzt man *Echolote* nach dem Schallmeßverfahren. Dabei wird die Laufzeit abgestrahlter und am Boden reflektierter Ultraschallimpulse in Tiefenangaben umgesetzt, die digital registriert oder als Bodenprofile (Echogramme) gezeichnet werden. Temperatur und Salzgehalt des Wassers sind wegen ihres Einflusses auf die Ausbreitungsgeschwindigkeit zu ermitteln. Die Echolote sind meist auf verschiedene Meßbereiche ausgelegt. Die Messung wird zunächst auf die Wasseroberfläche bezogen; sie ist daher noch auf die allgemeine Höhenbezugsfläche durch Pegelmessungen o. ä. umzurechnen. Die erreichbare Genauigkeit beträgt im Flachwasser etwa ± (0,05 bis 0,20) m, bei größeren Tiefen etwa ± 0,8‰ der Tiefe.

Tiefenmessungen mit *Lasergeräten* sind bisher wegen der Trübung des Wassers nur bis zu einer Tiefe von etwa 50 m möglich gewesen (*Lange 1972*).

2.1.3.4 Tachymetrie

Hierbei wird die in 2.1.3.1 bis 2.1.3.3 beschriebene Messung von Winkeln, Strecken und Höhen gleichzeitig mit einem Gerät *(Tachymeter)* oder durch Kombination von Winkel- und Streckenmeßgerät durchgeführt. Dabei unterscheidet man

- nach der Art der örtlichen Erfassung und Aufbereitung der Daten zwischen Meßtisch- und Zahlentachymetrie,
- nach der Art der Streckenmessung zwischen optischer und elektronischer Tachymetrie.

1. Meßtischtachymetrie

Sie ist das älteste dieser Verfahren. Auf einem Stativ ist eine drehbare Tischplatte mit vorbereiteter Kartierunterlage befestigt.

Abb. 15. Meßtisch und Kippregel RKA – Kern/Schweiz

Die sog. Kippregel steht lose auf dem Tisch (Abb. 15). Das Fernrohr dient zur Zieleinstellung und optischen Streckenmessung. An der beweglichen, aber zur Zielachse stets parallelen Linealkante wird sogleich die gemessene Strecke im Maßstab der Unterlage abgetragen. Die ermittelte Höhe schreibt man neben den kartierten Punkt. Meßtischausrüstungen mit elektronischer Streckenmessung sind meist Sonderkonstruktionen. Über den Einsatz bei topographischen Vermessungen siehe 2.2.2.3.

2. Zahlentachymetrie

Die *optische* Streckenmessung findet meist mit Reduktionstachymetern in der Form der Diagrammtachymeter statt. Die Ablesung am Diagramm (Beispiel Abb. 16) liefert mit der Distanzkurve den Lattenabschnitt zur unmittelbaren Bestimmung der Horizontalstrecke E und mit der Höhenkurve den Lattenabschnitt zur unmittelbaren Ermittlung des Höhenunterschiedes h (Abb. 13). Die Richtung zum Zielpunkt erhält man durch

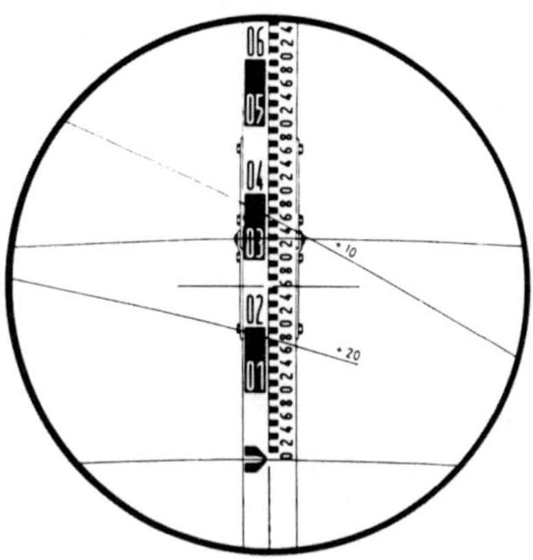

Abb. 16. Ablesebeispiel am Reduktionstachymeter RTa 4 von Zeiss/Oberkochen

E =0,332 · 100 = 33,2 m
h =0,366 · (+ 10) = + 3,66 m
(h =0,183 · (+ 20) = + 3,66 m)

Messung des Horizontalwinkels gegen die Richtung zu einem bekannten Anschlußpunkt. Als Tachymeterlatten benutzt man meist die Nivellierlatten mit cm-Feldern (Abb. 12). Das zahlentachymetrische Verfahren ist auch anwendbar

- mit Theodoliten, wenn sie Distanzstriche besitzen, und
- mit Nivelliergeräten, wenn sie Distanzstriche und einen Horizontalkreis zur Winkelmessung aufweisen.

Bussolentachymeter benutzen eine auf magnetisch Nord einspielende Kompaßnadel zur horizontalen Orientierung.

Beim Einsatz *elektronischer* Tachymeter (z. B. Abb. 17) erhält man aus der Messung von Schrägstrecke s' und Zenitwinkel z die Horizontalstrecke $s = s' \cdot \sin z$ und den Höhenunterschied $h = s' \cdot \cos z$. Im Vergleich zur optischen Tachymetrie ist das Verfahren schneller, genauer, und es ermöglicht wesentlich größere Zielweiten. Bei *registrierenden elektronischen* Tachymetern (Abb.18) gelangen die Meßdaten nach Zieleinstellung und einer manuellen Auslösung in wenigen Sekunden auf einen Datenträger (Lochstreifen, Kassettenband, Festkörperspeicher).

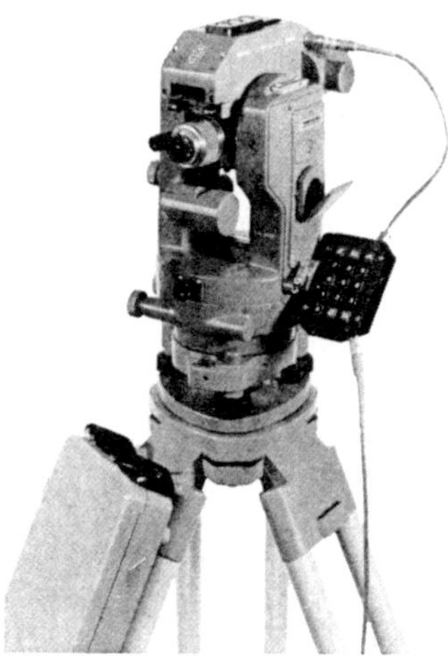

Abb. 17. Reduzierendes Infrarot-Tachymeter DI 4 – Wild/Schweiz

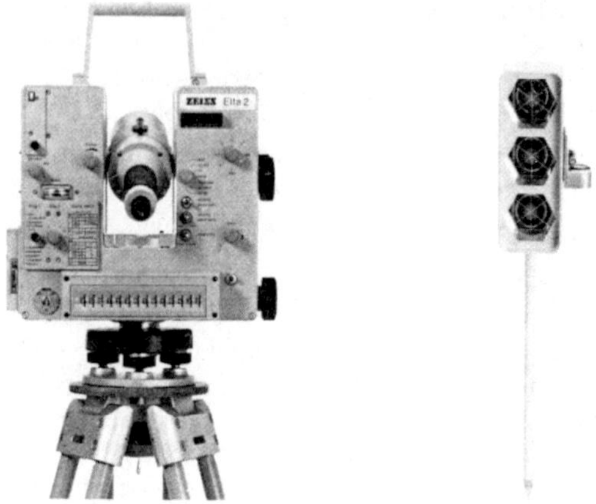

Abb. 18. Registrierendes elektronisches Tachymeter Elta 2 mit Prismen – Zeiss/Oberkochen

Sie stehen damit nahezu fehlerfrei für eine unmittelbare Auswertung durch eine elektronische Rechenanlage zur Verfügung. Einen Überblick über die Entwicklung solcher Geräte seit 1959 gibt *Zwickert 1980.*

2.1.3.5 Gravimetrie

Sie dient der Messung der Schwerebeschleunigung der Erde mit Hilfe von Fallmethoden, Pendeln oder Federwaagen. *Absolutgravimeter* ermitteln für eine Station den tatsächlichen Betrag g der Schwere, *Relativgravimeter* die Schweredifferenz Δg zwischen zwei Punkten.

Aus den Messungsergebnissen berechnet man die Abweichungen gegen den Normalwert γ_0 der Schwere (Schwereanomalie), die Komponenten der Lotabweichung, die Geoidundulation, die Korrektur von Feinnivellements und weitere Angaben zur Klärung bestimmter geowissenschaftlicher Fragestellungen.

Der Normalwert γ_0 der Schwere ergibt sich wegen der Abplattung des Erdkörpers an den Polen und der Zentrifugalbeschleunigung in Anhängigkeit von der geographischen Breite zu

$$\gamma_0 = 9{,}780327\,(1 + 0{,}0053024 \sin^2 \varphi - 0{,}0000058 \sin^2 2\varphi)\, ms^{-2}.$$

Die tatsächlichen Schwerewerte g sind mit den Gravimetern auf etwa $\pm\ 1 \cdot 10^{-7}\, m \cdot s^{-2}$ genau zu bestimmen.

2.1.3.6 Inertiale Meßsysteme

Das nach dem Trägheitsprinzip arbeitende Meßsystem besitzt für jede Achse dreier orthogonaler Koordinaten einen die Orientierung stabilisierenden Kreisel und einen Beschleunigungsmesser. Die doppelte Integration der Beschleunigung führt zu einer Längenangabe in der jeweiligen Koordinatenrichtung. Damit lassen sich von einem Festpunkt her zu einem Neupunkt die dreidimensionalen Koordinatenunterschiede sowie die Schwereanomalie und die Komponenten der Lotabweichung ermitteln. Mit bestimmten Meßanordnungen kann man die Koordinaten auf etwa ± (0,1 bis 1) m genau bestimmen. Die Systeme werden in Hubschraubern und Kraftfahrzeugen eingesetzt *(Seeber 1979)*.

2.1.4 Photogrammetrie und Fernerkundung

Diese Verfahren gehen von der Tatsache aus, daß die in der Natur vorhandene Strahlung (z. B. Sonnenlicht) oder eine künstliche Strahlung (z. B. Radar, Schall) von den einzelnen Objekten unterschiedlich zurückgeworfen (reflektiert) wird. Erfaßt man die reflektierte Strahlung mit einem Sensor (z. B. Kamera), so erzeugt die Strahlungsdifferenzierung auf einem Informationsträger (z. B. Film) ein Abbild der Objekte.

Für die Herstellung von Karten kommen vorwiegend in Betracht:

- Als Strahlung der Bereich des sichtbaren bis infraroten Lichts aus dem elektromagnetischen Spektrum,
- als Sensoren Meßkammern oder Abtastsysteme,
- als Sensorplattformen Flugzeuge (Luftbildmessung, Aerophotogrammetrie) oder Satelliten (Satellitenbildmessung),

- als Informationsträger photographische Emulsionen (analoge Daten) oder Magnetbänder (digitale Daten),
- als Informationsverarbeitung (Auswertung) die Veränderung des Bildinhaltes (Bildverarbeitung), die Deutung des Bildinhaltes (Bildinterpretation) und die Entnahme geometrischer Daten (Bildmessung).

Über Lehrbücher zur Photogrammetrie siehe 2.1.1. Einen Überblick zur Methodik der Fernerkundung (Remote Sensing) geben u. a. *Dodt 1979* und *Konecny 1979.*

2.1.4.1 Verfahren und Geräte der Aufnahme

1. Meßbild und Luftbildaufnahme

Die Rekonstruktion eines Objektes durch Bildmessung ist nur möglich, wenn die gegenseitige räumliche Lage von Bildebene und Projektionszentrum bekannt ist (sog. innere Orientierung). Ein entsprechendes *Meßbild* entsteht mit einer *Meßkammer*, bei der zwischen Objektiv und Anlegerahmen (= Bildebene) ein fester, als Kammerkonstante c definierter Abstand besteht (Abb. 19). Ferner ist die Lage des Bildhauptpunktes H' als Fußpunkt des Lotes vom Projektionszentrum 0 auf die Bildebene bekannt. Mit c, H' und dem radialen Abbildungsgesetz des Objektivs (Verzeichnungsfunktion) $r' = f(\tau)$ ist die innere Orientierung beschrieben und damit das objektseitige Aufnahmestrahlenbündel wiederherstellbar.

Die Luftbildaufnahmen entstehen meist als Senkrechtaufnahmen mit Reihenmeßkammern, bei denen die Teilvorgänge selbständig ablaufen (Abb. 20). Das Bildformat $s' \times s'$ beträgt meist $23 \times 23\ cm^2$. Die Wahl der zugehörigen Objektivbrennweite f führt zu folgenden Kammertypen (f/s' in cm):

Schmalwinkel	60/23,	Normalwinkel	30/23,
Zwischenwinkel	21/23,	Weitwinkel	15/23,
Überweitwinkel	9/23.		

Der *Luftbildfilm (Fliegerfilm)* ist eine bis zu 60 m lange Rolle aus weitgehend maßbeständigem Polyester als Träger der Photoschicht. Für topographische Zwecke benutzt man vorwiegend

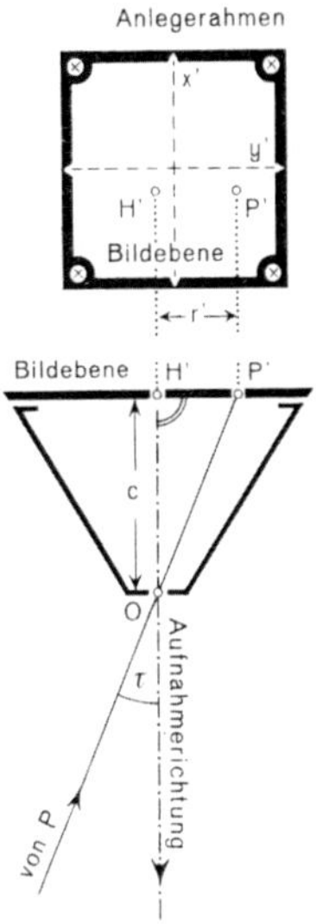

Abb. 19.
Prinzip der Meßkammer

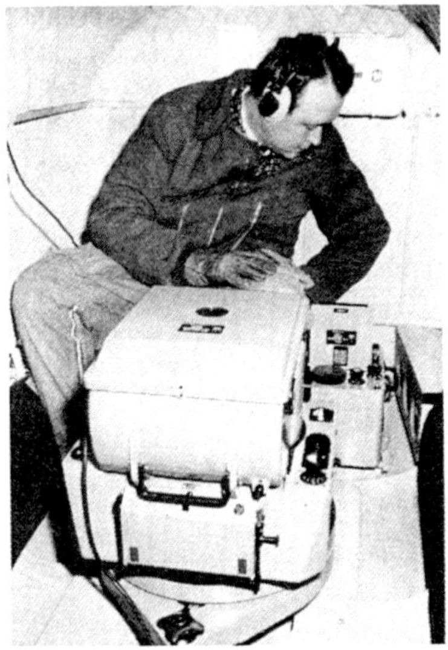

Abb. 20. Weitwinkel-Standard-Reihenmeßkammer RMK A 15/23 im Flugzeug – Zeiss/Oberkochen

Schwarz-Weiß-Emulsionen, meist mit panchromatischer, seltener mit infraroter Sensibilisierung. Colorfilme gibt es als Diapositivfilme und Falschfarbenfilme (Color-Infrarot-Filme). Wegen ihrer Vorteile bei der Objekterkennung und der Interpretation nimmt ihr Anteil ständig zu.

Für den Bildflug erhält man die *Flughöhe über Grund* h_g aus Bildmaßstab $M_b = 1 : m_b$ und Brennweite f. Nach Abb. 21 er-

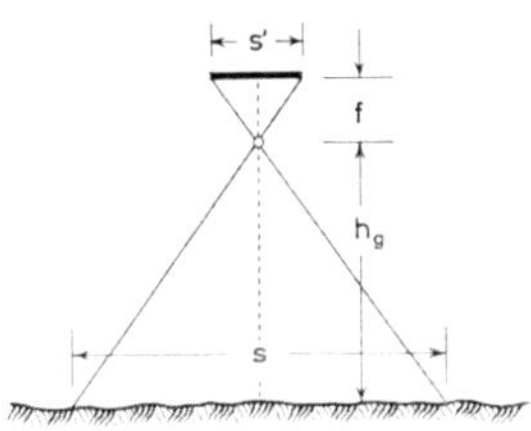

Abb. 21. Flughöhe und Bildmaßstab

gibt sich aus der Geländestrecke s und der ihr entsprechenden Bildstrecke s' das Verhältnis $s : s' = h_g : f$, und da $s : s' = m_b$, so folgt daraus $h_g = f \cdot m_b$. Die Flughöhen der meisten kommerziellen Bildflüge liegen zwischen 300 und 7500 m.

Das aufzunehmende Gebiet wird meist in parallelen Flugstreifen beflogen, die möglichst in OW- oder NS-Richtung verlaufen und zwischen denen eine *Querüberdeckung* von 20 bis 30% besteht (Abb. 22). Innerhalb eines Flugstreifens weisen benachbarte

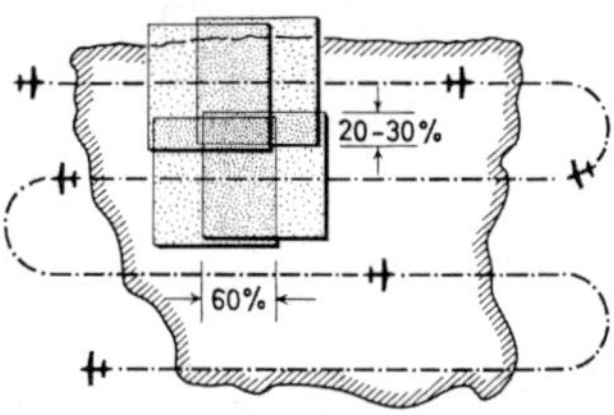

Abb. 22. Anordnung eines Bildfluges

Bilder eine mindestens 60%ige *Längsüberdeckung* auf, so daß jeder Geländepunkt in mindestens zwei Luftbildern abgebildet ist und sich demnach stereoskopisch betrachten und messen lassen kann. In der Praxis trifft man oft auf noch höhere Längsüberdeckungen, um eine noch günstigere Bildauswahl vornehmen zu können.

Über zivile Bildflüge in der Bundesrepublik Deutschland führen die Landesvermessungsbehörden und das Institut für Angewandte Geodäsie *(Schmidt-Falkenberg 1978)* Nachweise mit Angabe der Bildflugdaten und der Aufnahmezeitpunkte.

Nähere Ausführungen über den Stand der Aufnahmesysteme sowie über die gegenwärtige und künftige Aufnahme- und Bildflugtechnik stammen u. a. von *Konecny/Schroeder 1979, Meier 1980* und *Winkelmann 1980.*

2. Multispektralphotographie

Anstelle einer Farbaufnahme mit Colorfilm erhält man ein farbiges Bild auf indirektem Wege: In einer Kamera mit mehreren Objektiven und unterschiedlichen Filtern davor entstehen auf Schwarz-Weiß-Film jeweils Bilder für verschiedene Spektralbereiche. Meist finden solche Aufnahmen in den vier Bändern blau, grün, rot und infrarot auf infrarotem Film statt. Für die spätere Verarbeitung und Auswertung sind solche Aufnahmen flexibler als die direkten Farbaufnahmen. Multispektralkammern sind bisher in Flugzeugen und in bemannten Satelliten eingesetzt worden.

3. Abtastsysteme (Scanner)

Das bekannteste System ist der *Multispektralscanner (MSS)* zur Erfassung der passiven Strahlung im Bereich des sichtbaren Lichts bis zur photographisch nicht erfaßbaren Wärmestrahlung. Er läßt sich in Flugzeugen und Satelliten einsetzen.

In den Erderkundungssatelliten vom Typ Landsat befindet sich ein Scanner mit 4 Kanälen für den Bereich des sichtbaren Lichts und des nahen Infrarots (Wellenlängen für grün-gelb 0,5–0,6; orangerot 0,6–0,7; rot-infrarot 0,7–0,8; infrarot 0,8–1,1 μm). Ein senkrecht zur Flugrichtung oszillierender Spiegel lenkt die Strahlung für jeden Kanal

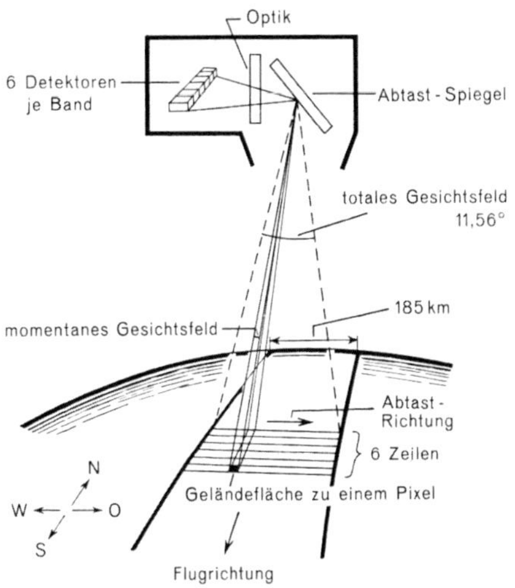

Abb. 23. Multispektralscanner-Aufnahmesystem im Satelliten Landsat (Quelle: NASA-Handbuch)

(Band) gleichzeitig auf 6 Detektoren, was einer Abtastung von 6 parallelen Geländezeilen entspricht (Abb. 23). Der Strahlungsintensität entsprechend entstehen in den Detektoren elektrische Signale. Diese werden zum Schluß in digitaler Form dargestellt und entweder unmittelbar oder nach Zwischenspeicherung auf Band zur Erde übermittelt. Bei einer mittleren Flughöhe von 915 km ergibt sich aus der Spiegelauslenkung für jede Satellitenbahn ein erfaßter Geländestreifen von rund 185 km Breite. Innerhalb jeder Zeile erfaßt jeder Detektor als Bildelement (Pixel) gleichzeitig eine Geländefläche von rund $80 \times 80\ m^2$.

Mit Abtastern, die speziell im Bereich des thermischen Infrarot (8–14 μm) arbeiten, lassen sich Temperaturprofile messen oder flächenhafte Erfassungen von Oberflächentemperaturen vornehmen (Thermographie).

Aus einer neueren Entwicklung stammt eine optoelektronische Kamera, bei der über ein ständig geöffnetes Objektiv jeweils Zeilen von rund 1700 Halbleiterdetektoren belichtet werden. Die Bildsignale werden digitalisiert und zunächst auf Magnetband gespeichert *(Hofmann/Seige 1979)*.

Zu den Sensoren für *aktive* Strahlung gehört vor allem das *Radarverfahren*. Die Mikrowellenimpulse (Wellenlänge etwa 0,03 m) werden von einer Antenne gesendet und empfangen. Der geringeren Bildauflösung steht der Vorteil gegenüber, daß Aufnahmen bei jedem Wetter und zu jeder Tageszeit möglich sind. Die Bildelemente entstehen entsprechend der Zeitfolge beim Eintreffen der reflektierten Impulse in Abhängigkeit von der Schrägentfernung (Seitwärtsradar).

Weitere Entwicklungstendenzen in der Satelliten-Fernerkundung beschreiben *Schlude/Schroeder 1980*.

2.1.4.2 Bildverarbeitung

Sie soll durch Veränderung der aufgenommenen Bilder deren Auswertung erleichtern oder überhaupt erst ermöglichen. Beim einzelnen Bild beziehen sich diese Veränderungen

- auf die *Geometrie*, vor allem zum Zweck der Entzerrung nach Paßpunktunterlagen, daneben zur Korrektur infolge der Abbildungsfehler des Systems usw., ferner

– auf die *Struktur*, z. B. durch densitometrische Kontrastanhebung oder radiometrische Berücksichtigung der Strahlungsverhältnisse (z. B. der Einfallswinkel).

Die durch solche Vorgänge optimierten Bilder erleichtern die nachfolgende konventionelle Interpretation. Darüber hinaus ist es weiterhin möglich, die Bildverarbeitung auf das Mischen und Vergleichen mehrerer Bilder anzuwenden.

Die Technik der Bildverarbeitung beruht auf *analogen* (photographischen) oder *digitalen* Verfahren. Die letzteren erfordern meist eine hohe Rechenkapazität, eröffnen aber auch eine große Vielfalt weiterer Möglichkeiten bis in den Bereich der Interpretation hinein.

1. Verarbeitung von Meßbildern durch Entzerrung

Meßbilder werden gewöhnlich als Originalbilder oder Kontaktabzüge davon unmittelbar zur Bildinterpretation oder Bildmessung herangezogen. Strukturelle Bildverarbeitungen beschränken sich nach Bedarf auf photographische Kontraständerungen, z. B. durch sog. Maskierung. Dagegen spielt die *geometrische* Bildverarbeitung durch optische Entzerrung in der Praxis eine wichtige Rolle. Sie stützt sich auf Paßpunkte, Karten oder Orientierungsdaten. Damit ergeben sich für diese Form der Einbildauswertung die folgenden Merkmale:

– Der photographische Bildcharakter bleibt erhalten.
– Der Bildinhalt liefert nur Grundrißinformationen.

Das einfachere Verfahren mit einem *Entzerrungsgerät* beseitigt alle perspektiven Verzerrungen, die im Originalbild dadurch ent-

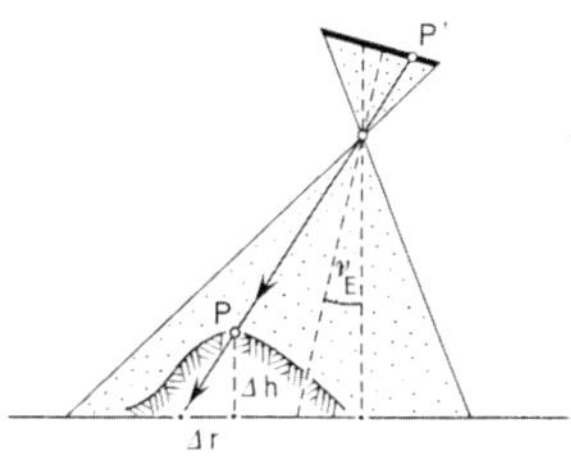

Abb. 24. Verarbeitung eines Meßbildes durch Entzerrung

stehen, daß die Aufnahmerichtung meist um einen kleinen Nadirwinkel ν (bis etwa 2 gon) gegen die Lotrichtung geneigt ist (im Entzerrungsvorgang als ν_E). Gleichzeitig läßt sich das Bild so vergrößern, daß die Entzerrung in einem runden Maßstab entsteht. In einem so entzerrten Bild verbleiben aber weiterhin die Lagefehler Δr, die infolge der zentralperspektiven Aufnahme durch jeden Höhenunterschied Δh des Geländes bewirkt werden (Abb. 24). Streng genommen sind daher auf diesem Wege nur Luftbilder eines völlig ebenen Gebietes fehlerfrei zu entzerren.

Der Einsatz eines *Orthoprojektors* (Abb. 25) ermöglicht es dagegen, auch den Einfluß der örtlichen Höhenunterschiede zu tilgen. Dabei entsteht das Ergebnis im Gegensatz zur geschlossenen Umbildung am Entzerrungsgerät als eine zeitliche Folge differentieller Entzerrungen, z. B. durch eine kleine Spaltblende, die in parallelen Streifen über die Photoschicht läuft. Dazu wird das Ausgangsbild bei seiner Projektion gegen die Photofläche jeweils so verändert, wie es den Höhenunterschieden entspricht. Die so entstandenen *Orthophotos* sind damit in allen Teilen so lagerichtig, daß sie sich als Ausgangsmaterial für Luftbildkarten (Bd. II, 3.1.1), aber auch für konventionelle Grundrißkarten (Strichkarten) eignen. Mit Hilfe neuerer Diffe-

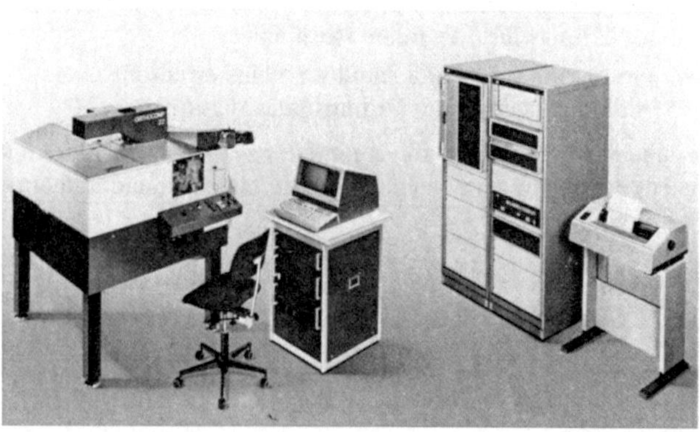

Abb. 25. Analytisches Orthophoto-System Orthocomp Z 2 – Zeiss/Oberkochen

rentialentzerrungsgeräte lassen sich auch durch unterschiedliche Differentialentzerrung der Bilder eines Luftbildpaares sog. *Stereoorthophotos* herstellen, die sich damit auch räumlich betrachten und der Höhe nach auswerten lassen *(Finsterwalder 1979)*.

2. Verarbeitung von Multispektralbildern

Derartige Aufzeichnungen in analoger (photographischer) oder digitaler Form unterliegen für Zwecke der thematischen Interpretation meist einer intensiven Bildverarbeitung. Neben der oft notwendigen geometrischen Verarbeitung durch Entzerrung finden vor allem Verarbeitungen der Bildstruktur statt. Über Anwendungen siehe 2.3.2.

Die *analoge* Bildverarbeitung besteht beim Einzelbild vor allem in der Kontrastverstärkung sowie in der Farbcodierung mittels Äquidensiten auf der Grundlage definierter Grautonintervalle. Das Mischen und Vergleichen von Bildern bezieht sich auf

- multispektrale Bilder mit Daten aus verschiedenen Spektralbereichen und auf
- multitemporale Bilder mit Daten aus verschiedenen Aufnahmezeitpunkten.

Dafür eignen sich Farbprojektoren oder Colorbildschirme sowie mehrfarbige reproduktionstechnische Wiedergaben.

Die gleichen, aber auch noch weitere Möglichkeiten ergeben sich mit der *digitalen* Bildverarbeitung. Dazu sind analoge Daten (aus Bildern) mit einem speziellen Lese- und Schreibgerät erst in digitale Daten umzuwandeln. Zur geometrischen Verarbeitung liegen bereits umfangreiche Untersuchungen vor (z. B. *Konecny 1976, Bähr 1979*). Besonderes Interesse finden auch die Bildmischungen. Während sie bei der analogen Verarbeitung einer visuellen Interpretation unterzogen werden müssen, versucht die digitale Verarbeitung die Merkmalsbildung im Wege einer Quantifizierung. Dabei ist vor allem die fachthematische Objektklassifizierung der zur Zeit wichtigste Fall. Sie beruht auf der Anwendung mathematisch-statistischer Methoden, mit denen die Verteilungsmuster der Grauwerte der einzelnen digitalen Bildelemente (Pixel) untersucht werden *(Kraus 1979, Bähr 1979)*. Die darüber hinaus gehende Frage nach der automatischen Identifizierung von Objekten im Wege der sog. Mustererkennung ist zur Zeit Gegenstand weltweiter Forschungen. Über eine teilautomatische Objektextraktion berichten *Bausch u. a. 1980*.

2.1.4.3 Bildinterpretation

Während Aufnahme, Verarbeitung und Messung der Bilder meist teure Präzisionsgeräte erfordern, ist der Geräteaufwand beim Vorgang der reinen Interpretation relativ gering. Für viele Zwecke reicht schon die räumliche Bildbetrachtung mittels Stereoskop (Abb. 26). Dieses läßt sich auch mit einem Leuchttisch

Abb. 26. Standard-Spiegelstereoskop N 2 mit Schrägpult und Stereomikrometer SMM – Zeiss/Oberkochen

zur Durchmusterung transparenter Bilder verbinden. Daneben gibt es auch Interpretationsgeräte, die gleichzeitig eine Betrachtung durch zwei Personen gestatten. Einige Geräte sind auch mit einfachen Zeichenvorrichtungen verbunden. Sog. Teilchengrößen-Analysatoren erleichtern das Erkennen und Auszählen von Objekten. Mit Projektionsgeräten lassen sich starke Bildvergrößerungen zur eingehenden Betrachtung erzeugen. Farbmischprojektoren erlauben das Mischen von Multispektralaufnahmen, während ein sog. change detector beim Vergleich multitemporaler Bilder Unterschiede erkennt und automatisch registriert. Isodensitracer erfassen densitometrisch die lokale Dichte im Film durch zeilenweises Abtasten und Kartieren.

Über Vorgänge und Anwendungen der Bildinterpretation siehe 2.3.2.

2.1.4.4 Bildmessung

Der für die Kartenherstellung wichtigste Fall ist die *Zweibildmessung* (Stereophotogrammetrie) durch Stereokartierung. Sie gestattet es, zwei an verschiedenen Aufnahmeorten entstandene Meßbilder, soweit sie dasselbe Geländestück darstellen (Abb. 27), an einem dafür geeigneten Gerät räumlich, d. h. nach Lage und Höhe auszumessen. Dabei betrachtet jedes Auge mit Hilfe eines optischen Systems eines der beiden Meßbilder. Die Gehirnfunktionen verschmelzen nun physiologisch die beiden Bilder zu einem räumlich wahrgenommenen Modell des Geländes (stereoskopisches Sehen), das sich am Gerät mit Hilfe einer ebenfalls räumlich gesehenen Meßmarke dreidimensional punkt- oder linienweise ausmessen läßt.

Für die Ergebnisse der Zweibildmessung ergeben sich damit die folgenden Merkmale:

- Es entsteht eine Strichzeichnung, die meist die Kennzeichen eines Kartenentwurfes aufweist.
- Die Messung kann sowohl Grundrißinformationen (z. B. Objektkonturen) wie Höheninformationen (z. B. Höhenlinien und -punkte) liefern.
- Für beliebige Punkte lassen sich Bild- oder Gerätekoordinaten ermitteln und weiter verarbeiten.

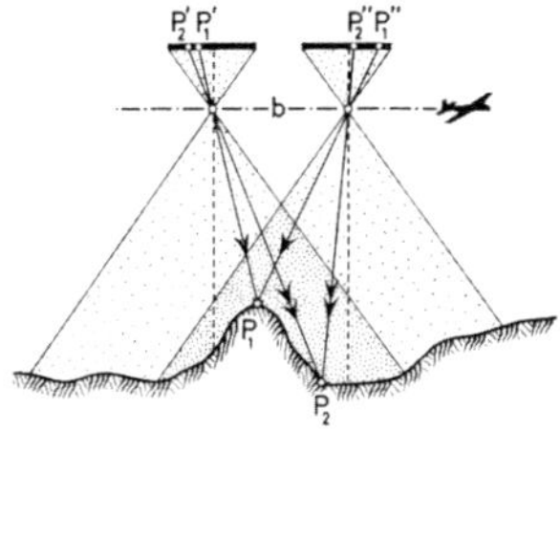

Abb. 27. Zweibildmessung

Eine störungsfreie Betrachtung des Modells ist aber nur möglich, wenn die richtige *gegenseitige (relative) Orientierung* zwischen den Bildern hergestellt ist. Die nachfolgende *absolute Orientierung* bewirkt schließlich die richtige Festlegung des Modells nach Lage und Höhe mit Hilfe von Paßpunkten. Beide Vorgänge bezeichnet man im Gegensatz zur inneren Orientierung (2.1.4.1 Nr. 1) als *äußere Orientierung*.

In der Praxis liegt den meisten Zweibildgeräten (z. B. Abb. 28) noch das *analoge* Auswerteprinzip (Analoge Photogrammetrie) zugrunde. Solche Geräte rekonstruieren die Verhältnisse des Bildfluges in einem kleineren Maßstab, und zwar durch ein schrittweises Vorgehen, bis die äußere Orientierung (s. o.) fehlerfrei erreicht ist. Dabei befinden sich die Bilder (Film-

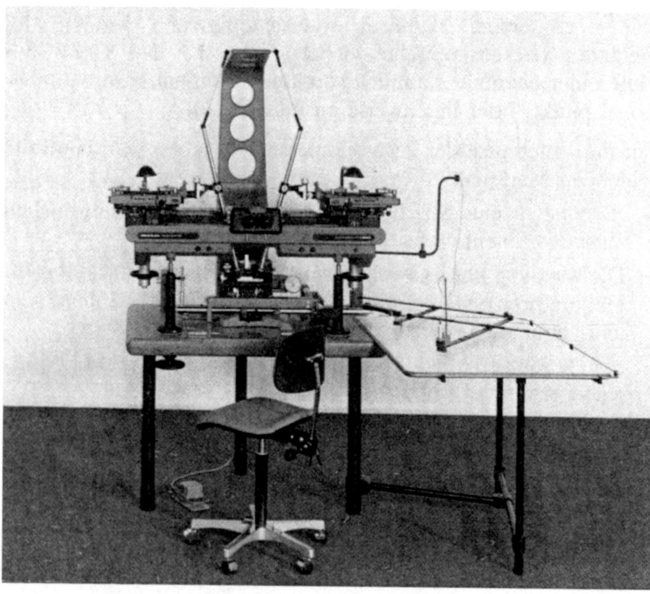

Abb. 28. Analoges Stereoauswertegerät Aviograph AG 1 – Wild/Schweiz

negative oder Diapositive) in Bildträgern entsprechend der inneren Orientierung, die sie in der Aufnahmekammer hatten. Dem Aufnahmeabstand b der Kammern entspricht der Abstand b' der Bildträger im Modellmaßstab, und die Schnitte entsprechender Bildstahlen (z. B. von P_1' und P_1'' in Abb. 27) erzeugen den zugehörigen Geländepunkt (z. B. P_1) in maßstäblicher Lage und Höhe.

Die über Handräder und eine Fußscheibe oder freihändig geführte Meßmarke fährt die im Modell sichtbaren Konturen von Straßen, Wasserläufen, Gebäuden usw. ab. Die Fahrbewegungen im Grundriß lassen sich mechanisch auf einen angeschlossenen Zeichentisch übertragen und dort in einem gewünschten Maßstab mit einem Zeichenwerkzeug sichtbar machen. Wird die Marke auf einen gewünschten Höhenwert fest eingestellt und in dieser Höhe ständig tangierend auf der Modelloberfläche entlang geführt, so entsteht in der Zeichnung eine Höhenlinie.

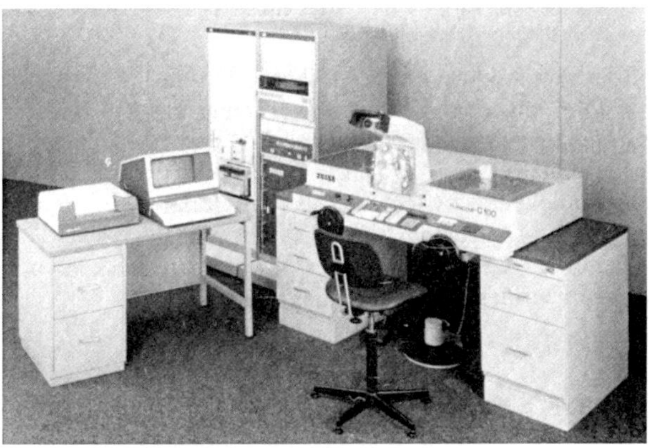

Abb. 29. Analytisches Stereomeß-System Planicomp C 100 – Zeiss/Oberkochen

Den neueren größeren Zweibildgeräten liegt in zunehmendem Maße ein *digitales* Auswerteprinzip (Analytische Photogrammetrie) zugrunde. Solche *Analytical Plotter* verzichten auf die modellhafte Rekonstruktion des Aufnahmevorganges im Gerät und gehen dafür von den analytischen Beziehungen zwischen den beiden Bildkoordinatensystemen, den Orientierungsparametern sowie den Landeskoordinaten und Höhen der Paßpunkte aus. Die dabei auftretenden umfangreichen mathematischen Beziehungen sind beim Bewegen der Meßmarke laufend mit neuen Bildkoordinaten zu versehen und daher nur mit leistungsfähigen Rechnern ohne Verzögerung zu mechanischen Bewegungen zu verarbeiten (Abb. 29).

Bei der *räumlichen Aerotriangulation* mißt man an den Auswertegeräten oder an speziellen Präzisionskomparatoren die Modell- bzw. Bildkoordinaten ausgewählter Punkte im Verband eines Flugstreifens oder mehrerer, zu einem Block zusammengefaßter Streifen (Blocktriangulation). Die gemessenen Daten werden sodann im Anhalt an relativ wenige Festpunkte mit besonderen Rechenverfahren in die gesuchten Landeskoordinaten und Höhen überführt. Damit erhält man für einen großen Bereich die für die einzelne Modellorientierung und -auswertung benötigten Paßpunkte sowie neue terrestrische Festpunkte mit einem Minimum an örtlichen Arbeiten.

Die mit der Zweibildmessung erreichbare Genauigkeit läßt sich etwa wie folgt angeben: Geht man von einer auf das Bild bezogenen Meßgenauigkeit von rund ± 0,01 mm aus, so ergeben sich bei Bildmaßstäben zwischen 1 : 10000 und 1 : 30000 Punktungenauigkeiten zwischen ± 0,10 m und ± 0,30 m nach Lage und Höhe. Allgemein wird die Höhenungenauigkeit mit etwa ± 0,1‰ der Flughöhe angegeben. Mit Präzisionskomparatoren lassen sich diese Angaben noch verbessern.

2.2 Originäre Erfassung topographischer Informationen

Liegen die gewünschten topographischen Informationen nicht in Gestalt geeigneter topographischer Karten oder Datenbanken vor, so sind sie durch topographische Vermessungen auf der Grundlage geodätischer Bezugssysteme zu erfassen. Damit kommt es zur Anwendung bestimmter in 2.1 beschriebener Verfahren und Geräte mit dem Ziel der Kartenherstellung.

2.2.1 Geodätische Grundlagenvermessungen

2.2.1.1 Gestalt und Größe des Erdkörpers

1. Die Erde als Kugel

Nach der Vorstellung der Naturvölker war die Erde eine Scheibe. Doch bereits *Pythagoras* (um 500 v. Chr.) und *Aristoteles* (um 350 v. Chr.) erkannten die Erde als Kugel. *Eratosthenes* führte um 200 v. Chr. die erste geschichtlich beglaubigte Erdmessung durch. Er bestimmte an dem Tage, an dem nach seiner Kenntnis in Syene (heute Assuan) die Sonne mittags im Zenit stand, in Alexandria den Zenitwinkel γ zu rund 7,2° (Abb. 30). Ferner leitete er den Meridianbogen b aus der Reisezeit einer Kamelkarawane ab. Mit der Annahme einer weit entfernten Sonne erhielt er als Zentriwinkel zu b ebenfalls γ und konnte damit den Radius R berechnen. Die erste Gradmessung der Neuzeit führte 1525 der französische Arzt *Fernel* am Meridianbogen Paris-Amiens durch.

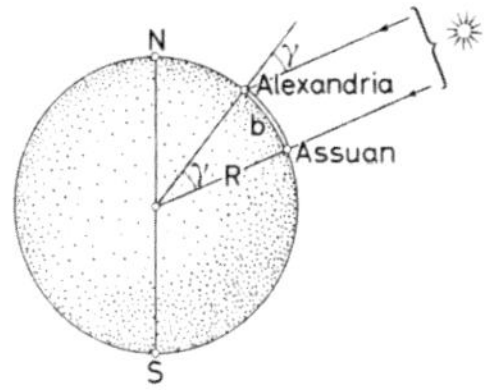

Abb. 30. Erdmessung des Eratosthenes

2. Die Erde als Rotationsellipsoid

Zweifel an der Kugelgestalt der Erde tauchten auf, als *Newton* um 1670 das Gravitationsgesetz fand. Die Schwerkraft auf der Erdoberfläche setzt sich zusammen aus der zum Erdinnern weisenden Anziehungskraft und der normal zur Rotationsachse gerichteten Fliehkraft. Da letztere im Äquator am größten ist und nach den Polen zu abnimmt, muß – nach Newton – die Erde im Flüssigkeitsstadium am Äquator eine Aufwölbung erfahren haben. Die Gradmessungen französischer Wissenschaftler um 1736 äquatornah im heutigen Ekuador und polnah in Lappland zeigten auch als Ergebnis den größten Krümmungshalbmesser R am Pol, den kleinsten Wert r am Äquator (Abb. 31).

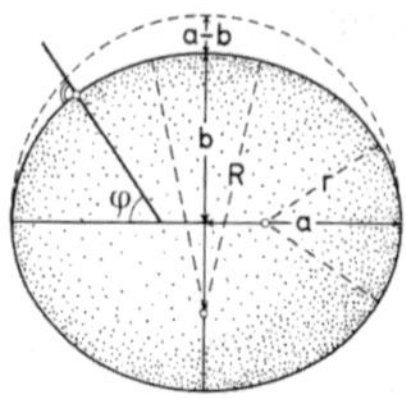

Abb. 31. Erdellipsoid

Die ersten wissenschaftlich exakten Gradmessungen in Deutschland waren die von *C. F. Gauß* zwischen dem Inselsberg/Thüringer Wald und Altona (1822–1824) und *Bessel* in Ostpreußen (1831). *Bessel* faßte 1840 alle ihm bekannten Messungen zusammen und errechnete durch Ausgleichung der Messungswidersprüche die Dimensionen eines Erdellipsoids, das der preußischen Landesvermessung und der deutschen Reichsvermessung zugrunde gelegt wurde.

In der Folgezeit wurden noch mehrfach Erddimensionen berechnet. Das von *Hayford/USA* gefundene Ellipsoid wurde 1924 als „Internationales Ellipsoid" empfohlen. 1944 verarbeitete *Krassowskij/UdSSR* sehr großräumiges Material zu neuen Erddimensionen. Die *Internationale Union für Geodäsie und Geophysik (IUGG)* empfahl 1967 in Luzern ein „Geodätisches Bezugssystem 1967" und 1979 in Canberra/Australien ein neues „Geodätisches Bezugssystem 1980" *(Sigl/Torge 1981)*. In der nachfolgenden Tabelle sind die bekanntesten Erddimensionen zusammengestellt.

Erdmaße nach		Große Halbachse a	Kleine Halbachse b	Abplattung $f = \frac{a-b}{a}$
Bessel	1840	6377397 m	6356079 m	1 : 299,15
Hayford	1924	6378388 m	6356912 m	1 : 297
Krassowskij	1944	6378245 m	6356863 m	1 : 298,3
IUGG	1967	6378160 m	6356775 m	1 : 298,25
IUGG	1980	6378137 m	6356752 m	1 : 298,26

Für Rechnungen mit geringeren Genauigkeitsansprüchen reicht es aus, von der Erdgestalt als Kugel mit dem Radius $R = 6370$ km auszugehen.

3. Die Erde als Geoid

Schon die ersten Berechnungen der Erddimensionen aus mehreren Gradmessungen zeigten Differenzen, die sich nicht allein durch Messungsungenauigkeiten erklären ließen, und man kam schließlich zu der Überzeugung, daß der Erdkörper mathematisch nicht genau durch ein Rotationsellipsoid dargestellt werden kann. Seine Form ist physikalisch bestimmt durch die ruhend gedachte Meeresoberfläche, die man sich auch unter den Kontinenten – etwa durch ein System kommunizierender Röhren – fortgesetzt denken kann. Für diese Fläche hat *Listing* 1873 die Bezeichnung „Geoid" geprägt. Die Geoidfläche ist eine Niveaufläche, d. h. sie wird in allen Punkten von den Lotrichtungen senkrecht geschnitten. Die Lotrichtungen hängen aber von der Massenverteilung ab, und da die Massen – insbesondere in der Erdkruste – unregelmäßig gelagert sind, ist die Geoidfläche keine glatte, sondern eine schwach gewellte Fläche (Abb. 32). Die Abweichungen des Geoids von

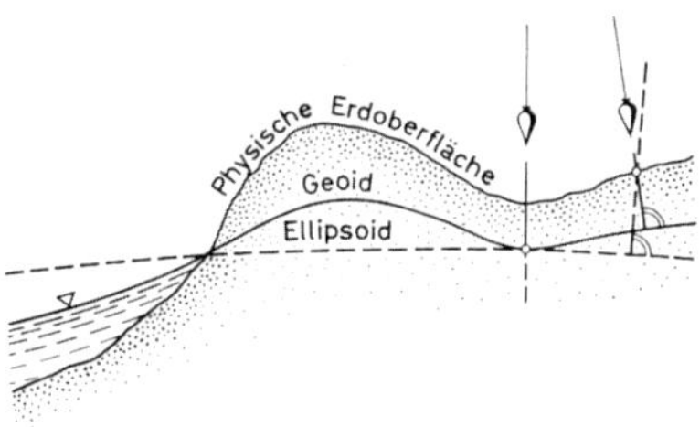

Abb. 32. Geoid

einem ihm optimal angepaßten Rotationsellipsoid, die sog. Geoidundulationen, sind jedoch gering; sie bleiben meist unter 50 m. Die ferner auftretenden Lotabweichungen sind die Winkel zwischen der physischen Lotrichtung, an der sich die Meßgeräte mit Libellen usw. orientieren, und der Ellipsoidnormalen. Sie können im Flachland und Mittelgebirge bis zu 10″, im Hochgebirge bis zu 1′ betragen.

Auf das Geoid beziehen sich die Höhenmessungen. Das Ellipsoid ist dagegen wegen seiner besseren Berechenbarkeit die Bezugsfläche für die Lagekoordinaten einer Landesvermessung.

2.2.1.2 Bestimmung von Lagefestpunkten

1. Aufbau und Abmarkung eines Lagefestpunktfeldes

Ist ein größerer Teil der Erdoberfläche zusammenhängend zu vermessen, z. B. ein Staatsgebiet, so überdeckt man den ganzen Bereich mit einem Netz von Festpunkten, den *trigonometrischen Punkten* (TP). Dieses Festpunktfeld besteht aus einer großen Anzahl von Punkten, die meist als Bodenpunkte durch Steinpfeiler vermarkt sind (Abb. 33). Eine darunterliegende Platte

Abb. 33. TP-Vermarkung (Bodenpunkt)

dient als Sicherung. Im Zuge der Messungen befinden sich über den Bodenpunkten Signale, Beobachtungsleitern (Abb. 34) usw.

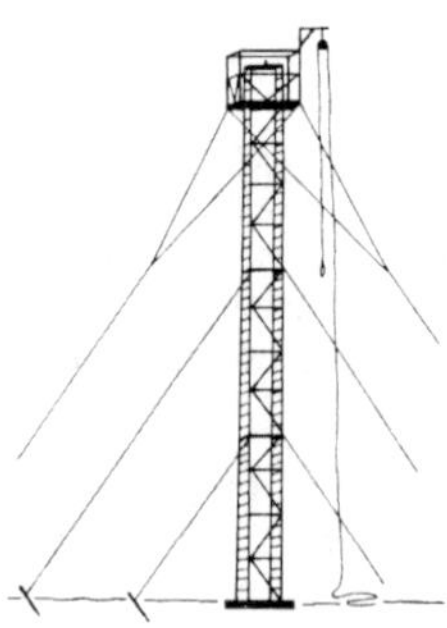

Abb. 34. Beobachtungsleiter

Zunächst wählt man Punkte 1. Ordnung in einer Entfernung von 30 bis 50 km aus, die etwa gleichseitige Dreiecke bilden und bevorzugt auf herausragenden Geländehöhen liegen. Dieses *Dreiecksnetz* 1. O. bildet den Rahmen für die folgenden Netze 2. O. (mit Seitenlängen von 10 bis 20 km), 3. O. (3 bis 10 km) und 4. O. (1 bis 3 km), die im Wege der sog. *Netzverdichtung* (Nr. 4) entstehen.

2. Messung von Dreiecksnetzen

Bei der seit dem 17. Jahrhundert angewandten *Triangulation* (Abb. 35) werden auf allen trigonometrischen Punkten die Dreieckswinkel gemessen. Das damit in seiner Form eindeutig festgelegte Netz erhält seinen Maßstab durch Bestimmung der Länge mindestens einer Dreiecksseite. Diese bestimmte man früher indirekt aus einem Basisvergrößerungsnetz; heute ermittelt man sie durch direkte elektronische Streckenmessung.

In der *Trilateration* (Abb. 36) erstreckt sich die elektronische Streckenmessung auf alle Dreiecksseiten und darüber hinaus auf weitere Diagonalverbindungen. In der Praxis verknüpft man vielfach die Prinzipien beider Verfahren.

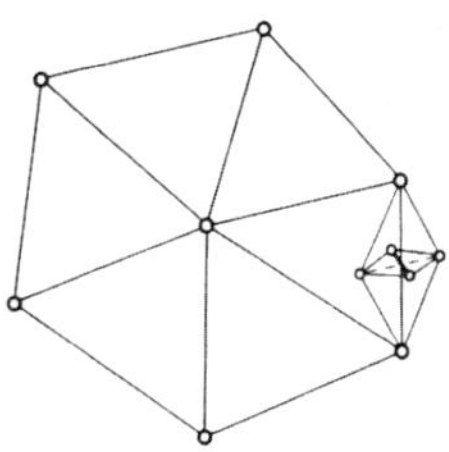

Abb. 35. Triangulationsnetz mit Basisvergrößerungsnetz

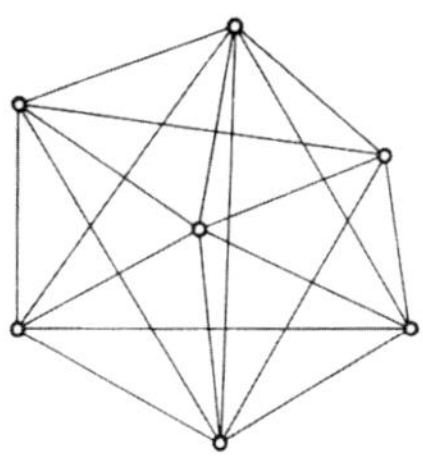

Abb. 36. Trilaterationsnetz

Anstelle eines Dreiecksnetzes kann man auch ein Netz von *Traversen* in Form großräumiger Polygonzüge (Abb. 38e) aufbauen und dieses Netz dann ebenfalls verdichten.

Als weitere Verfahren könnten künftig auch Aerotriangulationen (2.1.4.4), Dopplermessungen (2.1.3.2) und inertiale Systeme (2.1.3.6) zum Einsatz kommen, wenn mit ihnen die gewünschte Lagegenauigkeit erreichbar ist.

Da in allen Verfahren stets mehr Winkel und Strecken gemessen werden, als zur eindeutigen Festlegung erforderlich sind, erhält man durchgreifende Kontrollen und durch rechnerische Ausgleichung bestmögliche Ergebnisse mit Angaben zur erreichten Genauigkeit. In modernen Netzen beträgt der Maßstabsfehler etwa 1 : 500000.

3. Festlegung von Dreiecksnetzen auf dem Ellipsoid als Lagebezugsfläche

Hierzu ist es erforderlich, die geographischen Koordinaten φ, λ (2.1.2.4) mindestens eines Netzpunktes P sowie das Azimut α (2.1.3.1) einer von diesem ausgehenden Dreiecksseite durch astronomische Messungen zu ermitteln (Abb. 37). Danach

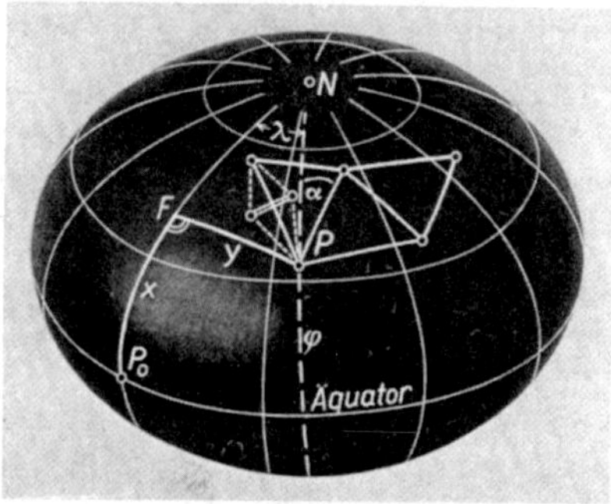

Abb. 37. Punktfestlegung auf dem Ellipsoid

können für alle Netzpunkte durch rechnerische Übertragung die geographischen Koordinaten bestimmt werden. Da diese jedoch für Folgearbeiten wenig geeignet sind, rechnet man von den Netzpunkten ebene rechtwinklige Koordinaten x, y im System der Landesvermessung (siehe 3.7).

Die Bestimmung von φ, λ und α beruhte bisher vorwiegend auf astronomischen Beobachtungen in Form von Winkelmessungen zu Gestirnen, bei λ auch mit zusätzlicher Zeitmessung. Neuerdings benutzt man auch künstliche Erdsatelliten zur Ortsbestimmung *(Satellitengeodäsie)*.

Das deutsche Hauptdreiecksnetz (DHDN) basiert auf dem Ellipsoid von Bessel mit dem Punkt Rauenberg bei Berlin als Fundamentalpunkt (bei angenommener Lotabweichung Null) und der Orientierung durch das astronomische Azimut Rauenberg – Berlin/Marienkirche. Auf das Besselsche Ellipsoid beziehen sich auch die Dreiecksnetze von Österreich (mit dem Fundamentalpunkt Hermannskogel bei Wien und der Orientierung nach dem Azimut von dort zum Hundsheimer Berg) und der Schweiz (mit dem Fundamentalpunkt Berner Sternwarte).

Die isolierten Festlegungen der Lagefestpunktfelder der einzelnen Staaten führten wegen der getrennten Messungen und der unterschiedlichen Ansätze in den Dimensionen und Rechnungen an den Nahtstellen der Netze zu großen Klaffungen, die bis zu mehreren 100 m betragen. Erstmals entstand 1950 ein einheitliches *Europäisches Dreiecksnetz* (Réseau Européen Unifié de Triangulation = ReTrig) für das westliche Europa mit einer Festlegung auf dem Internationalen Ellipsoid und mit weiteren Kenngrößen, die insgesamt als *Europäisches Datum 1950* gelten. Die letzte der späteren Modifikationen dieses Datums ist zur Zeit das sog. ED 79.

4. Verdichtung des Dreiecksnetzes

Während die Netze 1. und 2. Ordnung meist durch geschlossene Messung und Berechnung entstanden, herrschte in den Netzen 3. und 4. Ordnung bisher das Verfahren der *Einzelpunkteinschaltung* vor. Hierbei werden die neuen Punkte einzeln – mitunter auch zu zweit oder zu dritt – im Anschluß an vorhandene Festpunkte gemessen und unmittelbar im System der Landeskoordinaten berechnet. In modernen Festpunktfeldern lassen sich solche Neupunkte auf etwa ± 0,03 m genau bestimmen.

Die wichtigsten terrestrischen Verfahren zur Bestimmung eines oder mehrerer Neupunkte N im Anhalt an Festpunkte A, B. C, E sind (Abb. 38):

a) Vorwärtseinschneiden durch Messung der Winkel α und β,
b) Rückwärtseinschneiden durch Messung der Winkel δ und ε,
c) Bogenschlag durch Messung der Strecken s_A und s_B,
d) Polare Bestimmung durch Messung des Winkels α und der Strecke s,
e) Polygonzug durch Messung der Winkel β_A, β_1, β_2, β_3, β_E und der Strecken s_1, s_2, s_3, s_4.

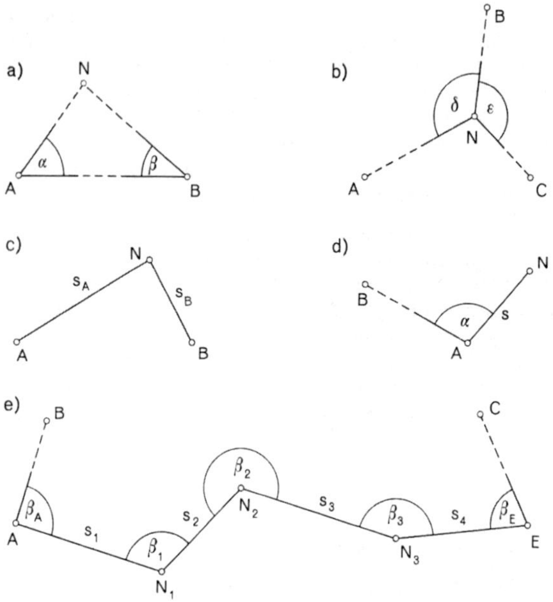

Abb. 38. Verfahren zur Lagesbestimmung einzelner Punkte

Als weitere Verfahren können auch die Aerotriangulation (2.1.4.4), Dopplermessungen (2.1.3.2) und der Einsatz von inertialen Systemen (2.1.3.6) in Betracht kommen.

5. Das Polygonnetz

Das Netz der trigonometrischen Punkte reicht im allgemeinen für den unmittelbaren Anschluß von Einzelvermessungen noch nicht aus. Daher werden zur weiteren Verdichtung *Polygonpunkte* (PP) bestimmt, und zwar durch einzelne Polygonzüge oder ganze Polygonnetze sowie durch polares Anhängen.

Die Polygonpunkte liegen so auf Straßen und Wegen, an Wasserläufen usw., daß zwischen benachbarten Punkten freie Sicht besteht und daß der Anschluß von Einzelvermessungen nicht durch Hindernisse (z. B. Mauern, Strauchwerk) erschwert wird. Sie werden durch Granitsteine, unterirdische senkrechte Rohre, ebenerdige Metallbolzen, Kunststoffmarken usw. abgemarkt. Die Länge der Polygonseiten schwankt zwischen 50 m und 300 m.

2.2.1.3 Bestimmung von Höhenfestpunkten

1. Aufbau und Abmarkung eines Höhenfestpunktfeldes

Die Vermessung eines großen Gebietes erfordert neben den Lagefestpunkten auch eine systematische Überdeckung mit Höhenfestpunkten (NivP). Eine Identität beider Punktarten ist dabei im Hinblick auf Abmarkung, örtliche Lage und Messung weder sinnvoll noch erforderlich. Die meisten Höhenfestpunkte sind durch metallische Höhenbolzen festgelegt, die in Außenwänden von Gebäuden, in Mauern oder in Granitpfeilern eingelassen sind (Abb. 39).

Abb. 39. Höhenbolzen

Das Höhennetz gliedert sich in der Bundesrepublik Deutschland in das Netz 1. Ordnung (Maschenweite 30 bis 60 km), das Netz 2. O. (15 bis 20 km) und das Netz 3. O., das je nach Örtlichkeit oder Bedarf eine Maschenweite von höchstens 10 km aufweist. Ein Netz 4. O. entsteht nur in besonderen Fällen.

2. Messung von Höhennetzen

Solche Messungen sind Präzisionsnivellements (2.1.3.3), die als Liniennivellements durch geologisch stabile Gebiete bei günstigen atmosphärischen Bedingungen und auf erschütterungsfreien

Wegen sowie unter Beachtung weiterer methodischer Feinheiten die Höhenunterschiede zwischen den Festpunkten ermitteln. Dazu treten im Netz 1. O. die Anschlüsse an den Normalhöhenpunkt (NH), also an die definierte Bezugsfläche, an weitere unterirdische Festlegungen (UF) zur Netzstabilisierung sowie Gravimetermessungen (2.1.3.5) zur Korrektur der Meßdaten infolge lokaler Massenanomalien.

Das Verknüpfen vieler Nivellementslinien zu einem ausgedehnten Nivellementsnetz ermöglicht es, die Messungsergebnisse rechnerisch auszugleichen und damit auch die erreichten Genauigkeiten zu ermitteln. Diese liegen in Anlehnung an die Formel in 2.1.3.3

- im Netz 1. O. bei $m_h = \pm\ 0{,}4\ \text{mm}\ \sqrt{n}$ und besser,
- in den Netzen 2. und 3. O. bei etwa $m_h = \pm\ 0{,}7\ \text{mm}\ \sqrt{n}$.

3. Höhenbezugsfläche

Die für Höhenangaben besonders gut geeignete Niveaufläche ist das Geoid (2.2.1.1) als die in Ruhe gedachte Meeresoberfläche. Tatsächlich haben die meisten Staaten auch eine Höhenbezugsfläche gewählt, die angenähert mit dem mittleren Wasserstand eines benachbarten Meeres zusammenfällt, im Anhalt daran aber durch eine bestimmte Marke exakt festgelegt ist. Man spricht wegen dieses Zusammenhangs auch oft von *Meereshöhen.*

Im Bereich der *Bundesrepublik Deutschland* beziehen sich die Höhenangaben seit 1879 auf eine als *Normal Null (NN)* bezeichnete Niveaufläche. Diese war durch Nivellements vom Amsterdamer Pegel auf etwa ± 0,1 m genau abgeleitet und 37,000 m unter einer Höhenmarke an der alten Berliner Sternwarte definiert worden. Wegen des Abbruchs der Sternwarte entstand 1912 etwa 40 km östlich von Berlin ein neuer Normalhöhenpunkt (NH von 1912). Die heutige Definition der Bezugsfläche beruht auf der Gesamtheit der Punkte 1. Ordnung mit Einschluß der unterirdischen Festlegungen (UF).

In *Österreich* beziehen sich die Höhenangaben auf eine Marke am Molo Sartorio in Triest, die 3,352 m über dem Mittelwasser des Adriatischen Meers liegt.

Für die *Schweiz* gilt eine Höhenmarke am Pierre du Niton, einem Felsblock im Hafen von Genf. Die Höhe dieses Punktes bezieht sich auf den mittleren Wasserstand des Mittelmeers und ist mit 373,60 m ü. M. festgelegt.

Die *DDR* und die *osteuropäischen Staaten* beziehen sich auf den Kronstadter Pegel im Hafen von Leningrad.

Die unterschiedliche Festlegung der Höhensysteme in den europäischen Staaten führt an den Grenzen der Bundesrepublik Deutschland etwa zu folgenden Durchschnittswerten, um die die benachbarten Bezugsflächen *unter* NN liegen:

Niederlande	0,02 m,	Schweiz	0,08 m,	Dänemark	0,11 m,
DDR	0,16 m,	Frankreich	0,27 m,	Österreich	0,27 m,
Italien	0,33 m,	Belgien	2,31 m.		

Das *Einheitliche Europäische Nivellementsnetz* (Réseau Européen Unifié de Nivellement = REUN) entstand 1960 durch gemeinsame Ausgleichung ausgewählter Nivellementslinien des westlichen Europas unter Bezug auf den Amsterdamer Pegel für 1950.0. Damit erfüllte sich für Teilbereiche zum ersten Mal der seit langem bestehende Wunsch nach einem gemeinsamen internationalen und widerspruchsfreien Höhennetz.

Die Höhen- bzw. Tiefenangaben in den Seekarten der deutschen Nordseeküste sind auf ein besonderes *Seekartennull* (SKN) bezogen, das als örtliches mittleres Springtideniedrigwasser (mSprTnw) definiert ist und damit etwa um den halben mittleren Springtidenhub unter NN liegt. Dieser Unterschied beträgt in Borkum etwa 1,4 m, Wilhelmshaven 1,9 m und List/Sylt 0,9 m. Im Bereich der deutschen Ostseeküste ist SKN praktisch gleich NN.

2.2.2 Topographische Vermessungen

2.2.2.1 Ziel und Gegenstände

Ziel jeder topographischen Vermessung ist die Herstellung und Fortführung einer *topographischen Karte*. Wird ein ganzes Staatsgebiet topographisch vermessen, spricht man auch von *topographischer Landesaufnahme*. Die Karte soll ein möglichst umfassendes Bild der Erscheinungen und Formen der Landschaft vermitteln. Daher sind – entsprechend der Gliederung des Karteninhalts (1.5.3 und 5.3) – zu erfassen:

– Die *Situation*, d. h. die Lage der auf der Erdoberfläche vorhandenen und mit ihr verbundenen Gegenstände wie Gebäude, Verkehrswege, Gewässer, Bodenbedeckungen usw. Diese werden nach ihren Umrissen eingemessen und als orthogonale Grundrißprojektion in der Kartenebene dargestellt.

- Das *Gelände,* d. h. die Erdoberfläche als Grenzfläche zwischen der festen Erde (Lithosphäre) und der Luft (Atmosphäre) bzw. dem Wasser (Hydrosphäre). Ihre Erfassung besteht darin, Höhen- oder Tiefenlinien (5.3.2.4) mit Hilfe eines Punktfeldes oder unmittelbar zu gewinnen und – evtl. durch Zusatz von Formzeichen (5.3.2.6) – gleichfalls grundrißlich darzustellen.
- Weitere Erfassungen beziehen sich auf das *Namengut* (z. B. Namen von Orten, Gewässern, Bergen) und auf wichtige *thematische* Merkmale der Landschaft (z. B. Kreisgrenzen).

Der Umfang des Darstellbaren und damit des zu Erfassenden hängt in erster Linie vom Maßstab der *Grundkarte* (1.5.6) ab. Im vorigen Jahrhundert lagen solche Maßstäbe etwa bei 1 : 25000 und kleiner; heute sind immer mehr die größeren Maßstäbe 1 : 2500 bis 1 : 10000 üblich.

Solche Maßstäbe gestatten für die Situation noch weitgehend eine grundrißtreue Darstellung. Von der Höhenliniendarstellung erwartet man, daß sie nicht nur geometrisch exakt, sondern auch morphologisch richtig ist. Dennoch ist es andererseits unvermeidlich, bei der Erfassung der Situation (z. B. bei kleinen Gebäudevorsprüngen) und des Geländes (z. B. bei natürlicher Geländerauhigkeit von Berghängen) bereits eine *topographische Generalisierung* (4.4) durchzuführen. Über die Genauigkeit und Prüfung der Lage- und der Höhendarstellung in topographischen Karten siehe 5.3.1.6 und 5.3.2.9.

Die sachgemäße Ausführung solcher Vermessungen setzt voraus, daß im Aufnahmegebiet eine ausreichende Anzahl örtlich markierter und nach Lage und Höhe bekannter Anschlußpunkte verfügbar ist. Reichen für deren Bestimmung selbst die vorhandenen Lage- und Höhenfestpunkte der Landesvermessung nicht aus, so ist evtl. noch eine Verdichtung dieser Festpunktfelder nach den in 2.2.1.2 und 2.2.1.3 genannten Verfahren vorzunehmen. Solche Festpunktverdichtungen sollten stets unter dem Gesichtspunkt des allgemeinen Verwendungszwecks der Festpunkte, d. h. unter sorgfältiger Abmarkung, Beachtung von

Genauigkeitsvorschriften usw. stattfinden. Die Bestimmung weiterer Anschlußpunkte richtet sich dagegen überwiegend nach den Erfordernissen der jeweiligen topographischen Meßmethode und nach den örtlichen Verhältnissen.

Im weitesten Sinne kann man als topographische Vermessung auch alle Vermessungen bezeichnen, die in erster Linie bautechnischen Planungen dienen. Dabei liegen die Kartenmaßstäbe meist zwischen 1 : 500 und 1 : 5000, die Genauigkeit der Höhenmessung richtet sich nach den Erfordernissen des Projekts, und die Messungsanordnung orientiert sich häufig an der Planungstechnik (z. B. bei Profilen).

Geländeaufnahmen mit einfachen Hilfsmitteln (z. B. für thematische Aufnahmen) beschreibt *Schweißthal 1966.*

2.2.2.2 Photogrammetrische Verfahren

Sie sind heute der Regelfall der topographischen Vermessung und am günstigsten bei großen Bereichen mit ausreichend bewegtem und offenem Gelände *(Brindöpke 1971, Beck 1976).*

1. Kennzeichen der photogrammetrischen Verfahren

Das methodische Hauptmerkmal ist die unmittelbare linienweise Erfassung der Situation und der Höhenlinien. Gerade das Abfahren von Höhenlinien, das etwa bei Geländeneigungen von 3 gon und mehr möglich ist, führt zu einer Wiedergabe, die meist geometrisch genauer und formtypischer ist als bei tachymetrischen Messungen. Ebenes Gelände wird durch meist regelmäßig angeordnete Höhenpunkte erfaßt.

Die weiteren Merkmale lassen sich wie folgt beschreiben:

- Die Verfahren sind bis etwa zum Kartenmaßstab 1 : 100 000 unmittelbar anwendbar. Sie eignen sich damit auch für den erstmaligen Einsatz in kartographisch wenig erschlossenen Gebieten sowie zur gleichzeitigen Kartenfortführung in verschiedenen Maßstabsbereichen.
- Die Bestimmung örtlicher Paßpunkte läßt sich durch den Einsatz der Aerotriangulation auf ein Minimum reduzieren. Oft genügt es, die vorhandenen Festpunkte durch weiße

Platten o. ä. luftsichtbar zu machen (Signalisierung). Daneben sind nach Bedarf noch Höhenkontrollpunkte zu bestimmen.

- Die Ergebnisse der Messung sind je nach den topographischen Verhältnissen meist nicht so vollständig wie die aus tachymetrischen Verfahren. Sie sind daher noch zu ergänzen und zu überarbeiten (2.2.2.5).
- Die häusliche, von Witterungseinflüssen unbehelligte Ausmessung der Luftbilder ist jederzeit wiederholbar.

2. Zweibildmessung durch Stereokartierung

Bei diesem für die Kartenherstellung wichtigsten Verfahren hat der Auswerter am Gerät jederzeit das Gelände plastisch vor seinen Augen. Er überblickt einen großen Raum und kann auch ein sonst unübersichtliches Gelände mühelos einsehen. Zum Ablauf der Messung siehe 2.1.4.4.

Mit einer sorgfältigen Bildflugplanung läßt sich auch sicherstellen, daß das auszuwertende Stereomodell günstig im Blattschnitt des vorgesehenen oder vorhandenen Kartenwerks liegt. Übergänge zwischen benachbarten Modellen sowie Anpassungen an bereits vorliegende Karten sind stets zu überprüfen. Ähnliches gilt, wenn – was sehr oft vorkommt – nur eine Ausmessung der Höhenlinien über einem bereits vorhandenen Grundriß stattfindet; in diesem Falle ist der Grundriß stets zu kontrollieren und evtl. fortzuführen.

Für den Kartenmaßstab $M_k = 1:5000$ beträgt der Bildmaßstab meist $M_b = 1:12000$, bei größeren Genauigkeitsansprüchen (z. B. im Flachland) auch $1:8000$. Für $M_k = 1:10000$ gilt etwa $M_b = 1:25000$ und für $M_k = 1:25000$ etwa $M_b = 1:40000$. Die Bildflugzeit liegt meist vor dem Ausbruch der Belaubung, da dann noch die entlaubten Hochwälder und die Gärten gut einzusehen sind.

3. Einbildmessung aus Entzerrungen

Aus den durch photographische Umbildung entstandenen Entzerrungen (2.1.4.2) lassen sich Strichkarten, allerdings nur für den Grundriß, ableiten. Bei Entzerrungen, die im Wege der Orthoprojektion entstehen, kann man jedoch mit Zusatzeinrichtungen und den bekannten Geländeinformationen eine gesonderte Höhenliniendarstellung gewinnen. In der Praxis bleibt es aber meist bei den bildhaften Darstellungen als Luftbildkarte, evtl. unter Einkopie der Höhenlinien. Eine solche Darstellung gilt teilweise sogar als amtliche Vorstufe zur Deutschen Grundkarte 1 : 5000 (5.6.1.1). In den Fällen der Kartenfortführung (5.6.6) wird der Inhalt von Orthophotos in die zu berichtigende Strichkarte nur im erforderlichen Umfang übernommen.

Ein Sonderfall der Einbildmessung ist das *Wasserlinienverfahren* bei der Vermessung von Wattgebieten. Dabei erfassen Luftbilder zwischen Niedrigwasser und Hochwasser in zeitlichen Anständen immer wieder dasselbe Gebiet (Serieneinzelbildmessung). Wegen des auflaufenden Wassers bildet sich die Wasserlinie, d. h. die Grenzlinie zwischen Wasser und trockenem Watt in jedem Bild anders ab. Da die Wasserlinien nur genäherte Niveaulinien sind, müssen sie im Wege einer Höhenzuordnung (Beschickung) nach Pegelmessungen oder Paßpunkten noch in Höhenlinien überführt werden *(Wegener 1979)*.

4. Verfahren der Fernerkundung

Die Möglichkeiten, den Inhalt von Abtastbildern (2.1.4.1) aus hochfliegenden unbemannten Satelliten (z. B. Landsat) für topographische Kartierungen zu verwenden, beschränken sich wegen der geringen Auflösung gegenwärtig auf kleinere Maßstäbe (etwa 1 : 200000 und kleiner). Dort sind sie allerdings besonders vorteilhaft bei der Bearbeitung von Atlaskarten von Bereichen, für die konventionelle Karten nur beschränkt oder gar nicht zu erhalten sind. Beim Einsatz tiefer fliegender bemannter Satelliten mit Reihenmeßkammern werden sich aber umfangreiche neue Möglichkeiten ergeben *(Konecny 1981)*.

2.2.2.3 Tachymetrische Verfahren

Diese Verfahren werden heute vorwiegend dann eingesetzt,

- wenn das Aufnahmegebiet relativ klein ist und sich daher ein Bildflug mit Auswertung nicht lohnt,
- wenn ausgedehnte Waldgebiete eine Luftbildauswertung nicht gestatten,
- wenn die Arbeiten zur Fortführung topographischer Karten nur von begrenztem Umfang sind,
- wenn Terminzwänge und schlechtes Bildflugwetter vorliegen oder
- wenn topographische Vermessungen zu prüfen sind.

1. Kennzeichen der tachymetrischen Verfahren

Hauptmerkmal ist die punktweise Erfassung der Situation und der Geländeoberfläche, und zwar im Wege der polaren Bestimmung (2.2.1.2 Nr. 4) von einem günstig gelegenen Standpunkt. Die Umrißlinien der Gegenstände ergeben sich danach durch zeichnerisches Verbinden entsprechender Punkte, die Höhenlinien durch Interpolation (2.2.2.5).

Die *Situationspunkte* sind daher in einer so dichten Folge zu legen, daß eine zutreffende Darstellung, vor allem bei gekrümmten Linien (z. B. Bäche, Waldwege) gewährleistet ist. Eine einwandfreie Geländedarstellung ist nur möglich, wenn charakteristische *Geländelinien* erkannt und im Anhalt daran die zu messenden *Geländepunkte* sachgerecht verteilt werden.

Zu den *Geländelinien* als Hilfslinien zur Erfassung der Geländeformen gehören (Abb. 40):

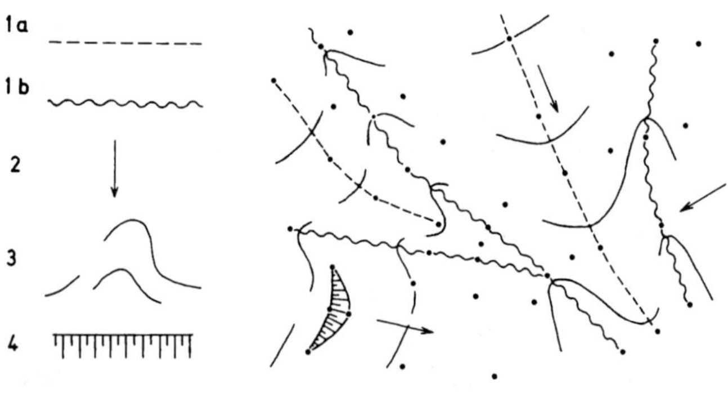

Abb. 40. Darstellung von Geländelinien in Feldrissen und Kartierungen mit einem Beispiel für die Verteilung von Geländemeßpunkten

1. Die *Geripplinien,* die als a) Rückenlinien (Wasserscheiden) oder b) Muldenlinien (Wassersammler) die Geländeoberfläche in Teilbereiche sinnvoll gliedern;
2. die *Fallinien,* die die Richtung des stärksten Geländegefälles (Böschung) aufzeigen;

3. die *Formlinien* (Leitlinien), die – vor allem im Bereich der Geripplinien – den Grad der Ausprägung von Rücken und Mulden anzeigen und damit den ungefähren Verlauf der Höhenlinien andeuten,
4. die *Kantenlinien,* die im Gelände einen mehr oder weniger ausgeprägten Wechsel der Hangneigung anzeigen (vor allem bei Kleinformen) und die zusammen mit den Geripplinien als sog. *Bruchkanten* eine notwendige Information besonders bei der rechnergestützten Weiterverarbeitung der Messungsergebnisse (2.2.2.5) bilden.

Die zu messenden *Geländepunkte* sind die höchsten Stellen der Kuppen, die tiefsten der Mulden sowie die Sattelpunkte. Sie liegen ferner auf den Geripplinien sowie in den übrigen Geländeteilen in profilartiger Anordnung. In den beiden letzten Fällen sind sie so zu verteilen, daß zwischen benachbarten Punkten in Fallrichtung möglichst konstantes Gefälle herrscht, so daß die spätere lineare Interpolation der Höhenlinien weitgehend den örtlichen Verhältnissen entspricht. Die notwendige Punktzahl ist damit abhängig von den Geländeverhältnissen, den Genauigkeitsansprüchen und dem Kartenmaßstab. Für den Maßstab 1 : 5000 schwankt sie zwischen 300 und 700 Punkten je km^2.

2. Meßtischtachymetrie

Sie ist die älteste Art der topographischen Aufnahme. Beim Aufstellen des Geräts (2.1.3.4) ist die Tischplatte mit der Kippregel so zu orientieren, daß die Kartenverbindungslinie zwischen Standpunkt und einem kartierten Festpunkt mit der entsprechenden örtlichen Richtung zusammenfällt. Bei der folgenden Messung werden die kartierten Situationspunkte laufend zeichnerisch verbunden; die kartierten Geländepunkte werden zunächst örtlich markiert.

Ist ein genügend großes Gebiet gemessen, beginnt mit Tischplatte und Gefällmesser (2.1.3.3) der Entwurf der Höhenlinien – das *Krokieren* – im Anblick des Geländes. Zunächst werden auf den Geripplinien die Höhenlinienpunkte durch Messung interpoliert und anschließende Höhenlinienstücke formgerecht gezeichnet. Nach und nach entstehen auch in den übrigen Bereichen Höhenlinienausschnitte, die schließlich miteinander verbunden werden. Dabei lassen sich alle wichtigen Kleinformen, auch die nicht direkt gemessenen, erfassen, und so entsteht eine geomorphologisch einwandfreie Höhendarstellung.

Die Methode ist besonders vorteilhaft in offenem, übersichtlichem und – wegen der schweren Ausrüstung – leicht erreichbarem Gelände. Sie liefert, obwohl sie die relativ geringste Punktzahl erfordert, die zutreffendsten Ergebnisse. Messungsfehler lassen sich noch bei der Feldarbeit aufdecken und beheben.

3. Zahlentachymetrie

Die mit dem Tachymeter (2.1.3.4) gemessenen Größen – Entfernung, Richtung und Höhenunterschied – werden in einem *Feldbuch* eingetragen. Der Topograph führt einen ungefähr maßstäblich *Feldriß (Feldskizze)*, in dem er die gemessenen Punkte mit ihrer Nummer, die Situation und die Geländelinien darstellt. Die graphische Auswertung findet häuslich statt. Die Methode wurde bereits bei der Herstellung der Höhenflurkarte 1 : 2500 in Württemberg angewandt und trägt daher auch die Bezeichnung als *Württembergisches Verfahren.*

Der Einsatz elektronischer Tachymeter gestattet auch größere Standpunktbereiche, vor allem, wenn höhere Stative, höhere Reflektorenträger und Funksprechgeräte verwendet werden. Man erhält ferner die Meßdaten genauer und schneller und bei der Registriertachymetrie auch in einer geringeren Fehlerrate und mit zügigerer Weiterverarbeitung. Das Verfahren eignet sich auch für die Vermessung von Wattgebieten bei Niedrigwasser *(Grundey/Hake 1980)*. Bei registrierenden Tachymetern entfällt das Feldbuch; im Falle einer reinen Höhenaufnahme ist evtl. auch der Feldriß entbehrlich. Nähere Untersuchungen zum Einsatz der Registriertachymetrie stammen u. a. von *Stache 1974, Grundey/Hake 1976, Grundey 1979.*

Die Zahlenmethode ist – besonders bei leichteren Ausrüstungen – beweglicher und deshalb auch in schwierigerem Gelände anwendbar. Die Feldarbeit schreitet rasch fort, und die Ergebnisse können im Gegensatz zur Meßtischmethode in verschiedenen Maßstäben kartiert werden. Das Verfahren erfordert aber eine größere Punktdichte, weil etwaige Messungsfehler zwar mit einer guten Feldskizze entdeckt, aber nicht mehr berichtigt werden können. Fehlerbehaftete Punkte fallen daher aus.

Eine Sonderform der Zahlentachymetrie ist die *Nivelliertachymetrie*. Ein Nivelliergerät (2.1.3.3) mit Horizontalkreis und Distanzstrichen liefert wegen der horizontalen Ziellinie die optisch gemessene Entfernung einfach zu $E = 100 \cdot l$ (2.1.3.2) und die Höhe des Zielpunktes durch einfache Subtraktion der Lattenablesung des Mittelstrichs vom Instrumentenhorizont. Das Verfahren führt daher zu einer zügigen Punktmessung, eignet sich aber wegen des Zwangs zur horizontaler Visur nur für relativ ebenes und offenes Gelände.

4. Kombinierte Methoden

Methodische Kombinationen versuchen, den Vorteil der Zahlenmethode (schnelle Messung) mit dem des Meßtisches (Höhenlinienentwurf im Anblick des Geländes) zu verbinden. So kann man z. B. das Ergebnis einer zahlentachymetrischen Aufnahme nach der Messung eines Standpunktbereichs als Aufnahmeblatt kartieren und mit diesem dann im Gelände krokieren. Währenddessen findet die Messung auf einem weiteren Standpunkt statt. Die Methode wird auch als *Bayerisches Verfahren* bezeichnet, weil sie bei der Aufnahme der Höhenflurkarte 1 : 5000 in Bayern angewendet wurde.

Instrumentelle Kombinationen haben wie beim Meßtisch die örtliche Kartierung zum Ziel. Beispiele dafür sind der Reduktionstachymeter Dahlta 010 A von *Jenoptik/Jena* mit angeschlossenem kreisrunden Kartiertisch, ferner das Gerät Media von *Breithaupt/Kassel,* bei dem sich unter dem Reduktionstachymeter eine quadratische Metischplatte und darauf ein vom Tachymeter geführtes Lineal befindet.

2.2.2.4 Hydrographische Verfahren

Die wachsende Bedeutung aller Gewässer im Lebensraum des Menschen zwingt dazu, diese Bereiche mit zunehmender Intensität zu vermessen und in Karten darzustellen. Die Messungen beziehen sich in erster Linie auf die vom Wasser bedeckte Erdoberfläche, daneben auf Inseln, Häfen, Uferbefestigungen, Riffe, Seezeichen, Leuchtfeuer, Wracks usw.

Das besondere Kennzeichen der Gewässervermessung ist die Tatsache, daß die Formen des Gewässerbodens nicht sichtbar sind.

Die punktweise Erfassung verläuft daher meist in Parallelprofilen, die annähernd senkrecht die vermuteten Niveaulinien schneiden. Zur *Wattvermessung* siehe auch 2.2.2.2, 2.2.2.3.

Kleinere Wasserläufe werden gewöhnlich im Anhalt an eine talwärts verlaufende *Stationierung* in regelmäßigen Abständen durch *Querprofile* und durch ein *Längsprofil* aus den tiefsten Punkten der Querprofile erfaßt. In den Querprofilen legt man die Lage der Punkte durch Streckenmessungen, ihre Tiefe durch Peilstäbe oder schwere Lote fest.

Größere Wasserläufe werden in Querprofilen durch ein Vermessungsschiff unter optischer oder elektronischer Entfernungsmessung abgefahren. Die Tiefenmessung beruht auf der Echolotung (2.1.3.3); sie wird manuell oder automatisch der Längenmessung zugeordnet. Der sog. Bodenkartenschreiber verwendet bis zu 41 Echolote an Auslegern beiderseits des Schiffes und erfaßt damit einen breiten Profilstreifen.

Bei Vermessungen *größerer Binnenseen und auf dem Meer* wird gleichfalls ein Schiff, evtl. mit mehreren Beibooten, eingesetzt. Dabei wählt man den Abstand zwischen den parallelen Lotlinien so, daß sich auch für die zwischen ihnen liegenden Bereiche eine zuverlässige Tiefenliniendarstellung entwickeln läßt. Zur Positionsbestimmung *(Ortung)* setzt man im Uferbereich geeignete Verfahren der Einzelpunktbestimmung (2.2.1.2) oder Funkortungsverfahren (2.1.3.2), z. B. HiFix, Miniranger III, Syledis ein. Auf hoher See benutzt man andere Funkortungsverfahren, z. B. Decca, Loran, Omega (dieses weltweit) oder auch künstliche Erdsatelliten, z. B. das weltweite Navy Navigation Satellite System NNSS (= TRANSIT) oder das künftige weltweite Global Positioning System GPS (= NAVSTAR) *(Egge/Seeber 1979)*. Die Tiefenmessungen mittels Echolot sind über Wasserstands- und Gezeitenmessungen einer Bezugsfläche zuzuordnen und über die Zeit mit der Ortung zu verbinden. Diese Verknüpfung und die Datenregistrierung selbst beruhen zunehmend auf automatisierten digitalen Verfahren *(Ermel 1975)*.

Als Bezugsfläche gilt bei Binnengewässern und in Wattgebieten meist die allgemeine Höhenbezugsfläche des Landes (z. B. NN).

Bei der Seevermessung werden die Tiefenangaben auf das Niedrigwasser bezogen, das sich durch die Gezeitenwirkungen ergibt (z. B. SKN, siehe 2.2.1.3).

Die Genauigkeit der Ortung hängt sehr stark vom Verfahren ab. Im Küstenbereich schwankt sie zwischen ± 1 und ± 10 m, auf hoher See zwischen ± 10 m und mehreren 100 m. Die Lotungsgenauigkeit beträgt etwa ± 0,8‰ der Tiefe, im Flachwasser etwa ± (0,05 bis 0,20) m.

2.2.2.5 *Bearbeitung der Vermessungsergebnisse*

Der Arbeitsablauf hierzu läßt sich wie folgt beschreiben:

- Messen – Berechnen – Kartieren – Überarbeiten und Ergänzen als vorwiegend *topographische* Vorgänge, danach
- Kartenentwurf – Kartenoriginal als vorwiegend *kartographische* Vorgänge.

In allen diesen Abschnitten sind heute sowohl analoge wie digitale Arbeitsweisen möglich. Auch die angestrebte Endstufe kann eine Analogdarstellung (Karte) oder zunächst eine digitale Darstellung (Digitales Modell) sein. Die nachfolgenden Ausführungen beziehen sich nur auf die überwiegend topographischen Arbeitsabschnitte, da die kartographischen Arbeiten in anderen Kapiteln zur Sprache kommen.

1. Analoge Darstellungen

Die *Kartierung* entsteht bei der Luftbildmessung und bei der Meßtischtachymetrie bereits im Zuge der Erfassung; bei den übrigen Verfahren findet sie später statt. In allen Fällen ist ein Zeichenträger mit Kartennetz, Paßpunkten usw. vorzubereiten. Näheres zur Kartiertechnik siehe Bd. II, 4.

Bei der manuellen Punktkartierung entsteht das Situationsbild durch linienhaftes Verbinden von Punkten nach den Angaben des Feldrisses. Die Höhen (bzw. Tiefen) werden den Feldbüchern (bzw. Echogrammen) entnommen und den kartierten Punkten beigeschrieben. Höhenlinien entstehen sodann Zug um Zug durch lineares Interpolieren zwischen solchen Punkten, die ungefähr auf einer Fallinie liegen; dabei sind weitere Formhinweise zu beachten. Entsprechend ergeben sich Tiefenlinien aus der Interpolation innerhalb der Profile.

Die *topographische Überarbeitung und Ergänzung* ist bei den Ergebnissen der *photogrammetrischen* Auswertung in der Regel in den folgenden Fällen erforderlich:

- Da jede Höhenlinie einzeln gemessen wird, d. h. ohne Zusammenhang mit den Nachbarlinien, ist eine Prüfung der Formendarstellung geboten. Dazu gehört auch das Glätten sog. differentieller Unsicherheiten, wenn sie nicht Ausdruck für Kleinformen sind.
- Bei unsicherer Ausmessung ist die Identifizierung, die Bedeutung und die Lage des Objekts zu prüfen.
- Bei unvollständiger Ausmessung (z. B. im Wald) und bei späteren topographischen Veränderungen sind Ergänzungsvermessungen unumgänglich.

Dagegen sind Überarbeitungen und Ergänzungen bei *tachymetrischen* Vermessungen nur erforderlich,

- wenn die Höhenlinien auf eine vorhandene Situation einzupassen sind,
- wenn der Inhalt von Flurkarten, Stadtgrundkarten oder Lageplänen übernommen werden soll oder
- wenn die Vermessung der Kartenfortführung dient.

Diese Arbeiten können natürlich auch im Zuge von Luftbildmessungen auftreten.

Thematische Angaben, die nach Zeichenvorschriften oder Vereinbarungen in der topographischen Karte enthalten sein sollen, lassen sich meist im Zuge der Messungen nicht ermitteln (z. B. Grenzen von Grundstücken, Gemeinden, Naturschutzgebieten). Man muß sie daher anderen Unterlagen entnehmen. Das gleiche gilt für die zur Kartenschrift gehörenden *Namen* der Orte, Berge, Täler, Wälder, Seen, Straßen usw. Näheres über die Informationsquellen hierzu siehe 2.3 und 2.4.

2. Digitale Darstellungen

Eine digitale Aufbereitung und Weiterverarbeitung der Messungsergebnisse mit den Möglichkeiten der Computertechnik ist unmittelbar möglich, wenn die Daten bereits im Zuge der Messung auf einen Datenträger (z. B. Magnetband) gelangt sind. Dies ist der Fall bei allen Geräten mit entsprechenden Registriereinheiten. Dagegen ist der Inhalt von Feldbüchern und von graphischen Registrierungen (z. B. Echogramm) noch in einem besonderen Arbeitsgang auf einen geeigneten Datenträger zu bringen.

Liegen alle gemessenen Punkte in digitaler Form vor, so spricht man auch von einem digitalen Modell (1.5.5.3). So lassen sich in vielen Fachgebieten diskrete Objekte als Konturenmodelle (z. B. Werkstücke) und kontinuierliche Objekte als Flächenmodelle (z. B. Grundwasserspiegel) darstellen. Im topographischen Bereich kann man das digitale Modell als weitgehend maßstabsunabhängigen Zahlenspeicher zur numerischen Beschreibung der Topographie auffassen. Insbesondere ist

- das *digitale Situationsmodell (DSM)* die Darstellung topographischer Objekte durch die Lagekoordinaten x, y – bei Bedarf auch durch Höhenangaben z – von Punkten ihres Grundrisses sowie durch Angaben zur Objektart (z. B. durch Zahlenkodierung nach einem Objektschlüssel-Katalog),
- das *digitale Geländemodell (DGM)* die Darstellung der Geländeoberfläche durch die räumlichen Koordinaten x, y, z einer Menge von Flächenpunkten und nach Bedarf auch durch Angaben zur Punktart.

Gemessene DGM ergeben sich aus den originären Messungsdaten. Die Punkte sind dabei häufig unregelmäßig verteilt (z. B. bei der tachymetrischen Messung) oder weisen trotz partieller Regelmäßigkeit (z. B. $z = \text{const.}$ bei Höhenlinienmessung nach Luftbildern) eine ungünstige Lageverteilung auf. Im Hinblick auf eine günstige Weiterverarbeitung und Speicherung entstehen aus ihnen daher *gerechnete* DGM von regelmäßiger Punktverteilung, meist in gitterförmiger Anordnung (Abb. 41). Die Gitterpunkte erhält man durch flächenhafte Interpolation aus den benachbarten originären Punkten (Stützpunkten). Dabei hängt die Maschenweite ab von der Genauigkeit der Approximation an das Gelände, vom vertretbaren Rechenaufwand und vom Speicherbedarf. Zwischen den Gitterpunkten werden sodann die Schnittpunkte mit den gewünschten Höhenlinien interpoliert. Aus diesen entstehen die Höhenlinien selbst mit Hilfe von Interpolationspolynomen. Diese erzeugen aber

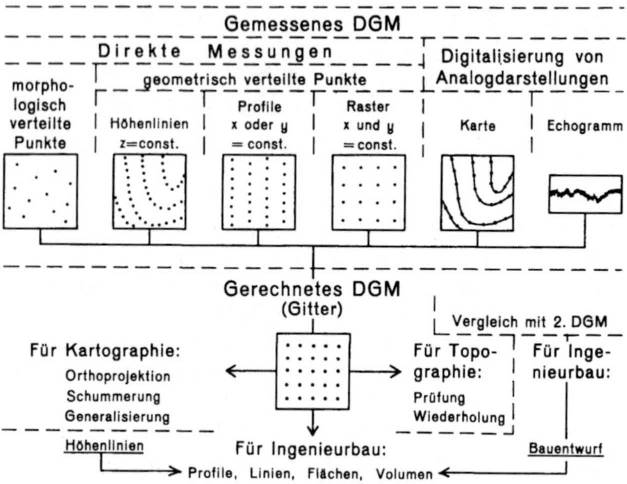

Abb. 41. Entstehung und Gebrauch digitaler Geländemodelle (DGM)

nur dann einen formgerechten Verlauf, wenn auch alle Kantenlinien (Bruchkanten, 2.2.2.3) des Geländes digital erfaßt und bei den Interpolationsrechnungen berücksichtigt werden. Für solche Bearbeitungen eines DGM gibt es heute bereits eine Reihe von Programmsystemen (z. B. *Koch 1973, Stanger 1973, Kruse 1979*). Über die Erprobung solcher Programme berichtet die *Arbeitsgemeinschaft der Vermessungsverwaltungen 1980.*

Die zunehmende Bedeutung digitaler Modelle – vor allem des DGM – ergibt sich aus den vielfältigen Verarbeitungsmöglichkeiten (Abb. 41):

– Allgemein läßt sich jeder beliebige Punkt der Geländeoberfläche nach bestimmten Vorgaben ermitteln. Dabei sind die beiden wichtigsten Fälle die Interpolation von Höhenlinien (Bestimmung der x, y bei vorgegebenem z) und die Höhenberechnung von Situationspunkten (Bestimmung von z bei vorgegebenem x, y, z. B. aus dem DSM).
– Im einzelnen kann man daneben alle geometrischen Größen ermitteln, die sonst im Rahmen kartometrischer Vorgänge

bestimmt werden (Bd. II, 6.3) und die vor allem von ingenieurtechnischem Interesse sind. Dazu gehören vor allem Linienführungen (z. B. Trassen), Profile, Gefälle, Winkel, Krümmungen, Flächen, Volumen, Perspektiven usw.

Ein DGM kann ferner für kartographische Zwecke

- jederzeit eine Analogausgabe ermöglichen (z. B. Höhenlinien),
- Höhenangaben für die Orthoprojektion (2.1.4.2) liefern,
- Angaben für automatische Schummerungen (5.3.2.5) erzeugen,
- Ausgangsdaten zur Generalisierung (4.4) bereitstellen.

Mit einem zweiten DGM (aus Prüfungsmessungen, Wiederholungsmessungen oder Ingenieurentwurf) lassen sich durch rechnerischen Vergleich mit dem ersten DGM für viele der oben genannten Größen Differenzen ermitteln.

Weitere Ausführungen zum DGM stammen u. a. von *Hofmann 1975, Linkwitz 1975, Grundey/Kruse 1978, Makarovič 1979* und *Rüdenauer 1980.* Einzelheiten der rechnergestützten Interpolation und Zeichnung enthält Band II, 5.

Durch Umrechnen und Speichern photogrammetrischer und terrestrischer Meßdaten, aber auch geeigneter digitalisierter Kartendarstellungen *(Menke 1980)* läßt sich für ein Grundkartenwerk eine *topographische Datenbank* aufbauen. Diese besteht z. B. aus den Originaldaten, einem gerechneten DGM, interpolierten Höhenlinien und den notwendigen Informationen dazu. Das Beispiel eines solchen Datenbanksystems beschreibt *Staufenbiel 1980.*

2.3 Originäre Erfassung thematischer Informationen

Wie die *topographischen* Informationen bei der topographischen Vermessung (2.2) sind auch *thematische* Informationen unmittelbar und erstmalig zu erfassen, wenn sie aus anderen Quellen (2.4) nicht zu gewinnen sind. In diesem Falle orientiert sich der Vorgang der Erfassung ausschließlich oder überwiegend an den

Erfordernissen für die Herstellung der vorgesehenen thematischen Karte.

Als Informationsquellen kommen damit die Objekte selbst (thematische Feldaufnahme) oder Abbilder der Objekte (Luftbilder, Satellitenbilder) in Betracht. Entsprechend dem Inhalt einer thematischen Karte (Band II, 1) gehört zur Erfassung der Informationen auch der Bezug auf eine topographische Grundlage. Diese liegt entweder bereits vor oder entsteht im Zuge der thematischen Erfassung.

Werden thematische Informationen aus verschiedensten Fachgebieten als Bestandserhebung für ein ganzes Staatsgebiet erfaßt, so spricht man auch von *thematischer Landesaufnahme.*

2.3.1 Thematische Feldaufnahme

Sie ist die klassische Erfassungsmethode vieler geowissenschaftlicher, aber auch zahlreicher anderer Disziplinen. Dabei besteht die eigentliche thematische Aufnahme im Erfassen der substantiellen Merkmale der Objekte sowie deren raumzeitlichem Verhalten (Näheres zur Systematik der Objektmerkmale siehe 4.1). Der topographische, also geometrische Raumbezug ergibt sich durch terrestrische Vermessungsverfahren oder durch Feldkartierung.

Werden dabei *Qualitäten*, also Arten oder Eigenschaften, erfaßt, so kommt es darauf an, die einzelnen Feststellungen einer Objektklasse mit bekannten Merkmalen oder einer zeitlichen Datierung zuzuordnen. Beispiele solcher *Beschreibungen* sind geologische Strukturen, Bodenprofile, Pflanzengesellschaften, Landnutzungen, archäologische Funde, Ortsentwicklungen, Wanderwege, Freizeiteinrichtungen. Im geowissenschaftlichen Bereich geschieht dies häufig mit speziellen Geräten zur Ermittlung physikalischer oder chemischer Eigenschaften (z. B. Korngrößen, pH-Werte).

Liegen in bestimmten Fällen noch keine Klassenmerkmale vor, so bleibt es zunächst bei den einzelnen Feststellungen, vor allem, wenn mit Hilfe der Karte selbst erst das räumliche Verteilungsmuster und Klassifizierungsschema erforscht werden soll (z. B. bei der Dialektforschung). Im sozialgeographischen Bereich entsteht die Beschreibung häufig im Wege der Befragung (z. B. für die Ermittlung sozialräumlicher Verteilungen).

Das Erfassen von *Quantitäten,* also von Mengen oder Werten besteht im Messen oder Zählen. Das *Messen* erfaßt gewöhnlich kontinuierliche Merkmale (z. B. meteorologische Daten, Schwereanomalien, Wasserstände, Luftverschmutzungen, Navigationsdaten). Bei Meßdaten, die einer zeitlichen Veränderung unterliegen, tritt an die Stelle der lokalen Einzelmessung häufig die kontinuierliche Registrierung in graphischer Form (z. B. Barogramm, Pegelkurve) oder in digitaler Aufzeichnung auf einem Datenträger (z. B. Lochstreifen). Das *Zählen* bezieht sich auf diskrete Merkmale (z. B. statistische Erhebungen über die Anzahl von Brutvögeln, über den forstlichen Baumbestand, über den ruhenden und fließenden Kraftfahrzeugverkehr). Auch hierbei können sich die Daten über eine Befragung ergeben.

Für den topographischen Bezug liegen die Aufnahmemaßstäbe meist zwischen 1 : 5000 und 1 : 25000. Vorhandene topographische Karten und Luftbilder dienen im Felde unmittelbar zur Eintragung der Ergebnisse. Liegen solche Unterlagen nicht vor, so sind die thematischen Objekte wie bei einer topographischen Vermessung zu erfassen und in Feldbüchern und Feldrissen (Feldskizzen) zu protokollieren.

Die geometrische Genauigkeit der Erfassung richtet sich dabei nicht nur nach dem Kartenmaßstab, sondern auch nach der Schärfe, mit der das Objekt überhaupt zu erfassen ist. Unterirdische Leitungen lassen sich z. B. exakt bestimmen; forstliche Bestandsgrenzen sind dagegen örtlich nicht immer eindeutig. In vielen Fällen genügt daher schon eine geometrische Festlegung durch Einsatz von Gefällmesser, Kompaß und anderem Kleingerät, durch Einschreiten von Bezugslinien oder -punkten her und durch anschließendes Kartieren.

Bei den meisten Objekten handelt es sich um *Diskreta.* Diese sind – bezogen auf den Kartenmaßstab – als flächenhaft (z. B. Landnutzungen), linear (z. B. Leitungen) oder lokal (z. B. Bohrungen) anzusehen. Die Erfassung bezieht sich dabei auf die

Grenze der Fläche bzw. auf die Mittellinie bzw. auf den Mittelpunkt des Objekts. Ist das Objekt ein *Kontinuum* (z. B. Temperaturverteilung), so bilden die gemessenen Quantitäten ein sog. Wertefeld. Dessen Wiedergabe in der Karte entsteht aus der Interpolation bestimmter Isolinien im Anhalt an die gemessenen Werte. Das Verfahren gleicht insoweit dem Entwurf der Höhenlinien bei der Auswertung topographischer Vermessungen, doch ist die Punktdichte meist wesentlich geringer, und bei der Interpolation sind neben dem rein geometrischen Prinzip auch die kausalen Zusammenhänge mit anderen Einflußgrößen zu beachten (z. B. Niederschlagsmenge in Abhängigkeit von Relief und vorherrschender Windrichtung).

Die methodischen und instrumentellen Vorgehensweisen und der jeweilige Erfahrungsstand sind bei den einzelnen fachthematischen Erfassungen sehr unterschiedlich. So gestatten z. B. die wissenschaftlichen Erkenntnisse in der Geomorphologie eine sehr intensive und komplexe Feld- und Laborarbeit *(Leser 1977)*. Ein typisches Beispiel für eine durch Verwaltungsvorschriften eingehend festgelegte Erfassung ist die Bodenschätzung, deren Ergebnisse in den Schätzungskarten des Katasters, teilweise auch in Bodenkarten 1 : 5000 dargestellt werden. In anderen Fällen wiederum muß der Bearbeiter erst eigene Erfahrungen aus seinen Feldarbeiten gewinnen.

2.3.2 Auswertung von Luftbildern und Satellitenbildern

Die in 2.1.4 und 2.2.2.2 beschriebenen Merkmale und Vorzüge der Photogrammetrie und Fernerkundung gelten in besonderem Maße auch für das Erfassen thematischer Informationen. Im Vergleich zu den klassischen Verfahren der thematischen Feldaufnahme ist das Arbeiten mit Abbildern der Objekte meist schneller, billiger und müheloser. Darüber hinaus lassen sich manche Informationen überhaupt nur auf diesem Wege gewinnen, weil das in Betracht kommende Gebiet schwer zugänglich ist oder weil die thematischen Sachverhalte örtlich gar nicht erkennbar sind.

Die thematische Auswertung bezieht sich auf das Originalbild oder auf das Ergebnis einer Bildverarbeitung. Diese Verarbeitung ist analog oder digital, und sie bezieht sich auf das Bild

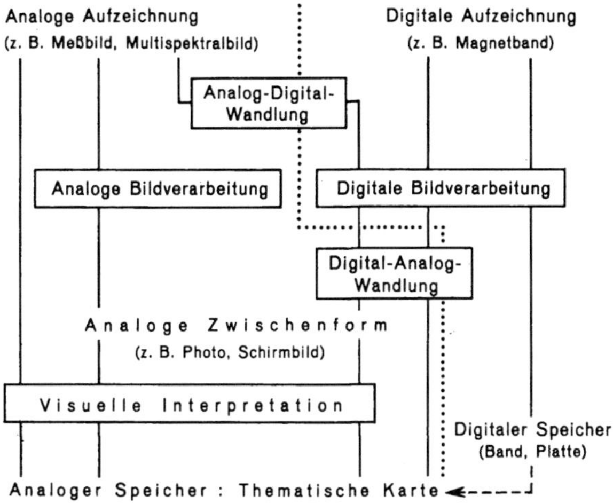

Abb. 42. Verfahren der thematischen Auswertung von Luftbildern und Satellitenbildern

allein oder auf die Verknüpfung von Bildern (2.1.4.2). Soweit dabei eine analoge Darstellung erhalten bleibt oder wieder erzeugt wird, besteht die Auswertung in einer visuellen Interpretation. Im anderen Falle ist das Ergebnis der digitalen Bildverarbeitung als eine automatisierte Interpretation anzusehen, die sofort in eine thematische Karte oder in einen Datenspeicher eingeht. Abb. 42 gibt hierzu eine Übersicht.

Der notwendige topographische Bezug ergibt sich entweder aus dem Bild selbst oder durch eine Verknüpfung des Bildes mit einer Karte bzw. einem terrestrischen Koordinatensystem. Die dabei auftretenden Arbeiten reichen von der Entnahme und Umrechnung einzelner Bildgrößen bis zur vollständigen Entzerrung. Einzelheiten der Verfahren und Geräte in Photogrammetrie und Fernerkundung siehe 2.1.4.

Die *visuelle Bildinterpretation* ist zur Zeit noch die am häufigsten benutzte Methode der Informationsgewinnung aus Bildern. Die dabei auftretenden Vorgänge lassen sich in ihrer Systematik mit denen der Karteninterpretation (Bd. II,6.2) vergleichen. Danach beginnt jede Interpretation mit dem *Erkennen,* d. h. mit dem Identifizieren eines Objekts nach Lage und Art. Im Anschluß daran sind Vorgänge wie das *Zählen* oder *Schätzen* von Objektmengen sowie das *Vergleichen* nach Art und Menge (zum Zwecke des Ordnen, Bewerten usw.) möglich. Solche Arbeiten sind gewöhnlich Vorstufen zum Prozeß des *Deutens,* das meist unter einer fachspezifischen Zielsetzung steht.

Das Erkennen ist ein sehr komplexer Vorgang, der in relativ kurzer Zeit abläuft. Dabei geht es um das Wahrnehmen prägnanter Bildgestalten, denen sich aus Erfahrung und Analogie ein Sinngehalt zuordnen läßt. Solche Bildgestalten formen sich aus dem Zusammenspiel von Helligkeitswerten (Kontrast), von Farbtönen (bei Colorbildern), von Formen und Feinstrukturen (Texturen). Bei stereoskopischer Betrachtung tritt dazu noch der dreidimensionale Effekt. Das Erkennen wird begünstigt durch den hohen Grad an Redundanz, den die Bildinformationen aufweisen. Es wird andererseits erschwert durch die Abhängigkeit der Bildgestalt von der Tages- und Jahreszeit der Aufnahme, vom Aufnahmegebiet, vom Bildmaßstab, von der Art der lichtempfindlichen Schicht und des Filters, von der Beleuchtung (Schatten), vom Umfang der perspektiven Verdeckung durch andere Objekte und von der Art der Bildverarbeitung.

Bildinterpretationen sind nach *Schmidt-Falkenberg 1970*

- interne Interpretationen, wenn sie nur unter einem fachthematischen Gesichtspunkt isoliert stattfinden, dagegen
- integrale Interpretationen, wenn die Interpretationsaussagen anderer Disziplinen einbezogen werden.

Das Bemühen um eine Systematisierung der Interpretation – besonders bei umfangreichen und wiederholten Anwendungen – führt zum Aufbau von *Interpretationschlüsseln.* Nach *Schneider 1974* kann man dabei zwei Arten unterscheiden:

- *Eliminationsschlüssel,* meist in Form des sog. Gabelschlüssels, führen schrittweise solange durch logische Verzweigungen von Merkmalen vom Allgemeinen zum Besonderen, bis das Objekt eliminiert ist.
- *Beispielschlüssel* schaffen Vergleichsmöglichkeiten durch Bilder und Texte zu bekannten Objekten (z. B. Siedlungsformen).

Als Analogschlüssel erleichtern sie dabei auch die Interpretation unbekannter Gebiete, als Assoziationsschlüssel auch den Schluß auf nicht sichtbare Sachverhalte, die erfahrungsgemäß zusammen mit den erkannten Objekten auftreten (z. B. bei der Lagerstätten-Exploration).

Die Ergebnisse der Interpretation werden entweder auf dem Bild vermerkt oder bei umfangreichen Angaben in einer besonderen Interpretationsskizze niedergelegt.

In Verbindung mit der Interpretation eignen sich die Verfahren der *digitalen Bildverarbeitung* in besonderem Maße zur Optimierung der Bildinhalte. Sie erleichtern dadurch die Interpretation oder ermöglichen sie erst. Darüber hinaus wird angestrebt, mit der digitalen Bildverarbeitung bestimmte Interpretationsvorgänge, insbesondere Klassifizierungen, zu automatisieren (2.1.4.2) und die Ergebnisse dann unmittelbar in eine kartographische Darstellung umzusetzen. Nach *Bähr 1979* definiert dabei der Bearbeiter in der sog. überwachten Klassifizierung Musterklassen aus dem Bildmaterial und „trainiert" damit den Rechner (vergleichbar dem obigen Beispielschlüssel). Die sog. nicht-überwachte Klassifizierung beschränkt sich dagegen auf die Analyse der Häufigkeitsverteilung des spektralen Bildmusters (Cluster-Bildung). Abb. 43 zeigt das Beispiel einer Wattklassifizierung.

Die Anwendungen der thematischen Bildauswertung sind bereits heute sehr mannigfaltig, und sie entwickeln und verfeinern sich weiterhin ständig. Die nachstehenden Ausführungen beziehen sich daher nur auf einige wichtige oder besonders interessante Beispiele:

In der Geologie hat sich die Photogeologie zu einem speziellen Arbeitsgebiet entwickelt, mit dem sowohl wissenschaftliche wie wirtschaftliche Ziele verfolgt werden. Dabei erstrecken sich die Auswertungen auf einen relativ großen Maßstabsbereich und haben auch Bedeutung für Geomorphologie und Bodenkunde. Das Zusammenspiel von Gewässernetz, Bodenbedeckung und Strukturlinien (Lineamenten) gestattet Schlüsse auf Gesteins- und Bodenarten, Wassergehalt (z. B. aus Radar-Wellen), rezente Formbildungen, Erosionen, unsichtbare Strukturen usw.

Für Gewässer aller Art lassen sich z. B. neben Wasserständen, Wasserströmungen und Einzugsgebieten auch Verschmutzungen und Tempera-

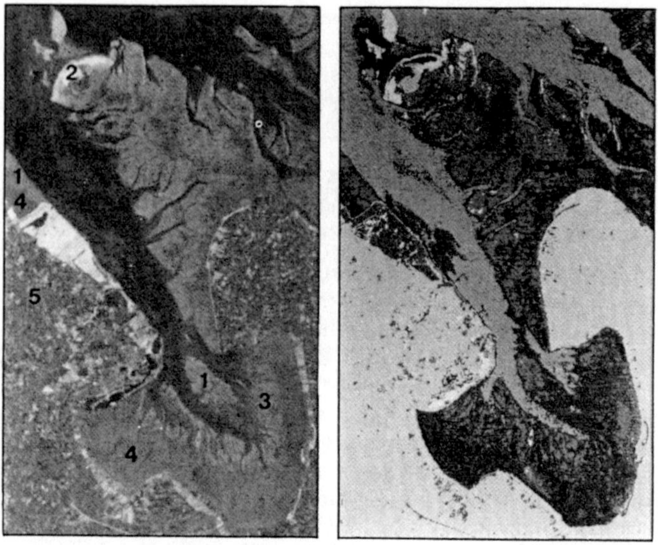

Abb. 43. Beispiel einer Wattklassifizierung durch digitale Bildverarbeitung: 1 = Sandwatt, 2 = trockenes Sandwatt, 3 = dunkles Sandwatt, 4 = Schlickwatt, 5 = Land, 6 = Wasser
(Quelle: Kolouch u. a. in Zeitschr. f. Verm.wesen 106 (1981), S. 143–158)

turen (z. B. beim Abwasser) mit bestimmten Emulsionen (z. B. für thermales Infrarot) oder mit Abtastern sehr differenziert erfassen. Eisbedeckungen des Wassers sowie Gletscher sind Gegenstand des Vergleichs multitemporaler Bilder.

Im Bereich der Vegetationskartierung hat sich vor allem das forstliche Luftbildwesen sehr stark entfaltet. Schwarz-weiße Infrarotfilme und Colorfilme liefern die besten Voraussetzungen für die Unterscheidung nach Holzarten. Falschfarbenfilme geben sichere und frühzeitige Hinweise auf Pflanzenkrankheiten. Aus Kronendurchmesser, Kronenschluß und Bestandshöhe kann man relativ genau auf den Holzvorrat schließen.

Disziplinen mit historischem Bezug wie Archäologie und Heimatkunde versuchen, aus den Bildstrukturen Hinweise auf örtlich nicht mehr erkennbare Siedlungsreste, Feldlager, Grabstätten, Wege- und Grabensysteme usw. zu entnehmen. Damit sind exakte Kartierungen und gezielte Grabungen möglich. Spezielle Aufnahmetechniken, z. B. bei sehr niedrigem Sonnenstand, verbessern die Erkennbarkeit solcher Objekte.

Eine zunehmende Bedeutung gewinnen die Erhebungen zur Landnutzung, vor allem zur Gewinnung von Bestandsdaten (Landinventur) für Zwecke der Raumordnung, der Planungsprozesse und deren Erfolgskontrolle sowie zur Umweltüberwachung. Besonders in Ballungsgebieten ergeben sich dabei aktuelle Informationen über land- und forstwirtschaftliche Nutzungen sowie über bauliche Nutzungen, Wohndichte, funktionale Gliederung des Siedlungsgebietes, Verkehrsverhältnisse usw. Neben der Interpretation von Colorbildern gibt es hierzu bereits Anwendungen der digitalen Bildverarbeitung bei Luft- und Satellitenbildern. Eine Projektanwendung für die Maßstabsbereiche 1 : 1 000 bis 1 : 100 000 und deren Anteil beim Aufbau eines Informations- und Planungssystems beschreibt die *Regionale Planungsgemeinschaft Untermain 1977.* Über das Ergebnis einer umfangreichen Untersuchung bei der Auswertung von Satellitenbildern berichtet eine Veröffentlichung des *Bundesministers für Raumordnung, Bauwesen und Städtebau 1979*; dabei wird die Darstellung auf die Topographische Übersichtskarte 1 : 200 000 bezogen. Landnutzungskartierungen mit multitemporalen Landsat-MSS-Daten beschreiben *Lichtenegger/Seidel 1980.*

Über ein erdwissenschaftliches Flugzeugmeßprogramm zur Förderung der Fernerkundung in Forst- und Landwirtschaft, Geologie und Hydrologie, Stadt- und Regionalplanung sowie Ozeanographie und bei Küstenprozessen durch Erprobung in vier typischen Testgebieten berichten *Schroeder/Wahl 1977.*

2.4 Erfassung der Informationen aus anderen Quellen

Neben der originären Erfassung topographischer und thematischer Informationen (2.2, 2.3) gibt es noch eine mehr mittelbare und sekundäre Erfassung. Diese liegt vor, wenn sich die Informationen geeigneten Karten entnehmen lassen oder wenn sie aus anderen Unterlagen gewonnen werden können, in denen sie für nichtkartographische Zwecke erfaßt wurden (z. B. Statistik, Wahlergebnisse). Dabei sind die Informationen oft aus verschiedenen Quellen zusammenzutragen und meist noch einer besonderen Aufbereitung zu unterziehen. Diese Aufbereitung kann von einfachen Umstellungen im Datenmaterial über die Bildung von Summenwerten, Mittelwerten und anderen Zahlenangaben bis zu aufwendigen stofflichen Überarbeitungen und Generalisierungen führen.

2.4.1 Informationen aus Karten

Bereits bei der Herstellung und Fortführung topographischer Karten findet oft ein Rückgriff auf vorhandene Karten gleichen oder größeren Maßstabs statt:

- Bei *topographischen Grundkarten* kommen neben den Messungsergebnissen vor allem die Inhalte von Flurkarten (z. B. Grundstücksgrenzen), Stadtgrundkarten (z. B. Parkwege) sowie von Bestands- und Entwurfsdarstellungen anderer Stellen (z. B. forstliche Grenzen, Straßenbau) in Betracht.
- *Topographische Folgekarten* entstehen definitionsgemäß ohnehin nur aus anderen Karten. Werden sie später z. B. nach örtlichen Vermessungen oder Luftbildern fortgeführt, dann sind sie insoweit auch keine Folgekarten mehr.

Bei der Anfertigung *thematischer Karten* können topographische Karten über die notwendige Bezugsgrundlage hinaus in Einzelfällen auch noch thematische Informationen liefern *(Hake 1971, Satzinger 1975)*. So kann z. B. die Geomorphologie morphographische Angaben der Geländedarstellung entnehmen. Aus dem Vergleich älterer und jüngerer Karten lassen sich Daten zur Änderung der Landnutzung, zur Siedlungsgeschichte und zur Entwicklung des Verkehrsnetzes ableiten. Aber auch thematische Karten eignen sich mitunter als Quellen für andere thematische Karten: Alte Flurkarten geben Informationen über die Agrarverfassung. Hydrogeologische Karten, Klima- und Bodenkarten sind Unterlagen für eine Darstellung der potentiellen Vegetation.

Erfassung und Aufbereitung der Informationen aus vorhandenen Karten sind vor allem durch zwei Vorgänge gekennzeichnet: Interpretation und Generalisierung. Die *Karteninterpretation* (Näheres siehe Bd. II,6.2) findet dabei meist unter einem fachspezifischen Gesichtspunkt statt. Die *Generalisierung* (Näheres siehe 4.4) ist maßstabs-, objekt- oder darstellungsbedingt. Dabei ergibt sich die Maßstabsbedingtheit bei der Auswertung von Karten größerer Maßstäbe. Die Objektbedingtheit führt gewöhnlich zu einer Selektion, wenn das thematische Interesse sich nur auf bestimmte Objektgruppen beschränkt. Schließlich ergibt sich eine darstellungsbedingte Generalisierung, wenn der graphische Duktus der Vorlage von dem der vorgesehenen Karte erheblich abweicht. Die Ergebnisse von Interpretation und Generalisierung werden auf der ausgewerteten Karte selbst, auf einer Deckfolie dazu oder auf einem anderen Zeichenträger dargestellt und sind damit eine Vorstufe zum Kartenentwurf des Fachautors.

2.4.2 Erfassung von Namen und anderen Bezeichnungen

Die sachgerechte Erfassung geographischer Namen erfordert gewöhnlich die Auswertung verschiedener Quellen. Ortsnamen ergeben sich aus den *amtlichen Gemeindeverzeichnissen.* Diese werden in der Bundesrepublik Deutschland von den Statistischen Ämtern der Bundesländer und vom Statistischen Bundesamt herausgegeben *(Thieme 1968).* Bei Gebieten ohne solche Verzeichnisse muß man auf Karten (2.4.1) oder andere Veröffentlichungen (2.4.4, 2.4.5) zurückgreifen und evtl. auch Sprachforscher, Historiker usw. befragen, z. B. bei der Herstellung kleinmaßstäbiger Atlaskarten. Das gilt allgemein auch für die Namen von Flüssen, Seen, Bergen, Wäldern usw. Erstmalig erschien 1966 ein Wörterbuch geographischer Namen für Europa ohne die Sowjetunion *(Ständiger Ausschuß für geographische Namen 1966).*

Mehrere Konferenzen der Vereinten Nationen zur Standardisierung geographischer Namen haben seit 1967 in Resolutionen die Herausgabe und Fortführung nationaler *Namenbücher* empfohlen. Als erstes Werk erschien 1975 des Geographische Namenbuch Österreichs *(Breu 1975).* 1981 folgte das Geographische Namenbuch Bundesrepublik Deutschland *(Böhme 1980b).* In beiden Büchern beschränken sich die Angaben auf die Namen, die in den jeweiligen amtlichen topographischen Übersichtskarten 1 : 500000 enthalten sind. Das Namenbuch der Bundesrepublik Deutschland ist aus einem vielseitig verwendbaren Informationssystem für geographische Namen abgeleitet worden, dem das Datenbanksystem DATAS zugrunde liegt. Die

Namenbücher nennen für die Objekte neben dem Namen (und vorhandenen Synonymen) die Kategorie (z. B. Fluß), die Größe (z. B. Einwohnerzahl, Berghöhe), die Lage in Koordinaten, im System der topographischen Karten und in den Verwaltungseinheiten sowie bestimmte Kennziffern und Funktionsangaben (z. B. Hafen).

Über die Rolle der Kartenschrift in topographischen Karten und ihre Probleme siehe 5.3.3.

In thematischen Karten treten in größerem Umfang bei der Beschreibung der Sachverhalte auch fachspezifische Bezeichnungen auf. Diese ergeben sich meist aus der fachwissenschaftlichen Terminologie und lassen sich daher der jeweiligen Fachliteratur oder speziellen Fachwörterbüchern entnehmen.

2.4.3 Auswertung von Statistiken

Die Statistik ist als sog. beschreibende Statistik die Menge von Informationen, die als Tabellen, Diagramme, Indexzahlen usw. Zustände und Vorgänge beschreiben. Dagegen ist die sog. analytische Statistik die wissenschaftliche Methodenlehre, die vor allem die mathematische Auswertung der Informationen zum Gegenstand hat.

Die zur *beschreibenden Statistik* erforderliche Sammlung, Aufbereitung und Veröffentlichung von Daten liegt in den Händen statistischer, meist amtlicher Institutionen. Die Erhebungen finden periodisch oder nach Bedarf statt und beziehen sich auf bestimmte Regionen und Themenkreise *(Boustedt 1975)*.

So erscheinen statistische Veröffentlichungen von den Vereinten Nationen und ihren Kommissionen, von anderen internationalen Organisationen, von der Europäischen Gemeinschaft, von Staaten und Ländern, von größeren Gemeinden und Gebietskörperschaften, aber auch von Industrie- und Dienstleistungsbetrieben, Forschungsinstituten, Vereinen und Verbänden. Beispiele hierfür sind das Statistische Jahrbuch der Bundesrepublik Deutschland des Statistischen Bundesamtes mit Quellennachweis, die Statistischen Berichte der Statistischen Landesämter, das Statistische Jahrbuch Deutscher Gemeinden des Deutschen Städtetages, Veröffentlichungen einzelner Ministerien, Statistische Berichte von Gemeinden und Fachbehörden (z. B. über Steuern, Schulen, Fremdenverkehr, Wohnungsbau).

In der amtlichen Statistik haben Erhebungen in kürzeren Zeitabständen den Charakter von Stichproben (Mikrozensus). So werden z. B. in der Bundesrepublik Deutschland vierteljährlich 1‰ und jährlich 1% aller Haushalte befragt. Diese Maßnahmen dienen der Aktualisierung langperiodischer Erhebungen (Großzählungen), die wie z. B. die Volks- und Berufszählungen etwa alle 10 Jahre und die Gebäude-, Wohnungs- und Arbeitsstättenzählung auch in kleineren Zeitabständen stattfinden. Daneben gibt es besondere Erhebungen mit relativ vielen Einzelmerkmalen, z. B. Ermittlungen über Wohnverhältnisse und landwirtschaftliche Betriebszählungen. Weitere Daten ergeben sich aus der gesetzlichen Meldepflicht (z. B. bei Seuchen).

Voraussetzung für eine kartographisch sinnvolle Auswertung statistischer Quellen ist eine ausreichend kleinräumige Gliederung der Bereiche, auf die sich die statistischen Daten beziehen. Nach *Witt 1979* benötigt man bis etwa zum Maßstab 1 : 1 Mio. als kleinste Bezugsflächen noch die Gemeindegebiete, während für städtische Bereiche mindestens der einzelne Baublock als Bezugseinheit erwünscht ist.

Die *analytische Statistik* spielt zwar bei der Aufbereitung statistischer Informationen für kartographische Zwecke eine zunehmende Rolle, steht aber in bezug auf Umfang und wissenschaftliche Grundlagen dieser spezifischen Anwendung noch in den Anfängen. Bei den bisher angewandten, allgemein üblichen Verfahren handelt es sich in erster Linie um Methoden der Korrelations- und Regressionsrechnung, der Ermittlung von Häufigkeitsverteilungen, Standardabweichungen und Vertrauensbereichen. Dabei sollten jedoch die Besonderheiten der Kartographie berücksichtigt werden, z. B. die Wahrung der Aussagen über räumliche Verteilungsmuster.

Nachteilig ist dabei oft die Tatsache, daß die veröffentlichten Daten vielfach schon das Ergebnis einer Aufbereitung der originären Daten der Erhebung unter rein statistischen Gesichtspunkten sind. Von Vorteil ist dagegen die zunehmende Anwendung der Computertechnik. Mit ihr ist es möglich, Varianten der Aufbereitung durch Veränderung von Parametern durchzuspielen, Daten zu aggregieren und zu generalisieren und das Ergebnis solcher Versuche sogleich in einer Darstellung am Plotter oder Bildschirm sichtbar zu machen. Im Verbund mit anderen Datenquellen lassen sich darüber hinaus fachbezogene Informationssysteme (z. B. für die Regionalplanung) aufbauen und damit die Mängel der amtlichen Statistik hinsichtlich Vollständigkeit und Aktualität vermindern (2.4.6).

Einzelheiten zu den Anwendungen statistischer Daten beim Entwurf thematischer Karten und den damit verbundenen Problemen siehe Band II, 1.

2.4.4 Auswertung amtlicher Veröffentlichungen und Nachweise

Die Inhalte amtlicher Veröffentlichungen sind auch für die Herstellung von Karten zu berücksichtigen. In *Gesetz- und Verordnungsblättern* erscheinen u. a. Angaben über Gebiets- und Verwaltungsreformen, neue Namen von Gebietskörperschaften, kleinere Änderungen politischer Grenzen, Errichtung von Naturschutzgebieten usw. Andere *amtliche Bekanntmachungen* (in Amtsblättern, in der Presse usw.) geben Richtlinien für die Darstellung von Grenzen und Namen in Schulatlanten, stellen Wahlergebnisse fest, liefern Angaben zur Auslegung und Feststellung von Plänen, zur Umwidmung von Straßen, zur Umbenennung von Straßen und Plätzen usw.

Amtliche Nachweise können für Bestandsdaten – vor allem im Bereich der raumbezogenen Planung – wichtige Daten liefern. Dabei enthalten die *Grundbücher* Angaben über die Rechtsverhältnisse am Grund und Boden (Eigentum, Erbbaurecht, Lasten und Beschränkungen, Hypotheken usw.). Sie stützen sich dabei hinsichtlich der örtlichen Merkmale auf die Bücher und Karten des *Liegenschaftskatasters* (Flurbuch, Liegenschaftsbuch, Flurkarte, Schätzungskarte) als sog. amtliches Verzeichnis der Grundstücke. Auch *Einwohnermeldekarteien, Beitragslisten* usw. können kartographische Informationen liefern. Die Auswertung aller solcher Nachweise setzt selbstverständlich voraus, daß sie aus Gründen des Datenschutzes weder dem Interesse der Öffentlichkeit noch dem der betreffenden Privatpersonen entgegensteht.

Die Möglichkeiten der elektronischen Datenverarbeitung ließen schon bald den Gedanken aufkommen, solche Nachweise zu Datenbanken umzugestalten und diese dann für verschiedene Informationssysteme zu verwenden (siehe 2.4.6).

2.4.5 Auswertung von Fachliteratur und Archivalien

Für zahlreiche Kartenthemen kommt auch das fachliche Schrifttum als Quelle in Betracht. Dazu gehören Hand- und Lehrbücher, Fachzeitschriften, Berichte, Resolutionen wissenschaftlicher Gesellschaften, Bibliographien, Wörterbücher, Lexika, Normblätter, Kursbücher, Flugpläne, Unterlagen zur Schreibweise von Namen, über Transkriptions- und Transliterationssysteme usw. Dabei ist auch älteres Schrifttum sowie wichtiges Aktenmaterial aus Bibliotheken und Archiven eingeschlossen; dieses kann ebenso wie die Archivkarten insbesondere für alle Kartendarstellungen mit historischer Fragestellung eine wertvolle Fundgrube sein.

2.4.6 Aufbau und Benutzung von Informationssystemen

Informationssysteme beschaffen, verarbeiten, speichern und übermitteln Informationen für gegenwärtige und künftige Bedürfnisse. Dabei ermöglichen die Techniken der elektronischen Datenverarbeitung, daß die Fachdaten jeweils nur an einer Stelle gesammelt und fortgeführt werden, aber im Datenverbund durch Datenfernübertragung auch anderen Stellen zur Verfügung stehen und dort durch Verknüpfung mit anderen Daten neue und komplexere Informationen rasch und jederzeit aktuell erzeugen und in verschiedenen Formen ausgeben.

Für die Belange kartographischer Bestands- und Planungsdarstellungen ist der Aufbau einer *Grundstücksdatenbank* von besonderer Bedeutung. Dieses in der Bundesrepublik Deutschland seit 1970 laufende Projekt eines grundstücksbezogenen Informationssystems soll Daten verschiedener Verwaltungen für die Bedürfnisse von Recht, Verwaltung, Planung, Statistik und Wirtschaft bereitstellen. Dabei dient das automatisierte Liegenschaftskataster als Basis *(Schlehuber 1977)*. Weitere Angaben stammen aus dem Grundbuch (dingliche Rechte am Boden), aus dem Finanzwesen (steuerliche Bewertungen), dem Planungswesen (Raumordnung, Landesplanung, Ortsbaurecht) und Einwohnerwesen (Personendaten). Das automatisierte Liegenschaftskataster bildet die Basis, weil es der einzige vollständige Nachweis aller Grundstücke, auch der im Grundbuch nicht gebuchten, ist. Man kann seine kleinste Einheit, das Flurstück, als elementaren Baustein und Träger raum- und personenbezogener Merkmale (z. B. Flächengröße, Bodennutzung, Eigentumsverhältnisse) ansehen. Die Flurstücke lassen sich zu Bezugsflächen verschiedener Struktur zusammensetzen, z. B. als Baublöcke oder Rasterelemente, was für den Bezug weiterer statistischer Daten und deren Kartendarstellung von Vorteil ist. Inzwischen liegt der Teil 1 des Projekts „Automatisiertes Liegenschaftsbuch“ praxisreif vor, während der Teil 2 „Automatisierte Liegenschaftskarte“ sich noch in der Programmentwicklung auf der Grundlage eines vorhandenen Feinkonzepts befindet *(Mittelstraß 1979)*. Über den Aufbau digitaler Geländemodelle und topographischer Datenbanken siehe 2.2.2.5.

Für weitere Entwicklungen läßt sich die Grundstücksdatenbank auffassen als erste Ausbaustufe eines umfassenden *Landinformationssystems (LIS)*. Dieses könnte auch noch Angaben enthalten über die natürlichen Gegebenheiten (Geologie, Lagerstätten, Wasser, Vegetation, Klima usw.), über technische Anlagen (Industrie, Verkehr usw.), über wirtschaftliche, soziale und kulturelle Indikatoren, über Umwelteinflüsse usw. *(Eichhorn 1980)*. Damit ließen sich in einem LIS auch bereits bestehende Straßendatenbanken, kommunale und regionale Informationssysteme *(Bundesforschungsanstalt für Landeskunde und Raumordnung 1979)* sowie ein von vielen Stellen angestrebtes Leitungskataster integrieren.

Aus dem LIS könnte schließlich durch Generalisierungsmaßnahmen ein *Geographisches Informationssystem (GIS)* hervorgehen *(Frank 1980)*. Über Inhalt, Struktur und Auswertung solcher GIS sowie über die in der Welt bisher vorhandenen Systeme dieser Art berichtet *Weber 1978*.

Die Benutzung solcher Informationssysteme für kartographische Zwecke ist besonders vorteilhaft, wenn mit den Möglichkeiten der Computertechnik ein weitgehend ununterbrochener Datenfluß bis zum Kartenentwurf oder zum Kartenoriginal zu erreichen ist. Dies setzt aber eine leistungsfähige Rechenanlage mit umfangreicher Peripherie sowie ein vielseitiges Programmsystem voraus (siehe Band II, 5).

2.5 Quellenkritik

Vor oder während des Vorgangs der Erfassung von Informationen ist eine kritische Wertung der Daten unumgänglich. Dabei handelt es sich vor allem um das Prüfen auf *Eignung* und *Zuverlässigkeit.* Diese beiden Gesichtspunkte, die in Wechselwirkung miteinander stehen, lassen sich mit folgenden Kriterien prüfen:

- Die geometrische Genauigkeit orientiert sich an den Erfordernissen der Karte, vor allem am Maßstab.
- Für qualitative Merkmale und quantitative Angaben gilt, daß sie ausreichend sachgerecht, exakt, detailliert und vollständig sein sollten. Die Herkunft der Quellendaten ist eine wichtige Hintergrundinformation.
- Der Grad der Aktualität sollte erkennbar sein, z. B. aus der zeitlichen Datierung der Quellendaten.
- Aufwand und Erfolgsrisiko einer erforderlichen Zwischenverarbeitung der Daten spielen eine nicht zu unterschätzende Rolle.

In den Fällen der originären Erfassung topographischer oder thematischer Informationen (2.2, 2.3) ergeben sich gewöhnlich kaum Probleme: Der Erfassungsvorgang dürfte nur zustandekommen, wenn eine Eignung gewährleistet ist (z. B. durch eine bestimmte Photoemulsion bei Luftbildern). Den Grad der Zuverlässigkeit kann man durch den methodischen und instrumentellen Ansatz selbst beeinflussen, soweit es sich um praxisreife Verfahren und Geräte handelt. Bei Forschungsarbeiten ist dagegen eine strenge Prüfung und Wertung aller neuen Arbeitsschritte unerläßlich.

Bei der Erfassung aus anderen Quellen (2.4) können sehr unterschiedliche Verhältnisse vorliegen. Probleme der geometrischen Exaktheit ergeben sich z. B. bei der Verwendung älterer Karten. Aber auch bei der umfangreichen Auswertung neuerer Karten (z. B. für die Atlasherstellung) sind die Genauigkeiten in Lage (5.3.1.6) und Höhe (5.3.2.9) ebenso zu beachten wie die Eigenschaften und Verzerrungen der Netzentwürfe (3.1). Mangelnde Merkmalsangaben, unklare oder mehrdeutige Beschreibungen und Fachbegriffe, umstrittene wissenschaftliche Grundlagen oder unzureichende statistische Stichproben können den inhaltlichen Wert der Informationen in Frage stellen.

Solche und ähnliche Fälle lassen sich nur durch sorgfältige Prüfung klären, wenn möglich, auch unter Vergleich verschiedener Quellen zum selben Sachverhalt. Mitunter stehen aber andere Quellen gar nicht zur Verfügung, so daß auch mangelhafte Quellen auszuschöpfen sind. In jedem Falle sollte aber die endgültige Karte ausreichende Hinweise auf die Quellenlage geben *(Quellenvermerk)*, vielleicht sogar durch den graphischen Duktus (z. B. verlaufende Flächenfarben) den geringeren Grad an Zuverlässigkeit deutlich machen.

Besondere Schwierigkeiten können auftreten, wenn der Wert des Quellenmaterials große regionale Unterschiede aufweist. Das ist z. B. der Fall, wenn die Karte Länder mit sehr unterschiedlicher Statistik oder mit stark differierendem topographischen Kartengrund darzustellen hat. Eine solche heterogene Quellenlage kommt am besten in einer Nebenkarte im Kartenrand *(Zuverlässigkeitsskizze)* zum Ausdruck.

3. Kartennetzentwürfe

3.1 Grundlagen

3.1.1 Aufgaben und Begriffe

Kartennetzentwürfe haben die Aufgabe, die Netzlinien und Punkte eines Koordinatensystems von der exakt definierten Oberfläche eines Weltkörpers nach bestimmten Regeln so in die Ebene abzubilden, daß sie dort ein geeignetes geometrisches Gerüst für kartographische Darstellungen sind.

Der in älterem Schrifttum häufiger anzutreffende Begriff *Kartenprojektionen* hat sich historisch aus dem französischen bzw. englischen Wort *projection* mit der Bedeutung von *Entwurf* oder *Vorhaben* entwickelt. Er kann jedoch im Deutschen leicht Verwirrung stiften, da man Projektion hierbei mehr im Sinne einer *geometrischen Perspektive* auffaßt. Tatsächlich besitzen aber nur wenige Netzentwürfe – wie noch gezeigt wird – das Merkmal einer echten Perspektive.

Die Lehre von den Kartennetzentwürfen läßt sich auffassen als eine spezielle Anwendung der Gesetze mathematischer Abbildungen auf die Kartographie. Man spricht daher auch von *kartographischen Abbildungen* oder *mathematischer Kartographie.* Eine mathematische Abbildung ist in allgemeiner Weise gekennzeichnet durch eine Vorschrift, die jedem Element einer Menge ein Element einer anderen Menge zuordnet. Eine solche Vorschrift gilt als umkehrbar eindeutige oder eineindeutige Abbildung, wenn die Zuordnung in beiden Richtungen zu eindeutigen Ergebnissen führt.

Ausführlichere Darstellungen zu den Kartennetzentwürfen finden sich in den Lehr- bzw. Handbüchern von *Hammer 1889, Merkel 1956/1958, Fiala 1957, Jordan-Eggert-Kneißl 1957, K. H. Wagner 1962, Hoschek 1969, Richardus/Adler 1972, Maling 1973, Großmann 1976, Cartographic Laboratory 1978, McDonnell 1979.*

3.1.2 Erdgestalt und Kartennetz

Die weiteren Betrachtungen beschränken sich auf Abbildungen der *Erdoberfläche.* Dabei ergeben sich für die geometrische Beschreibung der Erdgestalt zwei Fälle:

- Es ist von einem exakt definierten *Bezugsellipsoid* (2.2.1.1) auszugehen, wenn die Ergebnisse von Grundlagenvermessungen abzubilden und Karten bzw. Kartenwerke bis etwa zum Maßstab 1 : 2 Mio. herzustellen sind.
- Die Annahme der Erdfigur als *Kugel* ist bei noch kleineren Maßstäben zulässig, weil die bei dieser Vereinfachung zusätzlich auftretenden Fehler wesentlich geringer bleiben als die unvermeidbaren Abbildungsverzerrungen. Als Kugelradius reicht dabei gewöhnlich der Wert $R = 6370$ km aus.

Das Kartennetz stellt die Linien des geographischen oder eines ebenen rechtwinkligen Koordinatensystems (2.1.2.4) dar:

- Geographische Netze sind bei Karten im Maßstab 1 : 500000 und kleiner die Regel. Man spricht in diesen Fällen auch von *kartographischen Abbildungen im engeren Sinne* oder von *Gradnetzentwürfen* (3.2. bis 3.6).
- Die Netze ebener rechtwinkliger Koordinaten (geodätische Netze) treten dagegen in größeren Maßstäben auf; sie sind das Ergebnis *geodätischer Abbildungen* (3.7).

Den Abschnitten 3.2 bis 3.6 liegt stets die Annahme der Erdfigur als Kugel zugrunde. In ihnen fällt ferner die Behandlung der Gradnetzentwürfe etwas ausführlicher aus als die der geodätischen Abbildungen im Abschnitt 3.7. Das ist im Rahmen dieses Buches vertretbar, weil in der Kartenpraxis die Netzkonstruktion verschiedener Gradnetzentwürfe zu verschiedenen Netzfiguren führt, während bei geodätischen Abbildungen stets ein quadratisches Gitter entsteht.

3.1.3 Einteilung der Netzentwürfe

3.1.3.1 Einteilung nach der Art des Netzbildes

Bei der einfachsten Art der mathematischen Abbildung sind die Bilder der Meridiane Geraden, die sich in einem Punkt schneiden (Abb. 44a). Die Winkel, die sie einschließen, sind gleich den Winkeln, die zwischen den Meridianen auf der definierten Erdfigur liegen. Die Bilder der Breitenkreise sind konzentrische Kreise um den Schnittpunkt. Dieses Abbildungsergebnis kann man sich geometrisch entstanden denken, wenn man die Kartenebene im Pol als Tangentialebene an die Erdfigur legt und dann die Breitenkreise nach bestimmten Regeln – die nicht auf einer Projektion zu beruhen brauchen – auf die Tangentialebene überträgt (z. B. Punkt P nach P', Abb. 44b).

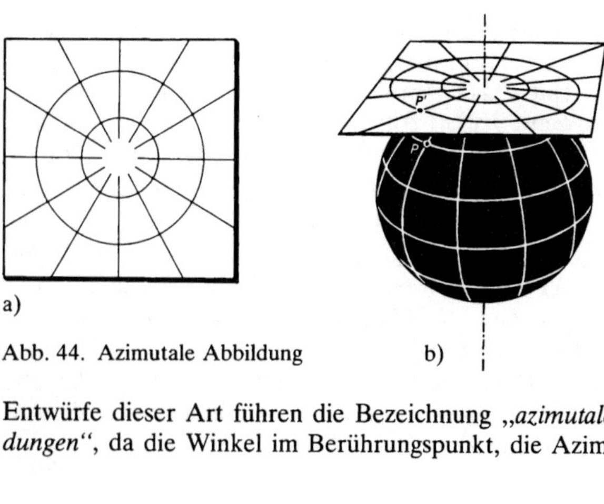

a) b)

Abb. 44. Azimutale Abbildung

Entwürfe dieser Art führen die Bezeichnung „*azimutale Abbildungen*“, da die Winkel im Berührungspunkt, die Azimute, auf

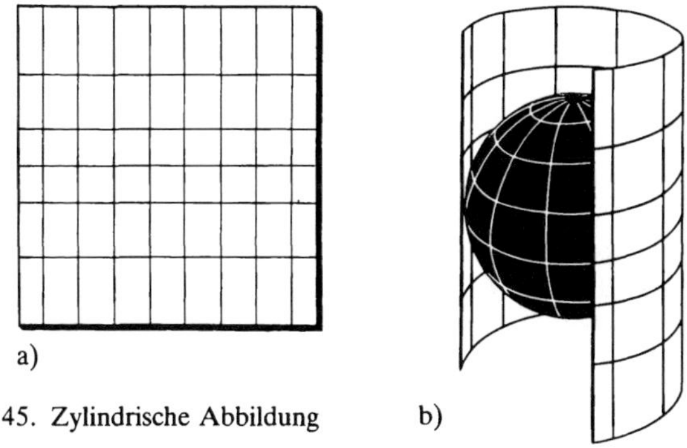

Abb. 45. Zylindrische Abbildung

der Erdoberfläche und in der Ebene übereinstimmen. Weil die Berührungsebene zugleich Horizontebene ist, spricht man auch von *Horizontalabbildungen.*

Bei einer anderen Abbildungsart sind die Bilder der Meridiane und Breitenkreise zwei parallele Geradenscharen, die sich gegenseitig rechtwinklig schneiden (Abb. 45a). Die geometrische Deutung führt zu einem Zylinder, dessen Mantel die Erdfigur im Äquator berührt (Abb. 45b). Wickelt man den Zylindermantel

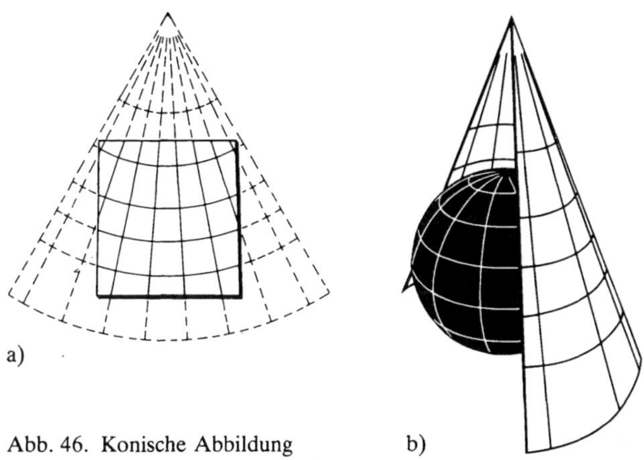

Abb. 46. Konische Abbildung

in die Ebene ab, so ergibt sich ein rechtwinkliges Netzbild. Solche Entwürfe werden als *„zylindrische Abbildungen“* bezeichnet.

Eine dritte Abbildungsart stimmt teilweise mit der azimutalen Abbildung überein, doch sind die Winkel zwischen den Meridianbildern stets kleiner als die entsprechenden Längenunterschiede auf der Erdfigur (Abb. 46a). Dies läßt die Deutung eines einhüllenden Kegelmantels zu, der sich gleichfalls in die Ebene abwickeln läßt (Abb. 46b). Derartige Entwürfe gelten als *„konische Abbildungen“*.

Die beschriebenen Abbildungen haben folgendes gemeinsam: 1. Alle Meridianbilder sind Geraden, die sich im Pol schneiden (im Grenzfalle im Unendlichen). 2. Alle Breitenkreisbilder sind konzentrische Kreise um den Pol (im Grenzfalle mit unendlich großen Radien). 3. Alle Linien schneiden sich rechtwinklig. Abbildungen, die diese Bedingungen erfüllen, werden auch als *echte* Abbildungen bezeichnet.

Die konischen Abbildungen stellen den allgemeinsten Fall der echten Abbildungen dar; aus ihnen gehen die zylindrischen hervor, wenn die Kegelspitze ins Unendliche rückt, und die azimutalen, wenn der Öffnungswinkel des Kegels 180° wird. Über die Vorstellung einer Ebene, eines Zylinder- oder Kegelmantels kommen wir zu einer zweckmäßigen Ordnung der Entwurfsarten.

Unechte Abbildungen gehen aus den echten durch Einführen einer bestimmten Bedingung hervor; dabei gehen die genannten Eigenschaften der echten Abbildungen ganz oder teilweise verloren.

Über diese klassische Einteilung der Netzentwürfe hinaus entstehen heute mit Hilfe der Computertechnik auch Netzbilder mit anderen Merkmalen in folgenden Fällen:

- Kartennetze mit vorsätzlichen Verzerrungseffekten,
- Kartennetze durch Interpolation zwischen Paßpunkten beim Übergang zwischen zwei Karten,
- Kartennetze durch Minimierung endlicher Verzerrungen.

3.1.3.2 *Einteilung nach der Lage der Abbildungsfläche*

Diese ergibt sich durch die verschiedene *gegenseitige Lage* von Erdkörper und Abbildungsfläche. Fallen Erdachse und Achse der Abbildungsfläche – bzw. Erdachse und Lot auf die Ebene – zusammen, so sprechen wir von normalen, normalachsigen, erdachsigen oder auch polständigen Abbildungen (Abb. 47). Stehen Erdachse und eine der genannten Linien senkrecht zueinander, so haben wir es mit querachsigen, äquatorständigen oder transversalen Abbildungen zu tun (Abb. 48). Schließen endlich Erdachse und eine der Linien einen beliebigen Winkel miteinander ein, so bezeichnen wir diese Abbildungen als schiefachsig oder zwischenständig (Abb. 49).

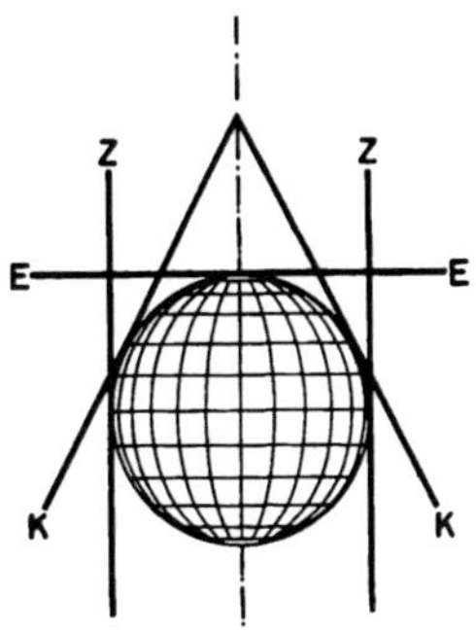

Abb. 47.

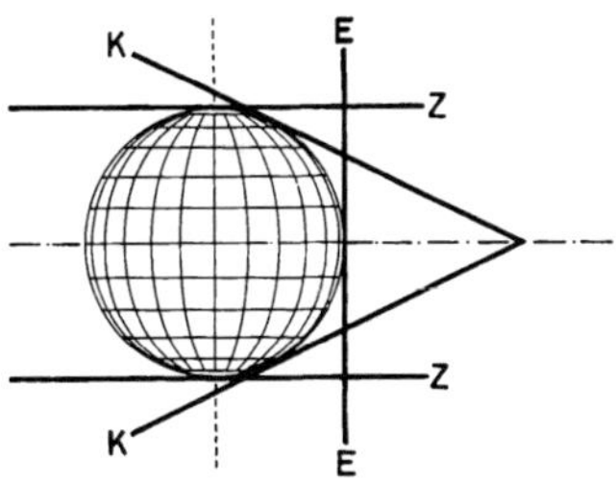

Abb. 48.

Abb. 47. Normale Abbildungen

Abb. 48. Transversale Abbildungen

Abb. 49. Schiefachsige Abbildungen

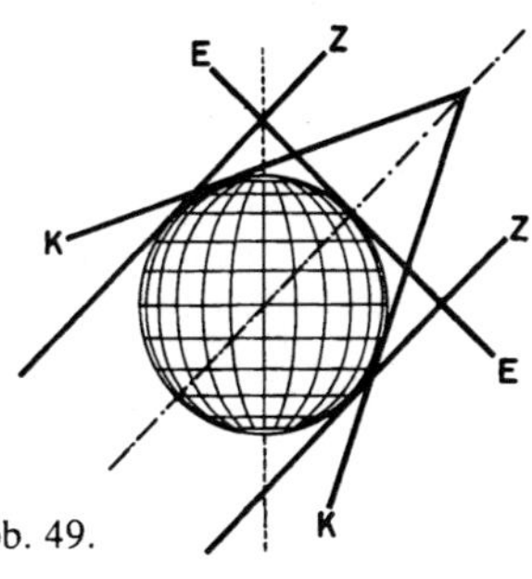

Abb. 49.

3.1.3.3 Einteilung nach den Abbildungseigenschaften

Eine Abbildung, die der definierten Erdoberfläche in allen Teilen ähnlich ist, kann nur wieder auf einer Ellipsoid- oder Kugelfläche – wie sie z. B. der Globus darstellt – möglich sein. Nur eine solche Abbildung ist unter Berücksichtigung eines konstanten Verjüngungsmaßstabes zugleich 1. längentreu oder äquidistant, 2. flächentreu oder äquivalent und 3. winkeltreu oder konform.

Bei der Abbildung einer Ellipsoid- oder Kugelfläche in eine Ebene lassen sich dagegen die drei Eigenschaften gleichzeitig niemals streng verwirklichen. Es ist wohl möglich, entweder die Flächentreue oder die Winkeltreue oder schließlich auch in bestimmten Richtungen oder längs bestimmter Linien die Längentreue einzuhalten; eine universelle längentreue Abbildung ist jedoch nicht möglich. Bei jeder kartographischen Abbildung treten daher Verzerrungen auf. Diese nach Art und Größe zu untersuchen ist notwendig, um dem Netzentwurf jene Eigenschaft beilegen zu können, die dem Zweck der Karte am besten entspricht.

Man kann daher zwischen flächentreuen, konformen, teilweise längentreuen und vermittelnden (ohne besondere Eigenschaften) Abbildungen unterscheiden. Dabei ist zu beachten, daß Flächentreue und partielle Längentreue auch im Endlichen auftreten können, während die Winkeltreue als Konformität stets nur im unendlich Kleinen bestehen kann.

Die Abbildungseigenschaften und die Verzerrungsverhältnisse im Kartenfeld entscheiden in erster Linie die Wahl des Netzentwurfes. Geographen bevorzugen wegen der Vergleichbarkeit die flächentreuen Abbildungen; in der Navigation und im Vermessungswesen gibt man dagegen den konformen Abbildungen den Vorzug. Über die Wahl der Netzentwürfe äußern sich *Kretschmer 1970* für den Bereich der thematischen Kartographie und *Heupel/Schoppmeyer 1979* für Hintergrundkarten im Fernsehen.

3.1.4 Abbildungsgleichungen und Abbildungsverzerrungen

Die für die einzelnen Netzentwürfe aufzustellenden *Abbildungsgleichungen* geben die mathematischen Gesetze an, nach denen die Meridiane und Parallelkreise in die Ebene abgebildet werden. Dabei beruht die Darstellung in der Ebene auf polaren Koordinaten m, α oder rechtwinkligen Koordinaten x, y als Funktion der geographischen Koordinaten φ, λ beliebiger Oberflächenpunkte. In zahlreichen Fällen verwendet man statt der Breite φ die Poldistanz $\delta = 90° - \varphi$.

Entsprechend den in 3.1.3.1 beschriebenen gemeinsamen Merkmalen lassen sich *echte Abbildungen in normaler Lage* stets auf die Form $m = f(\varphi)$, $\alpha = f(\lambda)$ bzw. $x = f(\varphi)$, $y = f(\lambda)$ zurückführen. Eine Abbildungskoordinate ist demnach jeweils nur von einer geographischen Koordinate abhängig.

Bei *echten Abbildungen in transversaler oder schiefachsiger Lage* ist zu unterscheiden zwischen dem in der Karte darzustellenden Netz der geographischen Koordinaten und dem Netz besonderer Abbildungskoordinaten *(Konstruktionskoordinaten)*, auf das sich die Abbildungsgleichungen beziehen. In seinem Aufbau gleicht dieses *Abbildungsnetz (Konstruktionsnetz)* dem Netz der geographischen Koordinaten: Pol oder *Hauptpunkt* ist der Berührungspunkt der Ebene bzw. der Durchstoßpunkt der Zylinder- bzw. Kegelachse. Auf diesen beziehen sich die *Netzmeridiane (Hauptkreise)* und *Netzbreiten (Horizontalkreise)*. Mit Hilfe des vorgegebenen Hauptpunktes muß man daher auf der Erdoberfläche die darzustellenden Punkte des geographischen Netzes in das Konstruktionsnetz transformieren, auf dieses die Abbildungsgleichungen anwenden und in der Kartenebene aus den einzelnen Punkten wieder das Netz der geographischen Koordinaten erzeugen. Näheres hierzu siehe 3.2.6.

Bei *unechten Abbildungen* gilt allgemein eine Abhängigkeit jeder Abbildungskoordinaten von beiden geographischen Koordinaten wie folgt: $m = f_1(\varphi, \lambda)$, $\alpha = f_2(\varphi, \lambda)$ bzw. $x = f_3(\varphi, \lambda)$, $y = f_4(\varphi, \lambda)$.

Legt man – wie dies in den weiteren Betrachtungen geschieht – die Einheitskugel $R = 1$ und den Abbildungsmaßstab 1 : 1 zugrunde, so werden die Formeln besonders einfach, ohne daß sich jedoch die Abbildungsverhältnisse ändern. Für die praktische Anwendung sind lediglich alle linearen Maße mit R/m_k zu multiplizieren (R = Radius der Erdkugel, m_k = Kartenmaßstabszahl).

Die *Abbildungsverzerrungen* lassen sich als lokale oder regionale Werte ermitteln. Dabei handelt es sich um die Verzerrungen von Längen, Flächen und Winkeln beim Übergang vom *Urbild* (z. B. Kugel) in das *Abbild* (Kartenebene).

a) Die bisher übliche *lokale* Betrachtungsweise beruht auf einem Vergleich einander entsprechender *unendlich kleiner* Größen in Urbild und Abbild. Die dabei auftretenden Werte ermöglichen es, Eignung und Eigenschaften eines Netzentwurfes zu untersuchen bzw. umgekehrt im Anhalt an bestimmte Bedingungen die Abbildungsgleichungen aufzustellen. Sie lassen sich durch die *Verzerrungsellipse (Tissotsche Indikatrix)* auch graphisch veranschaulichen. Da lokale Verzerrungen nur begrenzt gültig sind, ist es erforderlich, die Untersuchung eines Netzentwurfes an mehreren Stellen und vor allem in kritischen Bereichen (z. B. in Randzonen und in der Mitte des Kartenfeldes) durchzuführen. Verteilt man die Untersuchungsstellen regelmäßig über den gesamten Bereich einer Karte und faßt die ermittelten Verzerrungswerte durch Integration zu einem Mittelwert zusammen, so erhält man ein quantitatives Kriterium für die Beurteilung eines Netzentwurfes. Eine Übersicht über solche Verfahren gibt z. B. *Frančula 1971.*

b) Bei der *regionalen* Betrachtungsweise erhält man die Verzerrungen *endlicher* Größen durch Vergleich der Sollwerte von Längen, Flächen und Winkeln auf dem Urbild mit den aus der Abbildung entstehenden Istwerten. Die Sollwerte gewinnt man aus den geographischen Koordinaten von Punkten oder unmittelbar aus dem Gradnetz (z. B. für die Fläche einer Netzmasche). In entsprechender Weise ergeben sich die Istwerte aus den Abbildungskoordinaten. Diese Verfahren erfordern allerdings einen hohen Rechenaufwand (z. B. bei der digitalen Darstellung einer unregelmäßigen

Flächenbegrenzung) und sind daher nur mit elektronischen Rechenverfahren möglich (siehe auch 3.6.3).

Um die *lokalen Abbildungsverzerrungen* zu untersuchen, betrachtet man zunächst das Verhältnis zwischen zwei sich entsprechenden unendlich kleinen Längenelementen s' im Abbild und s im Urbild. Dieses ergibt sich als Quotient

$$\varrho = \frac{s'}{s} \tag{1}$$

und wird als *Längenverzerrungsfaktor* – meist auch einfach als *Längenverzerrung* – bezeichnet. Zunächst muß man davon ausgehen, daß die Werte für ϱ nicht nur von Punkt zu Punkt verschieden sind, sondern auch am selben Ausgangspunkt von der Richtung des Längenelements abhängen. Dreht man nun ein solches Längenelement s im Urbild um einen Punkt P, so ergibt sich ein unendlich kleiner (infinitesimaler) Kreis. Dagegen wird sich aus den jeweils der Drehung entsprechend abgebildeten Längenelementen s' kein Kreis ergeben. Von den vielen Werten ϱ, die dabei auftreten, sind die folgenden Beträge besonders interessant:

$h = \varrho_\varphi$ = Längenverzerrung in Richtung des (Netz)Meridians,

$k = \varrho_\lambda$ = Längenverzerrung in Richtung des (Netz)Breitenkreises,

$a = \varrho_{\max}$ = maximale Längenverzerrung.

$b = \varrho_{\min}$ = minimale Längenverzerrung.

Bei dieser Betrachtung sind aber nicht nur die Werte ϱ von der Richtung des Längenelements abhängig, sondern es stimmen die Richtungen selbst in Urbild und Abbild nicht überein. Damit werden sich allgemein zwei beliebige, im Urbild zueinander senkrechte Längenelemente auch nicht rechtwinklig abbilden. Nach *Tissot* (1881) gibt es aber wenigstens zwei im Urbild zueinander senkrechte Richtungen, die auch im Abbild wieder gegeneinander senkrecht stehen. In diesen Richtungen liegen zugleich die Extremwerte a und b *(Hauptverzerrungsrichtungen)*. Da nun aber die echten Abbildungen gerade durch Rechtwinkligkeit der Linienschnitte in Urbild und Abbild gekennzeichnet sind, liegen bei ihnen die Hauptverzerrungsrichtungen auf den Netzlinien, d. h. es fallen die Werte a und b mit den Werten h und k zusammen. So wäre z. B. $h = a$ und $k = b$, wenn $h > k$ und umgekehrt $h = b$ und $k = a$, wenn $h < k$ (Abb. 50).

Es läßt sich noch zeigen, daß die Abbildung des oben genannten infinitesimalen Kugelkreises zu einer Ellipse führt, die man auch als

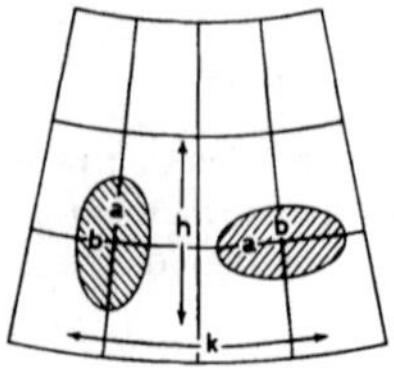

Abb. 50. Hauptverzerrungsrichtungen und ihre Lage bei echten Abbildungen

Verzerrungsellipse oder *Tissotsche Indikatrix* bezeichnet. Die Werte a bzw. b sind demnach die große bzw. kleine Halbachse dieser Ellipse. Ist in einer beliebigen Richtung $\varrho = 1$, so ist die Abbildung in dieser Richtung längentreu. Ist insbesondere $h = 1$, so spricht man von *Mittabstandstreue.*

Aus den Indikatrixachsen lassen sich die Winkel- und die Flächenverzerrung berechnen. Zur Ableitung der Winkelverzerrung denkt man sich auf der Kugel einen Kreis vom Radius 1 und seine Abbildung in der Ebene, die Verzerrungsellipse, in dem zu untersuchenden Punkt O (Abb. 51) aufeinandergelegt. Die Achsen a und b sind durch die Ver-

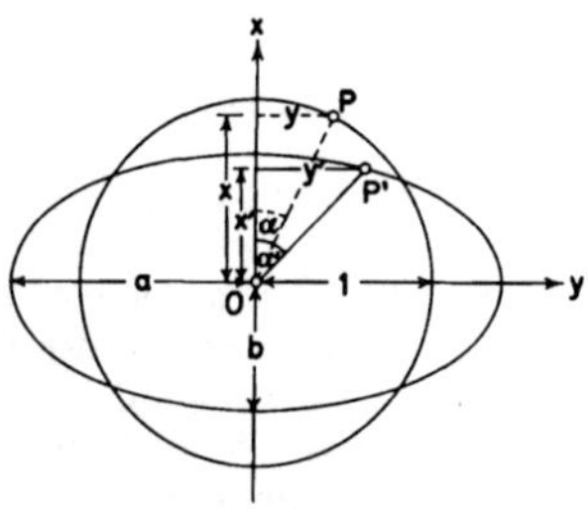

Abb. 51. Urbildkreis und seine Abbildung als Verzerrungsellipse

zerrungsverhältnisse gegeben. Einem Punkt $P(x, y)$ auf der Peripherie des Kugelkreises möge ein Punkt $P'(x', y')$ auf der Ellipse entsprechen. Die Richtung OP ist durch den Richtungswinkel α festgelegt. Der entsprechende Winkel in der Abbildung ist α'. Wir suchen zunächst die *Richtungsverzerrung* $\alpha' - \alpha$. Die beiden Winkel lassen sich durch die Koordinaten der Punkte P und P' wie folgt ausdrücken:

$$\tan \alpha = \frac{y}{x} \; ; \tan \alpha' = \frac{y'}{x'} . \tag{2}$$

Unter Berücksichtigung der Verzerrungsverhältnisse in x- bzw. y-Richtung ergibt sich

$$y' = a \cdot y \quad \text{und} \quad x' = b \cdot x.$$

Nach Einsetzen dieser Werte in (2) erhalten wir das Verhältnis

$$\frac{\tan \alpha'}{\tan \alpha} = \frac{\sin \alpha'}{\cos \alpha'} \cdot \frac{\cos \alpha}{\sin \alpha} = \frac{a}{b}.$$

Die Anwendung der korrespondierenden Subtraktion und Addition führt zu der Beziehung

$$\frac{a-b}{a+b} = \frac{\sin \alpha' \cos \alpha - \cos \alpha' \sin \alpha}{\sin \alpha' \cos \alpha + \cos \alpha' \sin \alpha} = \frac{\sin(\alpha' - \alpha)}{\sin(\alpha' + \alpha)}.$$

Daraus ergibt sich für die Richtungsverzerrung

$$\sin(\alpha' - \alpha) = \frac{a-b}{a+b} \sin(\alpha' + \alpha). \tag{3}$$

Für die Beurteilung der Eigenschaften eines Netzentwurfes sind allgemein die maximalen Verzerrungswerte maßgebend. So wird es auch hier genügen, den größtmöglichen Wert ω der Richtungsverzerrung zu kennen. Dieser tritt dann auf, wenn in (3) das Glied $\sin(\alpha' + \alpha)$ das Maximum erreicht. Das ist bei $\alpha' + \alpha = 90°$, d. h. $\sin(\alpha' + \alpha) = 1$ der Fall. Wir erhalten somit

$$\sin(\alpha' - \alpha)_{\max} = \sin \omega = \frac{a-b}{a+b}. \tag{4}$$

Ein Winkel geht bekanntlich aus der Differenz zweier Richtungen hervor. Das Maximum w der *Winkelverzerrung* wird daher dann auftreten, wenn sich die beiden maximalen Richtungsverzerrungen addieren. Demnach ist

$$w = 2\omega. \tag{5}$$

Ergibt sich bei einem Netzentwurf $a = b$, so ist die Indikatrix ein Kreis. Dann ist aber $\sin \omega = 0/2a = 0$. d. h. $\omega = 0$ und $w = 0$. Die Abbildung ist konform. Umgekehrt ist die Bedingung für die Konformität einer Abbildung

$$a = b \quad \text{oder} \quad a : b = 1. \tag{6}$$

Analog zur Längenverzerrung ergibt sich der *Flächenverzerrungsfaktor* (die *Flächenverzerrung*) Φ als Quotient

$$\Phi = \frac{\text{Flächenelement im Abbild}}{\text{Flächenelement im Urbild}} = \frac{F'}{F}. \tag{7}$$

Für die rechnerische Ermittlung von Φ stellt man die Fläche F' der Indikatrix der Fläche F des kleinen Kugelkreises gegenüber. Dann ist

$$\Phi = \frac{a \cdot b \cdot \pi}{1 \cdot \pi} = a \cdot b. \tag{8}$$

Bei $\Phi < 1$ tritt in der Abbildung eine Flächenverkleinerung ein, während bei $\Phi > 1$ die Flächen in der Abbildung vergrößert erscheinen. Kennzeichen und Bedingung für die Flächentreue ist demnach

$$\Phi = a \cdot b = 1. \tag{9}$$

Für die Beurteilung von Kartennetzen kann es mitunter nützlich sein, im Netzentwurf auch die Linien gleicher Längen-, Flächen- und Winkelverzerrung darzustellen, um z. B. die Bereiche maximaler Verzerrungen nach Lage und Größe besser erkennen zu können. Man bezeichnet solche Linien allgemein als *Isodeformaten (Äquideformaten)*. Da bei echten Abbildungen die Verzerrungsbeträge nur von der (Netz-)Breite abhängen, haben die Isodeformaten in diesem Falle die Gestalt von (Netz-)Breitenkreisbildern.

3.1.5 Orthodrome und Loxodrome

In manchen Fällen ist es erforderlich, zwischen zwei Kartenpunkten Verbindungslinien bestimmter Art festzulegen. Es ist daher wichtig zu wissen, welchen typischen Verlauf diese Linien in den einzelnen Netzentwürfen aufweisen.

Die *Orthodrome* („Geradlaufende") ist auf der Kugel als Teil eines Großkreises die *kürzeste* Verbindungslinie zwischen zwei Punkten (Abb. 52). Sie ist daher in der See- und Luftfahrt, im Funkverkehr, aber auch bei allgemeinen kartometrischen Aufgaben von Bedeutung. Wegen der Abbildungsverzerrungen

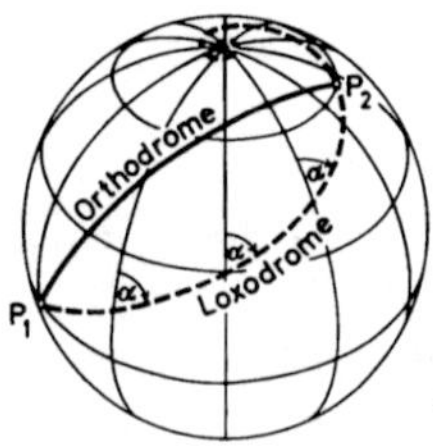

Abb. 52. Orthodrome und Loxodrome

bildet sich die Orthodrome im allgemeinen jedoch nicht als Gerade ab (siehe die Darstellung in den einzelnen Netzbildern); eine Ausnahme bildet lediglich die gnomonische Projektion (3.2.4).

Wegen dieses Sachverhaltes lassen sich lange Entfernungen in Karten nicht immer mit der möglichen Genauigkeit messen; man greift in solchen Fällen besser die geographischen Koordinaten der Endpunkte ab und rechnet die Entfernung mit den Bezeichnungen der Abb. 59 zu $HN = R \cdot \operatorname{arc} \delta_N$, wobei δ_N aus der Formel für $\cos \delta_N$ in 3.2.6 zu gewinnen ist. Zwischenpunkte auf der Orthodrome lassen sich nach den Formeln der sphärischen Trigonometrie rechnen oder mit der gnomonischen Abbildung (3.2.4) als Hilfsnetz graphisch ermitteln und dann in das Kartennetz übertragen.

Als *Loxodrome* („schief laufende Linie“) gilt jede Kurve, die in ihrem Verlauf auf der Kugel alle Meridiane unter konstantem Winkel (= Azimut) schneidet (Abb. 52). Sie spielt daher bei allen Navigationsverfahren, also in der See- und Luftfahrt, als sog. *Kurslinie* eine wichtige Rolle. Bei einer *magnetischen* Loxodrome gilt der konstante Kurswinkel in bezug auf die magnetischen Meridiane.

Zwischen zwei Punkten $P_1(\varphi_1, \lambda_1)$ und $P_2(\varphi_2, \lambda_2)$ ergibt sich das Azimut α der Loxodrome zu

$$\tan \alpha = \frac{\lambda_2 - \lambda_1}{\ln \tan\left(45° + \frac{\varphi_2}{2}\right) - \ln \tan\left(45° + \frac{\varphi_1}{2}\right)}.$$

Daraus folgt auch die allgemeine Gleichung der Loxodrome für den Fall, daß ihr Anfangspunkt φ_1, λ_1 und ihr Azimut α gegeben sind:

$$\lambda = \lambda_1 + \tan \alpha \left[\ln \tan\left(45° + \frac{\varphi}{2}\right) - \ln \tan\left(45° + \frac{\varphi_1}{2}\right)\right].$$

Dabei kann die Variable φ alle Werte von $-90°$ bis $+90°$ annehmen. Für den Verlauf der Loxodrome ergeben sich dann folgende Fälle:

1. Für $\alpha = 0°$ und $\alpha = 180°$ wird $\tan \alpha = 0$ und damit $\lambda = \lambda_1$, d. h. die Loxodrome verläuft auf dem Meridian des Anfangspunktes.
2. Für $\alpha = \pm 90°$ wird $\tan \alpha = \infty$, d. h. λ wird unbestimmt, und die Loxodrome verläuft auf dem Breitenkreis des Anfangspunktes. Zwangsläufig ist damit auch $\varphi = \varphi_1$.

3. Für alle anderen Werte α gilt dann:
   a) Jeder Wert $-90° < \varphi < 90°$ liefert *einen* endlichen Wert von λ;
   b) bei $\varphi = -90°$ wird $(45° - 90°/2) = 0°$, $\tan 0° = 0$, $\ln 0 = -\infty$ und $\lambda = \pm\infty$ (je nach Vorzeichen von $\tan\alpha$), d. h. die Loxodrome erreicht erst bei $\lambda = \pm\infty$ (theoretisch niemals) den Südpol;
   c) bei $\varphi = +90°$ wird $(45° + 90°/2) = 90°$, $\tan 90° = \infty$, $\ln\infty = \infty$ und $\lambda = \pm\infty$, d. h. die Loxodrome erreicht theoretisch auch nicht den Nordpol;
   d) umgekehrt liefern die Werte λ, $\lambda + 2\pi$, $\lambda + 4\pi$ usw. jeweils einen anderen Wert von φ, d. h. jeder Meridian wird unendlich oft von der Loxodrome geschnitten. Praktisch interessiert nur der erste Wert.

Die Loxodrome ist also eine Kurve, die sich in unendlich vielen Windungen spiralförmig den beiden Polen nähert, ohne sie im Endlichen erreichen zu können (Abb. 52). Das Verhalten bei den Polen hat jedoch keine praktische Bedeutung.

Ähnlich wie die Orthodrome erscheint auch die Loxodrome in den Kartenabbildungen im allgemeinen als gekrümmte Linie; lediglich in der Mercatorprojektion bildet sie sich stets als Gerade ab (3.3.3).

3.1.6 Praktische Netzkonstruktionen

Kartennetze werden heute meist mit Hilfe rechtwinkliger (seltener polarer) Koordinatographen oder beim Einsatz der elektronischen Datenverarbeitung mit Zeichenautomaten (Bd. II,5) erzeugt. Polare Abbildungskoordinaten m, α sind dazu meist in rechtwinklige Koordinaten x, y umzuformen (siehe 3.2.6 und 3.4.4). Die Netzbilder echter azimutaler und zylindrischer Abbildungen in normaler Lage lassen sich unmittelbar konstruieren, da es sich um leicht festlegbare Geraden und Kreise handelt. In den anderen Fällen entstehen dagegen die Netzlinien durch zeichnerisches Verbinden der berechneten und kartierten Netzpunkte mit Kurvenlinealen oder flexiblen Bändern. Die Netzpunkte müssen daher in ihrer Folge so dicht vorliegen, daß die Netzlinien eindeutig darstellbar sind. Die Netzlinien, die gewöhnlich runde Koordinatenwerte darstellen, bestimmen mit ihrem gegenseitigen Abstand die Netzdichte. Diese ist so zu wählen, daß einerseits kartometrische Arbeiten möglich sind, andererseits aber das Kartenbild graphisch nicht zu stark belastet wird.

Beim Einsatz der Automation entstehen die Netzlinien aus der Zeichnung von Geraden, Kreisen usw. bis hin zu Interpolationspolynomen, die aus den Netzpunkten berechnet werden. Über Programme zur Berechnung von Kartennetzen berichten u. a. *Hoschek 1969, Kelnhofer 1977* und *Wilski 1978*. Die Programme sind in der Regel so ausgelegt, daß sie auch den vorgesehenen Karteninhalt zusammen mit dem Kartennetz darstellen können, sofern der Inhalt in digitaler Form (z. B. aus einer Datenbank) vorliegt.

3.2 Azimutale Netzentwürfe

Diese Abbildungen, die in der Praxis in normaler, transversaler oder schiefachsiger Lage vorkommen, eignen sich besonders für Gebiete von ungefähr kreisförmiger Gestalt. Der Einfachheit wegen liegt den weiteren Betrachtungen zunächst die normale Lage zugrunde, was einer Abbildung der Polargebiete entspricht (Polarprojektion). Dabei weisen die Netzbilder die folgenden Merkmale auf:

a) Die Meridiane bilden ein Strahlenbüschel. Der Winkel α, den zwei Meridianbilder im Bild des Pols einschließen, ist gleich dem Längenunterschied λ zwischen den entsprechenden Kugelmeridianen im Pol. Diese Bedingung wird durch die erste Abbildungsgleichung zum Ausdruck gebracht:

$$\alpha = \lambda.$$

Sie gilt für alle azimutalen Abbildungen.

b) Die Bilder der Parallelkreise sind konzentrische Kreise um das Polbild. Ihre Radien m müssen unter Berücksichtigung der Eigenschaft des Netzentwurfs als Funktion der Poldistanz $\delta = 90° - \varphi$ für die einzelnen Arten bestimmt werden. Die zweite Abbildungsgleichung lautet daher in allgemeiner Form:

$$m = f(\delta).$$

Alle azimutalen Abbildungen unterscheiden sich untereinander lediglich durch dieses *Halbmessergesetz*.

Die Längenverzerrung h in Meridianrichtung ergibt sich, indem man dem unendlich kleinen Zuwachs dm des Halbmessers m den unendlich kleinen Zuwachs $d\delta$ des Bogens δ gegenübergestellt. Ferner erhält man die Längenverzerrung k in Breitenkreisrichtung aus dem Vergleich zwischen dem Umfang $2 \cdot m \cdot \pi$ des Breitenkreisbildes und dem Umfang $2 \cdot \sin \delta \cdot \pi$ des Kugelkreises. Damit gilt für alle Azimutalentwürfe

$$h = \frac{dm}{d\delta}, \qquad k = \frac{m}{\sin \delta}.$$

3.2.1 Mittabstandstreue azimutale Abbildung

Um die Bedingung der Mittabstandstreue zu erfüllen, sind die Bogenlängen der Meridiane längentreu abzubilden. Die Abbildungsgleichungen in Polarkoordinaten mit dem Ursprung im Pol lauten daher:

$$\alpha = \lambda, \; m = \text{arc}\, \delta [\text{arcus} = \text{Bogen}].$$

Die auch als *speichentreu* bezeichnete Abbildung wurde in normaler Lage (Abb. 53) erstmalig von *G. Mercator* (1569), in allgemeiner Lage von *J. H. Lambert* (1772) entwickelt.

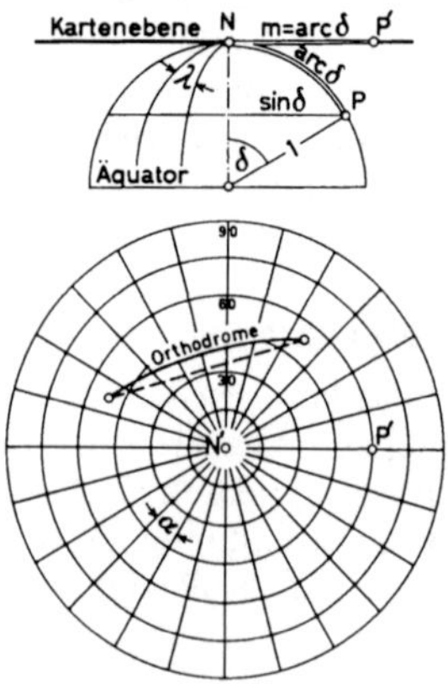

Abb. 53. Mittabstandstreue azimutale Abbildung

Bei der Netzkonstruktion lassen sich die Meridianbilder sofort zeichnen, da $\alpha = \lambda$. Die Halbmesserwerte m ergeben sich wie folgt: Da die Bogenlänge eines Halbkreises (Zentriwinkel = 180°) = π ist, beträgt sie für einen Zentriwinkel von 1° demnach $\pi/180 = 0{,}01745$, für einen beliebigen Zentriwinkel δ also $0{,}01745 \cdot \delta°$. Dieser Betrag ist noch mit dem Wert R/m_k zu multiplizieren, wenn es sich um eine Abbildung der Erdoberfläche (Radius R) im Maßstab $1 : m_k$ handelt.

Die Längenverzerrung h ergibt sich durch Einsetzen in die allgemeine Formel (siehe vorn bei 3.2) zu $h = \mathrm{d}\,\mathrm{arc}\,\delta/\mathrm{d}\delta$, was nach den Regeln der Differentialrechnung den Wert 1 hat. Entsprechend erhält man

$$k = \mathrm{arc}\,\delta/\sin\delta.$$

Da $\mathrm{arc}\,\delta/\sin\delta > 1$, ist $k > h$ und damit gilt für die Verzerrungsellipse $a = k$ und $b = h = 1$ (Mittabstandstreue).

Die Flächenverzerrung ergibt sich zu $\Phi = a \cdot b = a$. Für die Winkelverzerrung erhält man

$$\sin\omega = \frac{a-b}{a+b} = \left(\frac{\mathrm{arc}\,\delta}{\sin\delta} - 1\right) : \left(\frac{\mathrm{arc}\,\delta}{\sin\delta} + 1\right) = \frac{\mathrm{arc}\,\delta - \sin\delta}{\mathrm{arc}\,\delta + \sin\delta}.$$

Beispiele für Verzerrungswerte siehe Tabelle 1 in 3.2.5.

Die Abbildungsart wird – in allen Lagen – für solche Karten benutzt, in denen Richtungen und Entfernungen von einem zentralen Punkt aus verzerrungsfrei entnommen werden sollen (z. B. Funkmeßkarten), in normaler Lage für Himmelskarten in Polnähe sowie mit ellipsoidischen Daten für die Weltkarte 1 : 2500000 in höheren Breiten (siehe 5.8.3).

3.2.2 Flächentreue azimutale Abbildung

Bei diesem von *J. H. Lambert* (1772) stammenden Entwurf ist der Radius m der Parallelkreisbilder so zu wählen, daß die von ihnen eingeschlossenen Kreisflächen gleich den Flächen der entsprechenden Kugelkappen sind.

Nach dem Satz von Archimedes ist die Oberfläche der Kappe einer Kugel (mit $R = 1$) $F = 2 \cdot \pi \cdot p$. Nach Abb. 54 ist $p = 1 - \cos\delta$, und da $\cos\delta = \cos^2\delta/2 - \sin^2\delta/2$, ergibt sich $p = 2\sin^2\delta/2$ und somit $F = 4\pi\sin^2\delta/2$.

Der Flächeninhalt der entsprechenden Kartenfläche ist $F' = m^2\pi$.

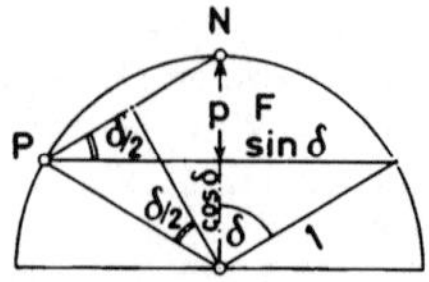

Abb. 54. Flächentreue azimutale Abbildung

Bei Flächentreue ist $F = F'$, d. h. $4\pi \sin^2 \delta/2 = m^2\pi$, woraus sich die Abbildungsgleichungen ergeben:

$$\alpha = \lambda, \quad m = 2 \sin \frac{\delta}{2}.$$

Der Ausdruck für m stellt, wie aus Abb. 54 zu ersehen ist, den linearen Abstand des Parallelkreises mit der Poldistanz δ vom Pol (Sehne PN) dar. Auf diese Tatsache stützt sich die geometrische Netzkonstruktion in der Abb. 55.

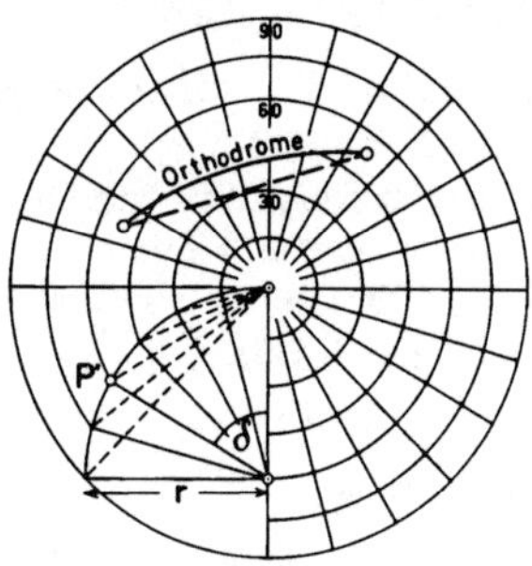

Abb. 55. Geometrische Netzkonstruktion der flächentreuen Azimutalabbildung

Indikatrix:

$$h = \frac{\mathrm{d}m}{\mathrm{d}\delta} = \frac{\mathrm{d}(2 \sin \delta/2)}{\mathrm{d}\delta} = 2 \cos \frac{\delta}{2} \cdot \frac{1}{2} = \cos \frac{\delta}{2}.$$

$$\mathrm{k} = \frac{m}{\sin \delta} = \frac{2 \sin \delta/2}{2 \sin \delta/2 \cos \delta/2} = \frac{1}{\cos \delta/2}.$$

Da $\cos \delta/2 < 1$, ist $\dfrac{1}{\cos \delta/2} > \cos \delta/2$, d. h. $k = a$ und $h = b$.

$\Phi = a \cdot b = \dfrac{1}{\cos \delta/2} \cdot \cos \delta/2 = 1$, die Abbildung ist flächentreu.

$$\sin \omega = \frac{a-b}{a+b} = \frac{\dfrac{1}{\cos \delta/2} - \cos \delta/2}{\dfrac{1}{\cos \delta/2} + \cos \delta/2} = \frac{\sin^2 \delta/2}{2 - \sin^2 \delta/2}$$

Verzerrungswerte siehe Tabelle 1 in 3.2.5.

Den Netzentwurf trifft man bei vielen topographischen Karten kleinen Maßstabs (vor allem Atlaskarten).

3.2.3 Konforme azimutale Abbildung (Stereographische Projektion)

Die Abbildungsgleichung für m läßt sich aus der Bedingung der Konformität (Gl. 6 in 3.1.4) ableiten. Danach ist $a = b$ bzw. $h = k$. Mit den allgemeinen Formeln für h und k erhält man

$$\frac{dm}{d\delta} = \frac{m}{\sin \delta}.$$

Durch Umstellen ergibt sich daraus die Differentialgleichung

$$\frac{1}{m}\, dm = \frac{1}{\sin \delta} \cdot d\delta.$$

Die beiderseitige Integration $\displaystyle\int \frac{1}{m}\, dm = \int \frac{1}{\sin \delta}\, d\delta$

ergibt $\qquad \ln m + C_1 = \ln \tan \delta/2 + C_2$

oder $\qquad \ln m = \ln \tan \delta/2 + \ln C.$

Nach Entlogarithmieren ergibt sich $m = C \cdot \tan \delta/2$. Jeder Wert C würde zu einer konformen Abbildung führen; da im Berührungsfall im Polbild keine Verzerrungen auftreten dürfen, läßt sich C aus der Bedingung $h = k = 1$ ermitteln:

$$k = \frac{m}{\sin\delta} = \frac{C \cdot \tan\delta/2}{\sin\delta} \qquad k = \frac{C}{2 \cdot \cos^2\delta/2} = 1.$$

Da im Pol $\delta = 0$, folgt daraus $C = 2$.
Die Abbildungsgleichungen lauten daher:

$$\alpha = \lambda, \qquad m = 2\tan\frac{\delta}{2}.$$

Auch das Netz dieser Abbildung läßt sich geometrisch konstruieren. Wie aus Abb. 56 hervorgeht, handelt es sich hier um

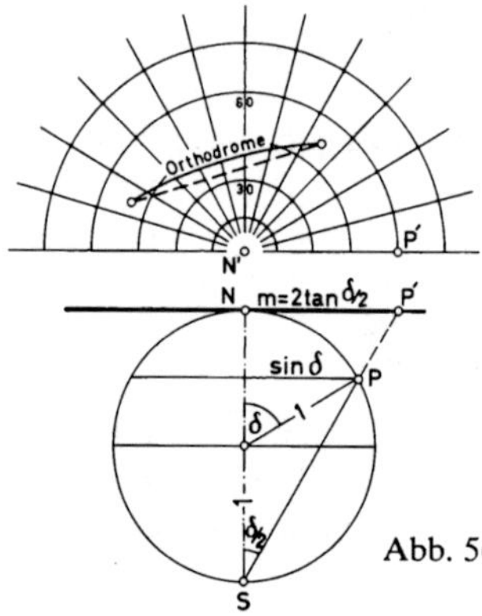

Abb. 56. Konforme azimutale Abbildung

eine echte Projektion (im Sinne von projizieren) mit dem Projektionszentrum im Südpol (allgemein in Gegenpol des Berührungspunktes); sie war schon im Altertum bekannt. Diese und die folgenden zwei azimutalen Abbildungen werden daher auch als „Perspektiven" bezeichnet.

Indikatrix:

$$h = \frac{\mathrm{d}(\tan\delta/2)}{\mathrm{d}\delta} = \frac{1}{\cos^2\delta/2}, \qquad k = \frac{1}{\cos^2\delta/2},$$

$$k = h = a = b \text{ (Winkeltreue)}, \ \omega = 0,$$

$$\Phi = a \cdot b = \frac{1}{\cos^4\delta/2}.$$

Verzerrungswerte siehe Tabelle 1 in 3.2.5.

Bei der stereographischen Projektion ist nicht nur die Indikatrix ein Kreis, sondern es werden alle Kreise der Kugeloberfläche – auch Kleinkreise – wieder als Kreise (u. U. mit dem Radius $= \infty$) abgebildet (Kreistreue).

Wegen des schnellen Anwachsens der Flächenvergrößerung gegen den Kartenrand eignet sich der Entwurf für Atlaskarten wenig, für astronomische Zwecke (Sternkarten) ist er jedoch wegen der Konformität und Kreistreue sehr geschätzt. Mit ellipsoidischen Daten findet er ferner Anwendung bei Luftverkehrskarten und den Blättern der Internationalen Weltkarte für die Polargebiete sowie bei geodätischen Abbildungen, z. B. Universal Polar Stereographic (UPS) (3.7.3.4) und in den Niederlanden.

3.2.4 Gnomonische Abbildung (Zentralprojektion)

Bei dieser Projektion wird das Zentrum in den Kugelmittelpunkt gelegt. Die Abbildungsgleichungen lauten:

$$a = \lambda, \qquad m = \tan \delta.$$

Die geometrische Konstruktion des Netzes geht aus Abb. 57 hervor.

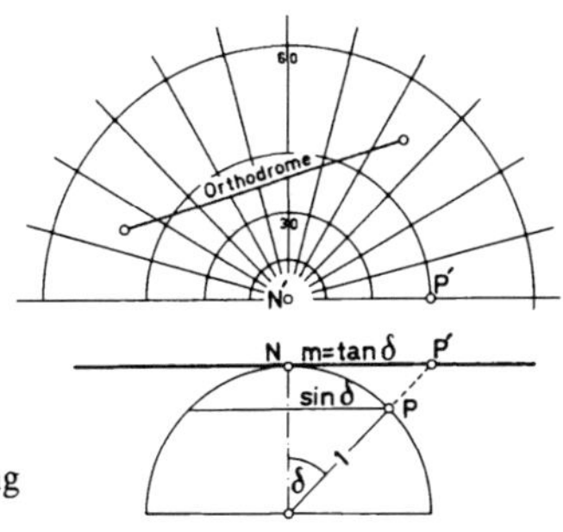

Abb. 57. Gnomonische Abbildung

Indikatrix:

$$h = \frac{\mathrm{d} \tan \delta}{\mathrm{d}\delta} = \frac{1}{\cos^2 \delta}, \qquad k = \frac{\tan \delta}{\sin \delta} = \frac{1}{\cos \delta}.$$

Wegen $\frac{1}{\cos^2 \delta} > \frac{1}{\cos \delta}$ ist hier $h = a$ und $k = b$.

$$\varphi = a \cdot b = \frac{1}{\cos^3 \delta},$$

$$\sin \omega = \frac{a - b}{a + b} = \frac{\frac{1}{\cos^2 \delta} - \frac{1}{\cos \delta}}{\frac{1}{\cos^2 \delta} + \frac{1}{\cos \delta}} = \frac{1 - \cos \delta}{1 + \cos \delta} = \tan^2 \frac{\delta}{2}.$$

Verzerrungswerte siehe Tabelle 1 in 3.2.5.

Wegen der starken Randverzerrungen ist die gnomonische Abbildung für topographische Karten wenig geeignet. Ihre große praktische Bedeutung liegt in der Tatsache, daß sie alle Großkreise – und damit jede *Orthodrome* (3.1.5) als kürzeste Verbindungslinie zweier Punkte – als gerade Linie abbildet. Man benutzt daher diese Abbildung in der See-, Flug- und Funknavigation als Hilfskonstruktion zur Ermittlung der Orthodrome und deren Übertragung in ein anderes Kartennetz.

3.2.5 Orthographische Abbildung (Parallelprojektion)

Sie bildet den Grenzfall der echten Projektion, weil das Projektionszentrum ins Unendliche rückt. Die Abbildungsgleichungen lauten:

$$\alpha = \lambda, \qquad m = \sin \delta.$$

Die geometrische Netzkonstruktion ist aus Abb. 58 zu ersehen.

Indikatrix:

$$h = \frac{\mathrm{d} \sin \delta}{\mathrm{d}\delta} = \cos \delta, \qquad k = \frac{\sin \delta}{\sin \delta} = 1,$$

$\cos \delta < 1$, also $k = a = 1$ (längentreue Parallelkreise), $h = b$,

$$\Phi = a \cdot b = \cos \delta,$$

$$\sin \omega = \frac{a - b}{a + b} = \frac{1 - \cos \delta}{1 + \cos \delta} = \tan^2 \frac{\delta}{2} \text{ (vgl. 3.2.4).}$$

Verzerrungswerte siehe Tab. 1.

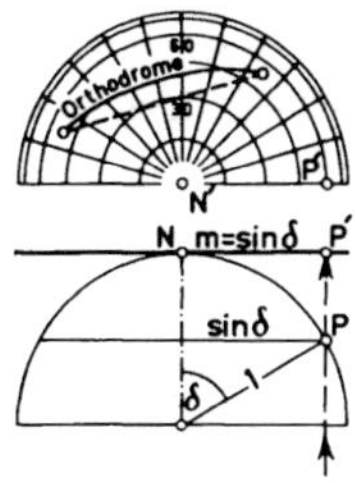

Abb. 58. Orthographische Abbildung

Auch die orthographische Abbildung ist für topographische Karten wenig geeignet. Man findet sie in transversaler Lage bei Mondkarten *(selenographische Abbildung)* und bei Darstellungen aus der mathematisch-astronomischen Geographie.

Tabelle 1: Verzerrungswerte azimutaler Abbildungen

Abbildung	δ (°)	a =	a Betrag	b =	b Betrag	$\Phi = a \cdot b$	$w = 2\omega$
	0		1,000		1	1,000	0°00′
Mittab-	30	*k*	1,047	*h*	1	1,047	2°38′
standstreu	60		1,209		1	1,209	10°52′
	90		1,571		1	1,571	25°39′
	0		1,000		1,000	1	0°00′
Flächentreu	30	*k*	1,035	*h*	0,966	1	3°58′
	60		1,155		0,866	1	16°26′
	90		1,414		0,707	1	38°57′
	0		1,000		1,000	1,000	0°
Konform	30	–	1,072	–	1,072	1,149	0°
(Stereo-	60		1,333		1,333	1,778	0°
graphisch)	90		2,000		2,000	4,000	0°
	0		1,000		1,000	1,000	0°00′
Gnomonisch	30	*h*	1,333	*k*	1,155	1,540	8°14′
	60		4,000		2,000	8,000	38°57′
	90		∞		∞	∞	180°00′
	0		1		1,000	1,000	0°00′
Ortho-	30	*k*	1	*h*	0,866	0,866	8°14′
graphisch	60		1		0,500	0,500	38°57′
	90		1		0,000	0,000	180°00′

3.2.6 Azimutale Abbildungen in transversaler und schiefachsiger Lage

Bei diesen Lagen gelten die Abbildungsgleichungen im System der Netzmeridiane und -breiten (3.1.4), die auf den Hauptpunkt $H\ (\varphi_H, \lambda_H)$ als Berührungspunkt der Abbildungsebene bezogen sind (Abb. 59). Für Netzpunkte N mit bekannten geographischen

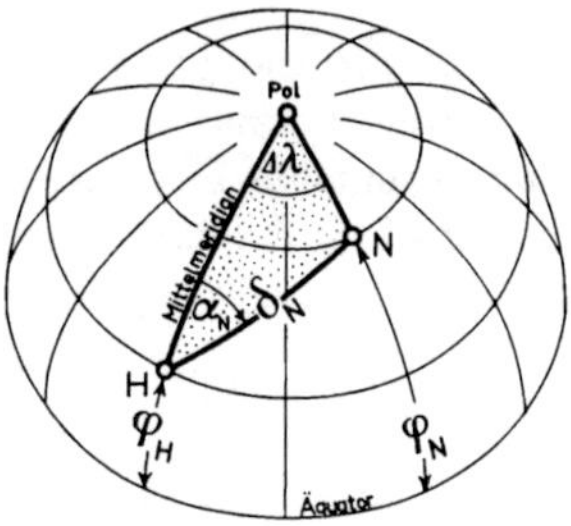

Abb. 59. Berechnung schiefachsiger azimutaler Abbildungen

Koordinaten φ_N, λ_N (meist runde Werte) sind daher zunächst die sphärischen Polarkoordinaten α_N, δ_N als Koordinaten des obigen Systems zu berechnen. Nach den Regeln der sphärischen Trigonometrie ergibt sich mit $\Delta\lambda = \lambda_H - \lambda_N$ für die *schiefachsige* Lage

$$\cos \delta_N = \sin \varphi_H \cdot \sin \varphi_N + \cos \varphi_H \cdot \cos \varphi_N \cdot \cos \Delta\lambda$$

und

$$\cos \alpha_N = \frac{\sin \varphi_N - \sin \varphi_H \cdot \cos \delta_N}{\cos \varphi_H \cdot \sin \delta_N} \quad \text{bzw.} \quad \sin \alpha_N = \frac{\sin \Delta\lambda \cdot \cos \varphi_N}{\sin \delta_N}.$$

Bei der *transversalen* Lage liegt der Hauptpunkt im Äquator, so daß $\varphi_H = 0$ wird. Dann vereinfachen sich die Formeln zu

$$\cos \delta_N = \cos \varphi_N \cdot \cos \Delta\lambda \quad \text{und} \quad \cos \alpha_N = \frac{\sin \varphi_N}{\sin \delta_N}.$$

Für bestimmte Hauptpunktsbreiten φ_H, Netzpunktbreiten φ_N und Längenunterschiede $\Delta\lambda$ (meist in 5°-Intervallen) haben *Hammer 1889* und *K. H. Wagner 1962* die Werte α_N und δ_N berechnet und tabellarisch zusammengestellt. Bei Netzberechnung mit Rechenautomaten stehen heute für diesen Arbeitsabschnitt meist schon geeignete Unterprogramme zur Verfügung.

Diese Transformationsrechnungen und die nachfolgenden Bearbeitungen gelten grundsätzlich nicht nur für azimutale Abbildungen, sondern auch für alle anderen Entwürfe, kommen aber dort praktisch seltener vor. Insgesamt ergeben sich bei bekannten Hauptpunktkoordinaten φ_H, λ_H folgende Verfahrensschritte:

a) Die zur Darstellung vorgesehenen Netzpunkte $N(\varphi_N, \lambda_N)$ sind für die Berechnung zusammenzustellen.

b) Mit den obigen Formeln rechnet man dann für alle Netzpunkte auf dem Urbild die Konstruktionskoordinaten α_N, δ_N.

c) Auf diese Konstruktionskoordinaten sind die für einen Entwurf gültigen Abbildungsgleichungen anzuwenden. Bei azimutalen Abbildungen beschränkt sich dies auf das Halbmessergesetz $m = f(\delta_N)$, da $\alpha = \alpha_N$.

d) Da eine Kartierung der berechneten Netzpunkte in rechtwinkligen Koordinaten x, y meist günstiger ist, sind polare Abbildungskoordinaten m, α noch nach den Formeln $x = m \cos \alpha$ und $y = m \sin \alpha$ umzuformen (Abb. 60).

e) Zur Konstruktion der Netzlinien siehe 3.1.6.

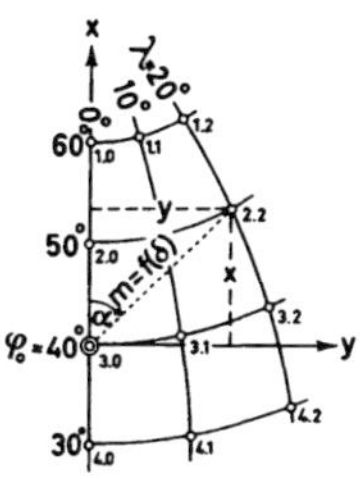

Abb. 60. Netzberechnung einer schiefachsigen Azimutalabbildung

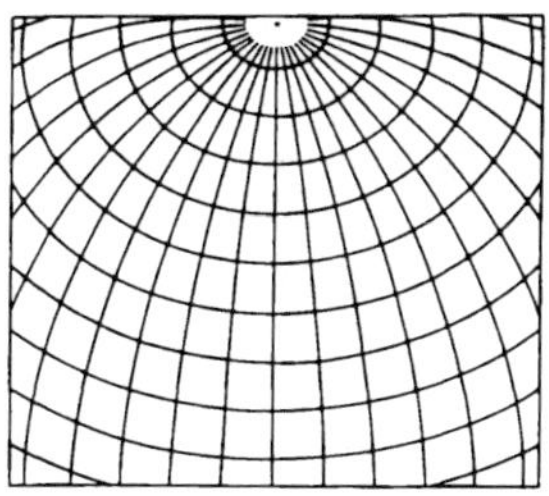

Abb. 61. Schiefachsige flächentreue azimutale Abbildung

Abb. 61 zeigt das 10°-Netz einer schiefachsigen flächentreuen Azimutalabbildung mit dem Hauptpunkt $\varphi_H = 40°$. Wegen der Symmetrie des Netzes in bezug auf den Mittelmeridian genügt es, nur eine der beiden Blatthälften zu berechnen.

10*

3.2.7 Allgemeinster Fall der perspektiven Abbildung auf eine Ebene

Die bisher behandelten perspektiven Abbildungen beruhen auf folgenden geometrischen Beziehungen: 1. Die Abbildungsebene berührt die Kugel. 2. Die Projektionszentren liegen auf der zur Ebene im Berührungspunkt senkrechten Geraden in besonders ausgezeichneten Punkten, nämlich im Kugelmittelpunkt bei der gnomonischen, im Gegenpol bei der stereographischen und im Unendlichen bei der orthographischen Abbildung. Diese geometrische Konstellation läßt sich nun in zweifacher Weise verallgemeinern: Zu 1) tritt an die Stelle der Berührungsebene eine beliebige, dazu parallele Ebene. Hierbei unterscheiden sich die Abbildungsergebnisse bei der gnomonischen und der stereographischen Projektion untereinander nur um einen Maßstabsfaktor. Zu 2) gilt als Projektionszentrum nunmehr jeder beliebige Punkt auf der zur Ebene senkrechten Geraden (verlängerte Kugelachse). In diesem Falle ergeben sich jeweils andere Abbildungsgleichungen. Liegt das Projektionszentrum von der Erdkugel her jenseits der Abbildungsebene, so entspricht das Abbildungsergebnis einer Senkrechtphotographie aus einem Luft- oder Raumfahrzeug.

Eine weitere Verallgemeinerung dieses Falles ergibt sich, wenn die Abbildungsebene gegen die Kugelachse gekippt wird oder – was im Ergebnis dieselbe Wirkung hat – wenn das Projektionszentrum eine beliebige Raumlage außerhalb der zur Ebene senkrechten verlängerten Kugelachse einnimmt. Eine solche Abbildung entspricht im Ergebnis wiederum einer Perspektive aus einem Luft- oder Raumfahrzeug, diesmal aber als allgemeiner Fall der Schrägaufnahme. Die Abbildungsgleichungen entsprechen damit zugleich den Formeln der Photogrammetrie über die Beziehungen zwischen Bild- und Objektkoordinaten.

Bei bekannter Position des Projektionszentrums ist es damit z. B. möglich, das geographische Netz

- für eine Satellitenperspektive (Bd. II,3.1) zu konstruieren oder
- nachträglich in ein photographisches Raumbild einzutragen, wenn dessen äußere Orientierung bekannt ist oder wenn sich

Punkte mit bekannter geographischer Lage im Bild identifizieren lassen.

Entsprechende Formelentwicklungen stammen u. a. von *Dumitrescu 1970, 1977*. Sie gehen allerdings von streng zentralperspektiven Aufnahmen aus. In der Praxis sind die Satellitenbilder heute noch meist das Ergebnis von Zeilenabtastern (2.1.4.1). Diese werden in der Regel auf einen vorgegebenen Netzentwurf – meist konforme Kegel- oder Zylinderabbildung – mit den Verfahren der digitalen Bildverarbeitung entzerrt *(Konecny 1976, Bähr 1979)*.

3.3 Zylindrische Netzentwürfe

Diese Abbildungen treten in der Praxis hauptsächlich in zwei verschiedenen Formen auf:

- In normaler Lage mit geographischen Koordinaten bei Karten kleiner Maßstäbe für äquatoriale Bereiche (bei Seekarten in konformer Abbildung auch in größeren Maßstäben und auch in höheren Breiten);
- in transversaler Lage mit ebenen rechtwinkligen Koordinaten bei topographischen Karten großer und mittlerer Maßstäbe unter konformer Abbildung eines exakt definierten Bezugsellipsoids (siehe 3.7).

Die weiteren Betrachtungen fußen auf der normalen Lage. Diese stellt den Äquator als horizontale gerade Linie dar, auf dem in beliebiger geographischer Länge der Nullpunkt der Abbildungskoordinaten x, y liegt (Ein polares System wäre ungeeignet, da $\alpha = 0$ und $m = \infty$!). Dabei weisen die Netzbilder die folgenden Merkmale auf:

a) Die Meridiane sind gleichabständige parallele Geraden, die den Äquator senkrecht schneiden. Ihre Abbildungsgleichung lautet daher

$y = \text{arc}\,\lambda$ bei längentreuem Äquator bzw.
$y = \cos\varphi_0\,\text{arc}\,\lambda$ bei 2 längentreuen Breitenkreisen $\pm\,\varphi_0$.

b) Die Bilder der Breitenkreise sind Parallelen zum Äquatorbild und damit rechtwinklig zu den Meridianbildern. Alle Breitenkreise (einschließlich Pol und Äquator) bilden sich in gleicher Länge ab. Ihre Abstände x vom Äquator ergeben sich nach der Eigenschaft des Netzentwurfes lediglich als Funktion der geographischen Breite φ. Die zweite Abbildungsgleichung lautet daher in allgemeiner Form

$$x = f(\varphi).$$

Die Längenverzerrung h erhält man (analog zu den Ausführungen bei den azimutalen Entwürfen) durch Gegenüberstellen von $\mathrm{d}x$ und $\mathrm{d}\varphi$. Entsprechend ergibt sich k aus dem Vergleich der gesamten Breitenkreislänge $y = \cos\varphi_0 \cdot 2\pi$ im Abbild und $\cos\varphi \cdot 2\pi$ im Urbild. Damit gilt für alle Zylinderentwürfe

$$h = \frac{\mathrm{d}x}{\mathrm{d}\varphi}, \qquad k = \frac{\cos\varphi_0}{\cos\varphi}.$$

Da die Abbildungsgleichungen in rechtwinkligen Koordinaten dargestellt sind, eignen sie sich auch als Formeln der Netzkonstruktion. Geometrisch-perspektive Abbildungen, wie sie bei einigen azimutalen Entwürfen auftreten, sind hier zwar theoretisch möglich, aber praktisch ohne Bedeutung (siehe dagegen bei Panoramen, Bd. II, 3.1.3).

3.3.1 Mittabstandstreue zylindrische Abbildungen

3.3.1.1 Abbildung mit längentreuem Äquator

Die Mittabstandstreue verlangt, daß die Bogenlängen der Meridiane längentreu abgebildet werden. Denkt man sich den Zylinder die Kugel im Äquator berührend (Abb. 62), so kommt

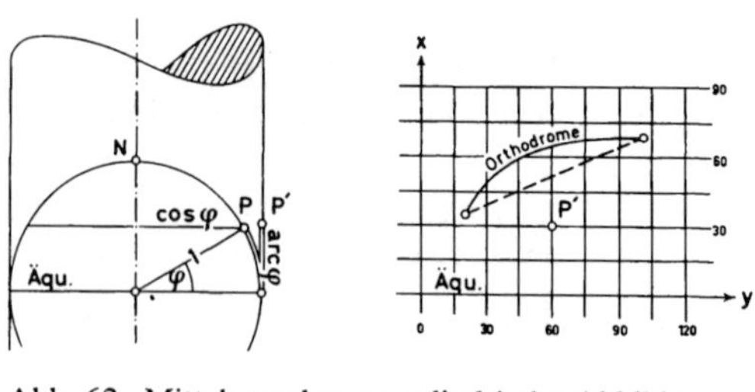

Abb. 62. Mittabstandstreue zylindrische Abbildung

auch dieser längentreu zur Abbildung. Somit lauten die Abbildungsgleichungen:

$$x = \operatorname{arc} \varphi, \qquad y = \operatorname{arc} \lambda.$$

Die Netzmaschen haben quadratische Form, daher trägt diese bereits im Altertum bekannte Abbildung auch die Bezeichnung „*quadratische Plattkarte*".

Die Längenverzerrung h ergibt sich durch Einsetzen in die allgemeine Formel zu $h = \mathrm{d} \operatorname{arc} \varphi / \mathrm{d}\varphi = 1$. Für k erhält man $1/\cos \varphi$, da $\varphi_0 = 0$ und $\cos \varphi_0 = 1$ (Berührungszylinder). Da $1/\cos \varphi > 1$ folgt für die Verzerrungsellipse $a = k$ und $b = h = 1$.

$$\Phi = a \cdot b = \frac{1}{\cos \varphi},$$

$$\sin \omega = \frac{a-b}{a+b} = \frac{\dfrac{1}{\cos \varphi} - 1}{\dfrac{1}{\cos \varphi} + 1} = \frac{1 - \cos \varphi}{1 + \cos \varphi} = \tan^2 \frac{\varphi}{2},$$

Verzerrungswerte siehe Tabelle 2 in 3.3.2.2.

Über die Verwendung dieses Netzentwurfes in transversaler Lage mit ebenen rechtwinkligen Koordinaten siehe 3.7.2.

3.3.1.2 Abbildung mit zwei längentreuen Parallelkreisen

Die beiden längentreuen Parallelkreise mit den Breiten $+\varphi_0$ und $-\varphi_0$ führen zur Vorstellung eines die Kugel in diesen Kreisen durchdringenden Zylinders (Schnittzylinder). Die Abbildungsgleichungen lauten

$$x = \operatorname{arc} \varphi, \qquad y = \cos \varphi_0 \operatorname{arc} \lambda.$$

Wegen der rechteckigen Form der Netzmaschen bezeichnet man diese Abbildung auch als „*rechteckige Plattkarte*".

Indikatrix:

$$h = \frac{\mathrm{d}x}{\mathrm{d}\varphi} = 1, \qquad k = \frac{\cos \varphi_0}{\cos \varphi}.$$

Werte siehe Tabelle 2 in 3.3.2.2.

3.3.2 Flächentreue zylindrische Abbildungen

3.3.2.1 Abbildung mit längentreuem Äquator

Die Flächentreue verlangt, daß die Oberfläche einer Kugelzone vom Äquator bis zur Breite φ gleich der entsprechenden Fläche in der Karte ist. Die Fläche F der Kugelzone ist $2\pi p = 2\pi \sin \varphi$. Die entsprechende Kartenfläche F' ergibt sich bei längentreuem Äquator (Berührungszylinder) aus dem Rechteck $2\pi x$. Aus $F = F'$ erhält man daher die Abbildungsgleichungen:

$$x = \sin \varphi, \qquad y = \operatorname{arc} \lambda.$$

Die geometrische Konstruktion der schon im Altertum bekannten Abbildung geht aus Abb. 63 hervor.

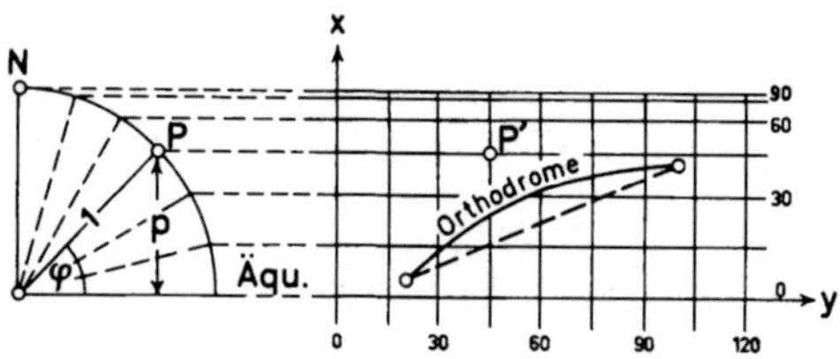

Abb. 63. Flächentreue zylindrische Abbildung

Indikatrix:

$$h = \frac{\mathrm{d} \sin \varphi}{\mathrm{d}\varphi} = \cos \varphi, \qquad k = \frac{1}{\cos \varphi},$$

$$\frac{1}{\cos \varphi} > \cos \varphi, \text{ daher } k = a \text{ und } h = b,$$

$$a \cdot b = \frac{1}{\cos \varphi} \cdot \cos \varphi = 1 \text{ (flächentreu)},$$

$$\sin \omega = \frac{\dfrac{1}{\cos \varphi} - \cos \varphi}{\dfrac{1}{\cos \varphi} + \cos \varphi} = \frac{1 - \cos^2 \varphi}{1 + \cos^2 \varphi} = \frac{\sin^2 \varphi}{2 - \sin^2 \varphi}.$$

Werte siehe Tabelle 2 in 3.3.2.2.

3.3.2.2 Abbildung mit zwei längentreuen Parallelkreisen

Mit der Vorstellung des Schnittzylinders (3.3.1.2) erhält man die folgenden Abbildungsgleichungen:

$$x = \frac{\sin \varphi}{\cos \varphi_0}, \qquad y = \cos \varphi_0 \cdot \operatorname{arc} \lambda.$$

Indikatrix:

$$h = \frac{\cos \varphi}{\cos \varphi_0}, \qquad k = \frac{\cos \varphi_0}{\cos \varphi}.$$

Die Abbildung stammt von *W. Behrmann* (1910).

Tabelle 2: Verzerrungswerte zylindrischer Abbildungen

Abbildung	φ	a		b		$\Phi = a \cdot b$	$w = 2\omega$
	± (°)	=	Betrag	=	Betrag		
	0		1,000		1	1,000	0°00′
Mittabstandstreu	30	k	1,155	h	1	1,155	8°14′
mit längen-	60		2,000		1	2,000	38°57′
treuem Äquator	90		∞		1	∞	180°00′
	0		1		0,707	0,707	19°45′
Mittabstandstreu	15	h	1	k	0,732	0,732	17°48′
mit zwei längen-	30		1		0,816	0,816	11°36′
treuen Parallel-	45		1		1	1	0°00′
kreisen	60	k	1,414	h	1	1,414	19°45′
$\varphi_0 = \pm 45°$	75		2,732		1	2,732	55°18′
	90		∞		1	∞	180°00′
	0		1,000		1,000	1	0°00′
Flächentreu	30	k	1,155	h	0,866	1	16°26′
mit längen-	60		2,000		0,500	1	73°44′
treuem Äquator	90		∞		0	1	180°00′

3.3.3 Konforme zylindrische Abbildung (Mercatorprojektion)

Die Abbildung wurde erstmalig von *G. Kremer,* der sich latinisiert *Mercator* nannte, um 1570 zum Entwurf einer Weltkarte (Seekarte) angewandt.

Die Abbildungsgleichung für x ergibt sich aus der Konformitätsbedingung (Gl. 6 in 3.1.4) $a = b$ bzw. $h = k$. Mit den Formeln für h und k (siehe vorn bei 3.3) ist

$$\frac{\mathrm{d}x}{\mathrm{d}\varphi} = \frac{\cos\varphi_0}{\cos\varphi} \qquad \text{oder} \qquad \mathrm{d}x = \frac{\cos\varphi_0}{\cos\varphi}\,\mathrm{d}\varphi$$

und nach Integration

$$x = \int_0^{\varphi} \frac{\cos\varphi_0}{\cos\varphi}\,\mathrm{d}\varphi = \cos\varphi_0 \cdot \ln\tan\left(45° + \frac{\varphi}{2}\right) + C.$$

Hier ist $C = 0$, weil für $\varphi = 0$ auch $x = 0$ sein muß. Die Abbildungsgleichungen lauten damit

bei längentreuem Äquator (Berührungszylinder) mit $\varphi_0 = 0$	bei 2 längentreuen Breitenkreisen (Schnittzylinder)
$x = \ln\tan\left(45° + \frac{\varphi}{2}\right)$,	$x = \cos\varphi_0 \cdot \ln\tan\left(45° + \frac{\varphi}{2}\right)$,
$y = \operatorname{arc}\lambda$.	$y = \cos\varphi_0 \cdot \operatorname{arc}\lambda$.

Für Rechnungen mit dekadischen Logarithmen gilt

$$\ln\tan\left(45° + \frac{\varphi}{2}\right) = 2{,}3025851 \cdot \lg\tan\left(45° + \frac{\varphi}{2}\right).$$

Indikatrix:

$$h = \frac{\mathrm{d}x}{\mathrm{d}\varphi} = \frac{\cos\varphi_0}{\cos\varphi}, \qquad k = \frac{\cos\varphi_0}{\cos\varphi}, \qquad h = k = a = b.$$

$$\Phi = a \cdot b = \frac{\cos^2\varphi_0}{\cos^2\varphi}, \qquad \omega = 0 \quad \text{(Konformität)}.$$

In der Tabelle 3 sind für die Einheitskugel ($R = 1$) im Falle des längentreuen Äquators für ein 10°-Netz die Abstände x vom Äquator und die Verzerrungswerte angegeben. Abb. 64 zeigt ein 15°-Netz.

Die Abbildungsgleichungen für Berührungszylinder und für Schnittzylinder führen zu ähnlichen Netzbildern, da sie sich nur um den Faktor $\cos\varphi_0$ unterscheiden. In beiden Fällen ändern sich die Längenverzerrungen mit $\cos\varphi_0/\cos\varphi$ stark. So ist z. B.

für $\varphi = 60°$ der Kartenmaßstab doppelt so groß wie am Äquator. Daher ist es üblich, die Maßstäbe auf den einzelnen Parallelkreisen graphisch durch einen sog. „Maßstab für wachsende Breiten" anzugeben (Abb. 65).

Für die meisten Karten größerer Bereiche ist die Mercatorabbildung wenig geeignet,

- da die Verzerrungsbeträge (vor allem bei den Flächen) stark anwachsen und
- da die Pole nicht darstellbar sind (für $\varphi = \pm 90°$ wird $x = \pm \infty$).

Ihre große Bedeutung liegt bei den Seekarten, weil sie die Loxodrome (Kurslinie, 3.1.5) als gerade Linie abbildet. Dabei ist das Netz jeder Seekarte meist eine Schnittzylinderabbildung mit einer eigenen längentreuen „Bezugsbreite", die etwa in Kartenmitte liegt.

Tabelle 3

φ (°)	x	Δx	$a = b$	Φ
± 0	± 0,0000	± 0,1754	1,0000	1,0000
10	0,1754	0,1810	1,0154	1,0311
20	0,3564	0,1929	1,0642	1,1325
30	0,5493	0,2136	1,1547	1,3333
40	0,7629	0,2478	1,3054	1,7040
50	1,0107	0,3063	1,5557	2,4202
60	1,3170	0,4184	2,0000	4,0000
70	1,7354	0,7009	2,9238	8,5487
80	2,4363	2,3051	5,7588	33,1635
89	4,7414	∞	57,30..	3283,22..
90	∞		∞	∞

Aus Abb. 64 ergibt sich das Azimut α von 1 nach 2 nach der allgemeinen Formel im rechtwinkligen Koordinatensystem (siehe 2.1.2.4) zu

$$\tan \alpha = \frac{y_2 - y_1}{x_2 - x_1}.$$

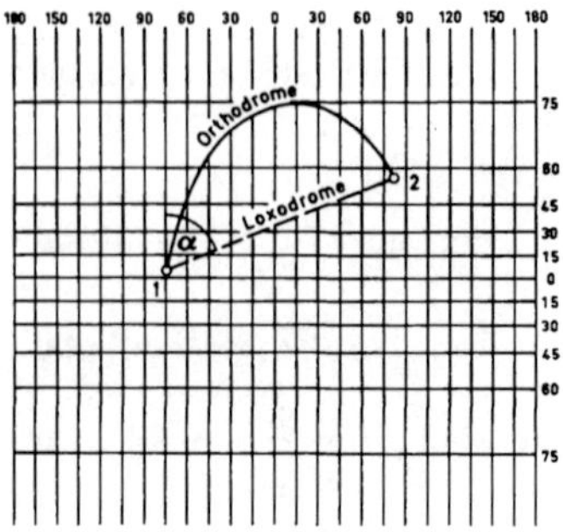

Abb. 64. Konforme zylindrische Abbildung (Mercator-Projektion)

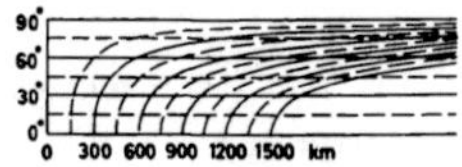

Abb. 65. Maßstab für wachsende Breiten

Setzt man nun für x_1, y_1, x_2, y_2 die Werte aus den Abbildungsgleichungen ein, so erhält man eine Formel, die mit der für das Azimut der Loxodrome in 3.1.5 identisch ist. Daraus folgt, daß die gerade Verbindungslinie zwischen 1 und 2 tatsächlich eine Loxodrome ist.

3.4 Konische Netzentwürfe

Diese treten in der Praxis fast nur in normaler Lage auf und werden ausschließlich für die Darstellung von Gebieten mittlerer geographischer Breite angewandt. Die Merkmale ihrer Netzbilder ergeben sich dabei wie folgt:

a) Die Meridiane bilden sich als Strahlenbüschel mit dem Zentrum S' ab (Abb. 66). Dabei entspricht dem Längenunterschied λ auf der Kugel der Winkel α zwischen den Meridianbildern und dem Vollkreis $2\pi \triangleq 360°$ im Kugelpol der Winkel σ als Öffnungswinkel des gesamten verebneten Kegelmantels. Das Winkelverhältnis beträgt demnach $\alpha/\lambda = \sigma/2\pi$. Man bezeichnet der Wert $\sigma/2\pi = n$ als *Abbildungskonstante* und erhält damit die erste Abbildungsgleichung

$$\alpha = n \cdot \lambda.$$

Für $n = \sigma/2\pi$ gilt $0 < n < 1$. Wäre $n = 1$, so läge eine azimutale Abbildung vor; im Falle $n = 0$ ergäbe sich eine Zylinderabbildung (vgl. 3.1.3.1).

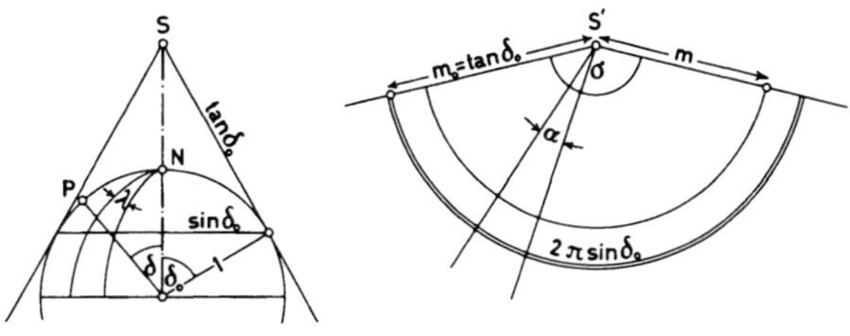

Abb. 66. Prinzip der konischen Abbildungen mit Berührkegel

b) Die Bilder der Parallelkreise sind konzentrische Kreise um S'. Für sie ergibt sich die zweite Abbildungsgleichung in allgemeiner Form als Halbmessergesetz wie in 3.2 zu

$$m = f(\delta).$$

Die Längenverzerrung h ergibt sich wie bei den Azimutalentwürfen (3.2) durch Gegenüberstellen von $\mathrm{d}m$ und $\mathrm{d}\delta$. Dagegen ist für den Wert k zu beachten, daß beim Vergleich der Breitenkreislängen in Urbild und Abbild letztere um die Abbildungskonstante n reduziert ist, also nur $2 \cdot m \cdot n \cdot \pi$ beträgt. Man erhält daher für alle konischen Entwürfe

$$h = \frac{\mathrm{d}m}{\mathrm{d}\delta}, \qquad k = \frac{m \cdot n}{\sin \delta}.$$

Abbildungen, die wie einige azimutale Entwürfe auf echten Perspektiven beruhen, sind hier zwar theoretisch möglich, aber ohne praktische Bedeutung.

3.4.1 Mittabstandstreue konische Abbildungen

3.4.1.1 Abbildung mit einem längentreuen Parallelkreis

Bei dieser bereits im Altertum bekannten Abbildung gilt als längentreuer Parallelkreis der Berührungskreis des Kegels (Berührkegel); für diesen ergibt sich nach Abb. 66 der Halbmesser zu $m_0 = \tan \delta_0$. Damit wird $m = m_0 + \operatorname{arc}(\delta - \delta_0)$ wegen der Mittabstandstreue. Da ferner $n = \sigma/2\pi$ und $\sigma = 2\pi \sin \delta_0/\tan \delta_0$ wird hier $n = \cos \delta_0$. Damit lauten die Abbildungsgleichungen

$$\alpha = \cos \delta_0 \cdot \lambda, \qquad m = \tan \delta_0 + \operatorname{arc}(\delta - \delta_0).$$

Abb. 68 zeigt das zugehörige Netzbild.

Indikatrix:

$$h = \frac{\mathrm{d}m}{\mathrm{d}\delta} = 1 \text{ (mittabstandstreu)}, \qquad \mathrm{k} = \frac{m \cdot \cos \delta_0}{\sin \delta},$$

$k > 1$, daher $k = a$, $h = b$.

$$\Phi = a \cdot b = \frac{m \cdot \cos \delta_0}{\sin \delta},$$

$$\sin \omega = \frac{a - b}{a + b} = \frac{m \cdot \cos \delta_0 - \sin \delta}{m \cdot \cos \delta_0 + \sin \delta}.$$

Die Tabelle 4 gibt für $\varphi_0 = 50°$ ($\delta_0 = 40°$) und $R = 1$ die Radien für ein 10°-Netz und deren Zuwachs Δm sowie die Verzerrungen an ($b = 1$, $n = \cos 40° = 0{,}7660$).

Der Pol wird nicht als Punkt, sondern als Kreisbogen abgebildet; das ist jedoch praktisch bedeutungslos, da mit einer konischen Abbildung niemals ein Gebiet bis zum Pol dargestellt wird.

Tabelle 4

δ (°)	m	Δm	$a = \Phi$	$w = 2\omega$
0	0,1410		∞	180°00′
		0,1745		
10	0,3155		1,3918	18°36′
		0,1745		
20	0,4900		1,0975	5°19′
		0,1746		
30	0,6646		1,0182	1°18′
		0,1746		
40	0,8391		1,0000	0°00′
		0,1745		
50	1,0136		1,0136	0°47′
		0,1746		
60	1,1882		1,0509	2°51′
		0,1745		
70	1,3627		1,1109	6°06′
		0,1745		
80	1,5372		1,1958	10°11′
		0,1746		
90	1,7118		1,3113	15°20′

3.4.1.2 Abbildung mit zwei längentreuen Parallelkreisen

Der Entwurf stammt von dem französischen Astronomen *J. N. de l'Isle* (1745) und wird daher auch als De l'Islesche Projektion bezeichnet. Die alte Topographische Übersichtskarte des Deutschen Reiches 1 : 200000 (5.6.1.5), das neue Weltkartenwerk 1 : 2500000 (5.8.3) sowie zahlreiche kleinmaßstäbige Karten der Sowjetunion beruhen auf dieser Abbildung.

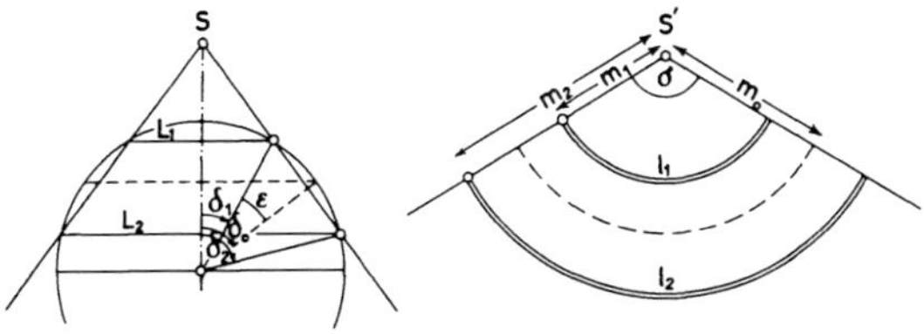

Abb. 67. Prinzip der konischen Abbildungen mit Schnittkegel

Als längentreue Parallelkreise gelten die beiden Schnittkreise des Kegels (Schnittkegel, siehe Abb. 67) mit den Poldistanzen δ_1 und δ_2. Führt man die Größen

$$\text{Mittelparallel } \delta_0 = \frac{\delta_1 + \delta_2}{2} \text{ und Winkel } \varepsilon = \frac{\delta_2 - \delta_1}{2}$$

ein, so erhält man (unter Verzicht auf Ableitung) für den Radius des Mittelparallel $m_0 = \tan \delta_0 \cdot \cot \varepsilon \cdot \operatorname{arc} \varepsilon$ und damit für die Abbildungsgleichungen

$$\alpha = \frac{\cos \delta_0 \cdot \sin \varepsilon}{\operatorname{arc} \varepsilon} \cdot \lambda, \quad m = \tan \delta_0 \cdot \cot \varepsilon \cdot \operatorname{arc} \varepsilon + \operatorname{arc} (\delta - \delta_0).$$

Die Abbildung unterscheidet sich also von der vorhergehenden nur durch die Konstanten n und m_0; das Halbmessergesetz bleibt dagegen erhalten. Abb. 68 zeigt das zugehörige Netzbild.

Die geometrische Deutung als Schnittkegel ist nicht ganz widerspruchsfrei, da wegen der Längentreue der Bogen und die Sehne zu $\delta_2 - \delta_1$ gleich lang sein müßten.

Indikatrix:

$$h = \frac{\mathrm{d}m}{\mathrm{d}\delta} = 1 \text{ (mittabstandstreu)}, \quad k = \frac{m \cdot n}{\sin \delta}.$$

Der Wert von k ist in der inneren Zone < 1, in der äußeren > 1. Die große Achse des Indikatrix liegt also in der inneren Zone in Meridianrichtung, in der äußeren Zone in Breitenkreisrichtung.

$$\Phi = a \cdot b = h \cdot k = k.$$

In der inneren Zone tritt Flächenverkleinerung, in der äußeren Flächenvergrößerung ein.

$$\sin \omega = \begin{cases} \dfrac{\sin \delta - n \cdot m}{\sin \delta + n \cdot m} & \text{(innere Zone)} \\ \dfrac{n \cdot m - \sin \delta}{n \cdot m + \sin \delta} & \text{(äußere Zone)} \end{cases}$$

In der Tabelle 5 sind für $\varphi_0 = 50°$ ($\delta_0 = 40°$) und ein ε von $\pm\,15°$ ($\delta_1 = 25°$, $\delta_2 = 55°$) die Radien m für ein 10°-Netz und deren Zuwachs Δm sowie die Verzerrungen angeführt ($R = 1$, $n = 0{,}7572$).

Tabelle 5

δ (°)	m	Δm	a =	a Betrag	b =	b Betrag	Φ	$w = 2a$
0	0,1217	0,1745		∞		1	∞	180°00′
10	0,2962	0,1746	k	1,2920	h	1	1,2920	14°31′
20	0,4708	0,1745		1,0424		1	1,0424	2°23′
30	0,6453	0,1745		1		0,9774	0,9774	1°18′
40	0,8198	0,1746	h	1	k	0,9659	0,9659	1°59′
50	0,9944	0,1745		1		0,9831	0,9831	0°59′
60	1,1689	0,1745		1,0222		1	1,0222	1°15′
70	1,3434	0,1745	k	1,0827	h	1	1,0827	4°33′
80	1,5180	0,1746		1,1673		1	1,1673	8°50′
90	1,6925			1,2818		1	1,2818	14°05′

3.4.2 Flächentreue konische Abbildungen

3.4.2.1 Abbildung mit einem längentreuen Parallelkreis

Diese Abbildung läßt sich in zwei Varianten verwirklichen:

1. Annahme eines Berührungskegels. Dann bildet sich jedoch der Pol nicht als Punkt ab.
2. Der Pol soll sich als Punkt abbilden. Dann ist jedoch der Kegel kein Berührungskegel mehr.

Die weiteren Untersuchungen gelten nur dem zweiten Fall, der von *J. H. Lambert* (1772) entwickelt wurde. Man trifft diese Abbildung bei zahlreichen Karten.

Es sind zwei Bedingungen zu erfüllen:

1. Der Parallelkreis mit der Poldistanz δ_0 soll sich längentreu abbilden:

$$2 \cdot \sin \delta_0 \cdot \pi = 2 \cdot m_0 \cdot n \cdot \pi.$$

2. Die Fläche der Kugelzone zwischen δ_0 und einem beliebigen δ soll gleich sein der entsprechenden Abbildungsfläche (Kreisringsektor) mit den Begrenzungsradien m_0 und m sowie dem Zentriwinkel $\sigma = 2 \cdot n \cdot \pi$:

$$2 \cdot (\cos \delta - \cos \delta_0) \cdot \pi = (m_0^2 - m^2) \cdot n \cdot \pi.$$

Für die ganze Kugelkappe bis zum Pol wird daraus wegen $\delta = 0$ und $m = 0$

$$2 \cdot (1 - \cos \delta_0) = m_0^2 \cdot n.$$

Aus dieser Gleichung und der zu Nr. 1 folgt

$$n = \cos^2 \frac{\delta_0}{2}, \qquad m_0 = 2 \cdot \tan \frac{\delta_0}{2}.$$

Durch Einsetzen dieser Werte in die Gleichung zu Nr. 2 ergibt sich das Halbmessergesetz für m und damit lauten die Abbildungsgleichungen

$$\alpha = \cos^2 \frac{\delta_0}{2} \cdot \lambda, \qquad m = \frac{2}{\cos \frac{\delta_0}{2}} \cdot \sin \frac{\delta}{2}.$$

Abb. 68 zeigt das zugehörige Netzbild.

Indikatrix:

$$h = \frac{\cos \frac{\delta}{2}}{\cos \frac{\delta_0}{2}}, \qquad k = \frac{\cos \frac{\delta_0}{2}}{\cos \frac{\delta}{2}},$$

für $\delta < \delta_0 : k < h$, daher $k = b,\ h = a$,

für $\delta > \delta_0 : k > h$ daher $k = a,\ h = b$,

$h \cdot k = a \cdot b = 1$ (flächentreu),

$$\sin\omega = \frac{a-b}{a+b} = \pm\left(\frac{\cos^2\frac{\delta}{2} - \cos^2\frac{\delta_0}{2}}{\cos^2\frac{\delta}{2} + \cos^2\frac{\delta_0}{2}}\right).$$

In der Tabelle 6 sind für $\varphi_0 = 50°$ ($\delta_0 = 40°$) die Radien für ein 10°-Netz und deren Zuwachs Δm sowie die Verzerrungen angeführt ($R = 1$, $n = \cos^2 20° = 0{,}8830$).

Tabelle 6

δ	m	Δm	a		b		$w = 2\omega$
0°	0,0000		1,0642	$= h$	0,9397	$= k$	7°07′
		0,1855					
10°	0,1855		1,0601	$= h$	0,9433	$= k$	6°40′
		0,1841					
20°	0,3696		1,0480	$= h$	0,9542	$= k$	5°22′
		0,1813					
30°	0,5509		1,0279	$= h$	0,9729	$= k$	3°09′
		0,1770					
40°	0,7279		1,0000	$= k$	1,0000	$= h$	0°00′
		0,1716					
50°	0,8995		1,0369	$= k$	0,9645	$= h$	4°09′
		0,1647					
60°	1,0642		1,0851	$= k$	0,9216	$= h$	9°19′
		0,1566					
70°	1,2208		1,1472	$= k$	0,8717	$= h$	15°32′
		0,1473					
80°	1,3681		1,2267	$= k$	0,8152	$= h$	22°47′
		0,1369					
90°	1,5050		1,3290	$= k$	0,7525	$= h$	30°58′

3.4.2.2 Abbildung mit zwei längentreuen Parallelkreisen

Die Abbildung stammt von dem Lüneburger *H. C. Albers* (1805) und führt daher auch die Bezeichnung *Albers-Projektion.* Man trifft sie bei vielen Atlaskarten für mittlere Breiten (z. B. Karten der USA).

Die Bedingungen lauten: Die Parallelkreise mit den Poldistanzen δ_1 und δ_2 sind längentreu abzubilden, und die Fläche der Kugelzone zwischen δ_1 bzw. δ_2 und einem beliebigen δ muß gleich sein der entsprechenden Fläche in der Abbildung. Für die erste Abbildungsgleichung $\alpha = n \cdot \lambda$ ergibt sich (ohne Ableitung)

$$\alpha = \frac{\cos\delta_1 + \cos\delta_2}{2} \cdot \lambda,$$

während man für m erhält

$$m = \sqrt{\frac{4}{n^2}\sin^2\frac{\delta_1}{2}\sin^2\frac{\delta_2}{2} + \frac{4}{n}\sin^2\frac{\delta}{2}}\,.$$

Abb. 68 zeigt das zugehörige Netzbild.

Indikatrix:

$$h = \frac{\sin\delta}{m\cdot n} = \frac{1}{k}$$

$$\Phi = a\cdot b = h\cdot k = 1 \text{ (Flächentreue).}$$

Eine nähere Untersuchung zeigt, daß auch hier wieder in der inneren Zone k den kleineren Wert b, in der äußeren Zone den größeren Wert a liefert.

$$\sin\omega = \frac{a-b}{a+b} = \frac{a^2-1}{a^2+1}\,.$$

In der Tabelle 7 sind für $\delta_1 = 25°$ ($\varphi_1 = 65°$) und $\delta_2 = 55°$ ($\varphi_2 = 35°$) die Radien m der Parallelkreise für ein 10°-Netz und deren Zuwachs Δm sowie die Verzerrungen angeführt ($R = 1$, $n = 0{,}7399$).

Tabelle 7

δ (°)	m	Δm	a: =	a: Betrag	b: =	b: Betrag	$w = 2\omega$
0	0,2701	0,0676		∞		0,0000	180°00′
10	0,3377	0,1481	k	1,4390	h	0,6950	40°48′
20	0,4858	0,1738		1,0509		0,9515	5°42′
30	0,6596	0,1802		1,0244		0,9762	2°46′
40	0,8398	0,1793	h	1,0344	k	0,9668	3°52′
50	1,0191	0,1744		1,0159		0,9843	1°48′
60	1,1935	0,1672		1,0197		0,9806	2°14′
70	1,3607	0,1580	k	1,0714	h	0,9333	7°54′
80	1,5187	0,1474		1,1411		0,8763	15°04′
90	1,6661			1,2328		0,8112	23°48′

3.4.3 Konforme konische Abbildungen

Die Entwürfe stammen von *J. H. Lambert* (1772).

3.4.3.1 *Abbildung mit einem längentreuen Parallelkreis*

Mit der Konformitätsbedingung (Gl. 6 in 3.1.4) $a = b$ bzw. $h = k$ ergibt sich bei den für konische Entwürfe gültigen Werten (siehe vorn bei 3.4)

$$\frac{\mathrm{d}m}{\mathrm{d}\delta} = \frac{m \cdot n}{\sin \delta}.$$

Bei einem längentreuen Parallelkreis ist unter der Annahme des Berührkegels $n = \cos \delta_0$ (3.4.1.1). Damit erhält man aus obiger Gleichung unter Trennung nach Variablen

$$\frac{\mathrm{d}m}{m} = \cos \delta_0 \frac{1}{\sin \delta} \mathrm{d}\delta.$$

Die beiderseitige Integration $\int \frac{\mathrm{d}m}{m} = \cos \delta_0 \int \frac{1}{\sin \delta} \mathrm{d}d$

liefert $\ln m = \cos \delta_0 \cdot \ln \tan \delta/2 + \ln C$. Daraus folgt durch Entlogarithmierung

$$m = C \cdot \left(\tan \frac{\delta}{2} \right)^{\cos \delta_0}.$$

Die Integrationskonstante C muß so gewählt werden, daß die Gleichung auch für $m_0 = \tan \delta_0$ gilt. Es ist also:

$$C \left(\tan \frac{\delta_0}{2} \right)^{\cos \delta_0} = \tan \delta_0. \quad \text{Daraus } C = \frac{\tan \delta_0}{\left(\tan \frac{\delta_0}{2} \right)^{\cos \delta_0}},$$

und die Abbildungsgleichungen lauten

$$\alpha = \cos \delta_0 \cdot \lambda, \qquad m = \frac{\tan \delta_0}{\left(\tan \frac{\delta_0}{2} \right)^{\cos \delta_0}} \cdot \left(\tan \frac{\delta}{2} \right)^{\cos \delta_0}.$$

Für $\delta = 0$ wird $m = 0$, d. h. der Pol wird als Punkt abgebildet. Zwei Kugelmeridiane mit dem Längenunterschied λ im Pol schneiden sich im Bild unter dem Winkel $\alpha = n \cdot \lambda$. Im Pol selbst geht – als einziger Stelle – die Winkeltreue also verloren. Auf den Grund hierfür soll hier nicht eingegangen werden.

Indikatrix:

$$a = b = h = k = m \frac{\cos \delta_0}{\sin \delta},$$

$$\Phi = a \cdot b = m^2 \cdot \frac{\cos^2 \delta_0}{\sin^2 \delta}, \qquad \omega = 0 \text{ (winkeltreu).}$$

In der Tabelle 8 sind für $\delta_0 = 40°$ ($\varphi_0 = 50°$) die Radien für ein 10°-Netz und deren Zuwachs Δm sowie die Verzerrungen angeführt ($R = 1$, $n = \cos 40° = 0{,}7660$).

Tabelle 8

δ (°)	m	Δm	$a = b$	$\Phi = a^2$
0	0,0000	0,2815	–	–
10	0,2815	0,2001	1,2420	1,5426
20	0,4816	0,1820	1,0787	1,1636
30	0,6636	0,1765	1,0167	1,0337
40	0,8391	0,1754	1,0000	1,0000
50	1,0145	0,1803	1,0144	1,0291
60	1,1948	0,1903	1,0569	1,1170
70	1,3851	0,2059	1,1291	1,2749
80	1,5910	0,2289	1,2376	1,5317
90	1,8199		1,3941	1,9436

3.4.3.2 Abbildung mit zwei längentreuen Parallelkreisen

Dieser Entwurf wird in der Praxis viel benutzt. Man findet ihn mit ellipsoidischen Daten bei Übersichtskarten 1 : 500000 (z. B. in der Bundesrepublik Deutschland und in Österreich), bei den Luftfahrtkarten 1 : 500000 und 1 : 1000000 sowie bei den Neuausgaben der Internationalen Weltkarte 1 : 1000000 (5.8.2). Über Möglichkeiten, bei großräumigen Flugkartenwerken die Klaffungen zu verringern, die sich aus den verschiedenen Bezugskegeln ergeben, berichtet *Ramsayer 1976.*

Wählt man in 3.4.3.1 die Integrationskonstante C so, daß sich die Längentreue für *zwei* Parallelkreise mit den Poldistanzen δ_1 und δ_2 ergibt, so erhält man (ohne Ableitung) für $\alpha = n \cdot \lambda$

$$\alpha = \frac{\log \sin \delta_2 - \log \sin \delta_1}{\log \tan \delta_2/2 - \log \tan \delta_1/2} \cdot \lambda,$$

$$m = \frac{\sin \delta_1}{n}\left(\frac{\tan \delta/2}{\tan \delta_1/2}\right)^n = \frac{\sin \delta_2}{n}\left(\frac{\tan \delta/2}{\tan \delta_2/2}\right)^n.$$

Abb. 68 zeigt das zugehörige Netzbild.

Indikatrix:

$$a = b = h = k = \frac{m \cdot n}{\sin \delta},$$

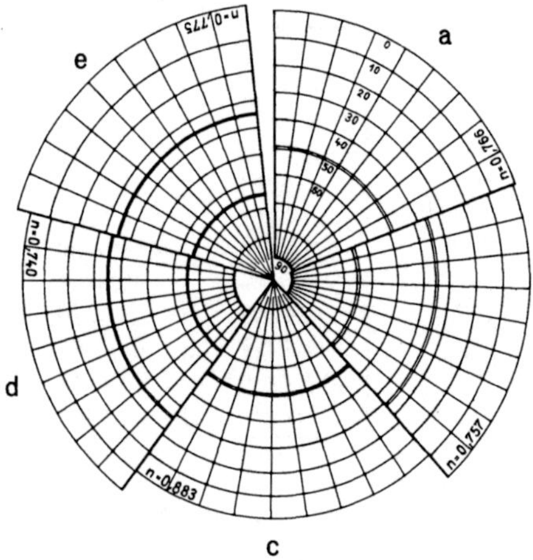

Abb. 68. Konische Abbildungen (mit 10°-Netz):
a) Mittabstandstreu mit einem längentreuen Parallelkreis bei $\varphi = 50°$ ($\delta = 40°$),
b) mittabstandstreu mit zwei längentreuen Parallelkreisen bei $\varphi = 35°$ und $65°$ ($\delta = 55°$ und $25°$),
c) flächentreu mit einem längentreuen Parallelkreis bei $\varphi = 50°$ ($\delta = 40°$) und dem Pol als Punkt,
d) flächentreu mit zwei längentreuen Parallelkreisen bei $\varphi = 35°$ und $65°$ ($\delta = 55°$ und $25°$),
e) konform mit zwei längentreuen Parallelkreisen bei $\varphi = 35°$ und $65°$ ($\delta = 55°$ und $25°$).

Die Netze weisen in den längentreuen Linien einen einheitlichen Maßstab auf und sind damit vergleichbar.

$$\Phi = a \cdot b = \frac{m^2 \cdot n^2}{\sin^2 \delta}, \qquad \omega = 0 \text{ (winkeltreu)}.$$

In der Tabelle 9 sind für $\delta_1 = 25°$ ($\varphi_1 = 65°$) und $\delta_2 = 55°$ ($\varphi_2 = 35°$) die Halbmesser m der Parallelkreisbilder eines 10°-Netzes und deren Zuwachs Δm sowie die Verzerrungen angeführt ($R = 1$, $n = 0{,}7753$).

Tabelle 9

δ (°)	m	Δm	$a = b$	$\Phi = a^2$
0	0,0000		–	–
10	0,2651	0,2651	1,184	1,402
20	0,4564	0,1913	1,035	1,071
30	0,6314	0,1750	0,979	0,958
40	0,8006	0,1692	0,966	0,932
50	0,9701	0,1695	0,982	0,964
60	1,1449	0,1748	1,025	1,050
70	1,3296	0,1847	1,097	1,203
80	1,5298	0,2002	1,121	1,256
90	1,7527	0,2229	1,359	1,846

3.4.4 Netzberechnung konischer Abbildungen

Bei der Darstellung von Gebieten mittlerer Breite liegt der Punkt S' (Abb. 69) meist außerhalb der Kartenfläche. Die unmittelbare zeichnerische Konstruktion der flachen Parallelkreisbilder ist daher schwierig und unzweckmäßig. Man berechnet

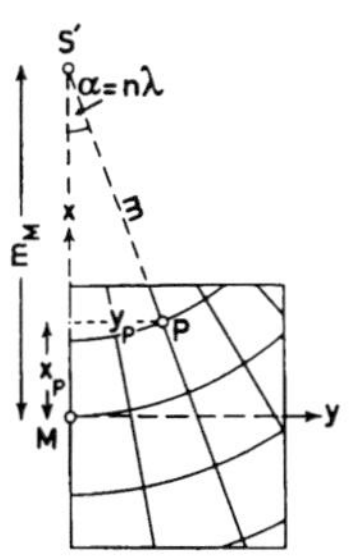

Abb. 69. Netzberechnung konischer Abbildungen

besser für die benötigten Netzpunkte (rechte Blatthälfte) rechtwinklige Koordinaten mit Berücksichtigung des Maßstabes $1 : m_k$ und des Kugelradius R zu

$$x = \frac{R}{m_k}(m_M - m \cdot \cos \alpha), \qquad y = \frac{R}{m_k} m \cdot \sin \alpha.$$

Hierbei ergeben sich m und α nach den jeweiligen Abbildungsgleichungen; m_M kann beliebig gewählt werden. Weiteres zur Netzkonstruktion siehe 3.1.6.

3.5 Unechte Netzentwürfe

Die folgenden Netzentwürfe beruhen auf Abbildungsgleichungen bzw. Konstruktionsprinzipien, die sich nicht mehr unmittelbar durch die Vorstellung einer Abbildungsfläche (z. B. Kegelmantel) erklären lassen. Die Abbildungskoordinaten sind teilweise von zwei Urbildkoordinaten abhängig (z. B. $x = f(\varphi)$ und $y = f(\varphi, \lambda)$) und ihre Linien schneiden sich nicht mehr stets rechtwinklig. Damit fallen auch die Hauptverzerrungsrichtungen nicht mehr mit den Netzlinien zusammen, d. h. a und b liegen in anderen Richtungen als h und k. Die Eigenschaften der sog. *echten* Abbildungen sind damit ganz oder teilweise verloren gegangen (3.1.3.1, 3.1.4). Die Entwürfe lassen sich jedoch vielfach auf echte Abbildungen zurückführen (Pseudoabbildungen).

Die *unechten* Abbildungen eignen sich in vielen Fällen für Gesamtdarstellungen der Erde (Erdkarten, auch Weltkarten genannt) in Form von Planigloben oder Planisphären. Die vor allem früher benutzten *Planigloben* bestehen aus zwei benachbarten Kreisflächen, die jeweils eine Erdhalbkugelkarte bilden; dafür eignen sich übrigens auch die azimutalen Abbildungen mit Ausnahme der gnomonischen Abbildung. Die heute bevorzugten *Planisphären* sind zusammenhängende Darstellungen der gesamten Erdoberfläche, meist mit elliptischem Umriß und teils auch mit den Polen als Linie. Dabei stehen flächentreue oder vermittelnde Entwürfe im Vordergrund.

Grundsätzlich ließen sich für Erdkarten in zusammenhängender Form neben der mittabstandstreuen Azimutalabbildung auch die Zylinderabbildungen verwenden. Vor allem die Mercatorabbildung (3.3.3) hat sich bis in jüngster Zeit vielfach noch großer Beliebtheit erfreut, obwohl sie in höheren Breiten erhebliche Längenverzerrungen aufweist und die Pole selbst überhaupt nicht enthalten kann. Allgemein sind daher bei Erdkarten die Planisphären im Vorteil. *Frančula 1971* hat die vorteilhaftesten Abbildungen untersucht und dabei unter Ansatz bestimmter mathematischer Kriterien in bezug auf die Verzerrungen festgestellt, daß unter den Planisphären die vermittelnden Abbildungen am günstigsten sind und ferner die Planisphären, bei denen die Pole als nicht zu lange Linien erscheinen und die Meridiane und Breitenkreise sich als gekrümmte Linien abbilden. Dagegen besteht die Auffassung, daß die Netzlinien – vor allem bei Schulkarten – geradlinig darzustellen seien, um die gegenseitige Lage geographischer Örter nach Länge und Breite besser erkennbar zu machen.

3.5.1 Unechte konische Abbildung (Bonnesche Abbildung)

Dieser nach dem Franzosen *R. Bonne* (1752) benannte, im 19. Jahrhundert häufig angewandte Entwurf läßt sich auf die mittabstandstreue konische Abbildung mit Berührungskegel zurückführen (3.4.1.1): Ein Parallelkreis wird als Berührungskreis ausgewählt. Sein Radius ist $m_0 = \tan \delta_0$ und sein Mittelpunkt S'. Die übrigen Parallelkreisbilder sind konzentrische Kreise um S'. Der Mittelmeridian wird längentreu abgebildet, daher ergeben sich die Parallelkreisradien wie in 3.4.1.1 zu $m = \tan \delta_0 + \operatorname{arc}(\delta - \delta_0)$. Die Parallelkreise selbst werden ebenfalls längentreu unterteilt (Abb. 70). Aus dieser Bedingung der sog. *Ab-*

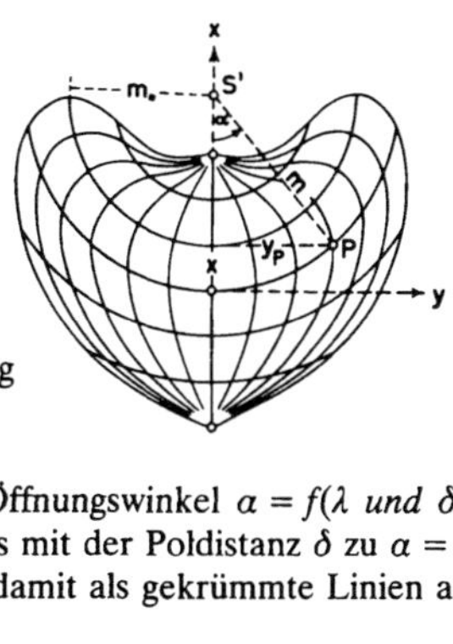

Abb. 70. Bonnesche Abbildung

weitungstreue ergibt sich der Öffnungswinkel $\alpha = f(\lambda \textit{ und } \delta)$ für einen Punkt P auf einem Parallelkreis mit der Poldistanz δ zu $\alpha = \lambda \cdot \sin \delta / m$, und die Meridiane bilden sich damit als gekrümmte Linien ab.

Die Darstellung in rechtwinkligen Koordinaten mit dem Ursprung im Äquator lautet:

$$x = m_{\delta = 90^\circ} - m \cdot \cos \alpha, \qquad y = m \cdot \sin \alpha.$$

Die Abbildung ist flächentreu, weist aber mit zunehmendem Abstand vom Mittelmeridian erhebliche Längen- und Winkelverzerrungen auf.

3.5.2 Unechte azimutale Abbildungen

3.5.2.1 Stab-Wernersche Abbildung

Sie ist von der mittabstandstreuen azimutalen Abbildung (3.2.1) in der Weise abgeleitet, daß von einem Mittelmeridian aus alle Parallelkreise längentreu unterteilt werden. Man erhält sie auch aus der Bonneschen Abbildung (3.5.1) für den Grenzfall $\delta_0 = 0$. Die Abbildungsgleichungen lauten:

$$\alpha = \frac{\lambda \cdot \sin \delta}{\operatorname{arc} \delta}, \qquad m = \operatorname{arc} \delta,$$

$$x = \operatorname{arc} 90^\circ - m \cdot \cos \alpha, \qquad y = m \cdot \sin \alpha.$$

Der Entwurf ist flächentreu (Abb. 71).

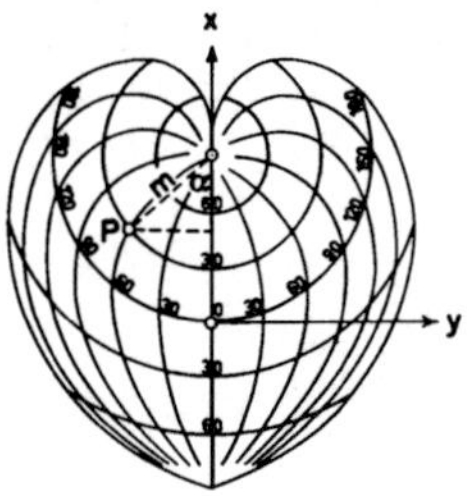

Abb. 71. Stab-Wernersche Abbildung

3.5.2.2 Globularprojektionen

Bei der *Globularprojektion von G. B. Nicolisi* (1660) werden die Bilder des Äquators, des Mittel- und des Begrenzungsmeridians jeweils längentreu unterteilt. Durch die Teilpunkte ist die Lage der kreisförmigen übrigen Meridiane und Parallelkreise fixiert. Die einfache Konstruktion, die früher bei Planigloben angewandt wurde, geht aus Abb. 72 hervor.

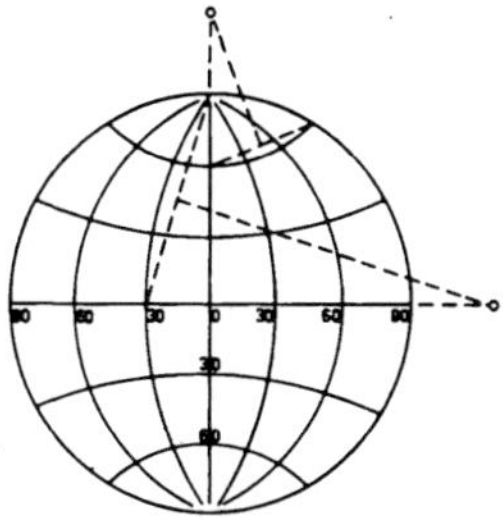

Abb. 72. Globularprojektion

In der *modifizierten Globularprojektion von A. Nell* (1852) wird die obige Globularprojektion mit der transversalen stereographischen Abbildung (3.2.3) kombiniert. In beiden Abbildungen sind die Netzlinien Kreisbögen, jedoch von unterschiedlicher Lage. Durch Mittelung entsprechender Netzlinien dieser beiden Abbildungen entstehen die Netzlinien des Entwurfes von Nell, die wiederum Kreisbögen sind. Der Entwurf weist damit geringere Winkelverzerrungen auf als der von Nicolisi.

3.5.2.3 Abbildungen von Aitoff und Hammer

Diese vermittelnden Entwürfe entstehen aus transversalen Azimutalabbildungen dadurch, daß ein Zusammenziehen des Gradnetzes auf eine Halbkugel durch ein Dehnen (Umbeziffern) in der Ebene ausgeglichen wird. Dabei geht der Russe *D. Aitoff* (1889) auf die mittabstandstreue (3.2.1), der Deutsche *E. v. Hammer* (1892) auf die flächentreue Azimutalabbildung (3.2.2) zurück.

Für diese beiden Abbildungen ergibt sich in transversaler Lage das folgende Formelsystem:

bei Aitoff (aus 3.2.1)	bei Hammer (aus 3.2.2)	
$\alpha = \lambda,\ m = \operatorname{arc} \delta$	$\alpha = \lambda,\ m = 2 \cdot \sin \delta/2$	(1)

mit den Transformationen nach (3.2.6)

$$\cos \delta = \cos \lambda \cdot \cos \varphi,$$

$$\cos \alpha = \frac{\sin \varphi}{\sin \delta}. \qquad (2)$$

Die Darstellung in rechtwinkligen Koordinaten ergibt

$x = \text{arc}\,\delta \cdot \cos\alpha,$	$x = 2 \cdot \sin\delta/2 \cdot \cos\alpha,$	(3)
$y = \text{arc}\,\delta \cdot \sin\alpha.$	$y = 2 \cdot \sin\delta/2 \cdot \sin\alpha.$	

Dies sind Abbildungen einer *Halbkugel* auf die Kreisfläche. Man erhält die Abbildung der *ganzen* Kugeloberfläche auf diese Kreisfläche in dem man in Gl. (2) anstelle von λ jetzt $\lambda/2$ setzt *(Umbeziffern)*. Dieses Zusammenziehen wird durch Verdoppeln der y-Koordinaten in der Ebene wieder ausgeglichen. Der Umfangsmeridian erhält dabei die Gestalt einer Ellipse vom Achsenverhältnis 1 : 2. Die Abbildungsgleichungen lauten damit:

bei Aitoff	bei Hammer	
$x = \text{arc}\,\delta \cdot \cos\alpha,$	$x = 2 \cdot \sin\delta/2 \cdot \cos\alpha,$	(4)
$y = 2\,\text{arc}\,\delta \cdot \sin\alpha.$	$y = 4 \cdot \sin\delta/2 \cdot \sin\alpha.$	

Abb. 33 zeigt den Entwurf von Hammer, bei dem die Flächentreue erhalten ist. Der Aitoffsche Entwurf ist diesem sehr ähnlich. Man erhält die Abbildungen auch durch affine Umprojektion der Ausgangsentwürfe auf eine im Mittelmeridian um 60° geneigte Ebene! Das Verfahren des Umbezifferns läßt sich auch auf andere Ausgangsentwürfe anwenden.

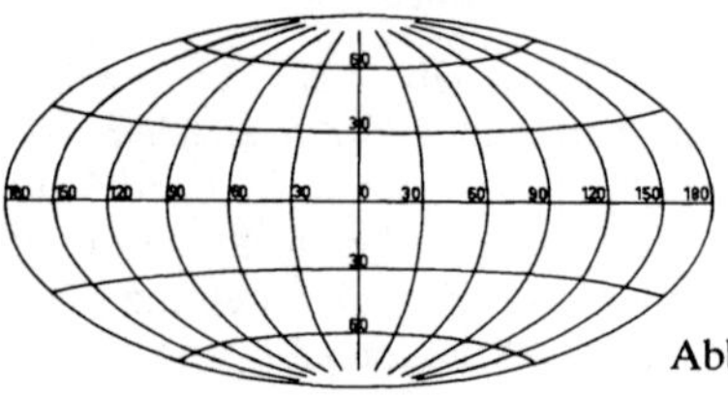

Abb. 73. Abbildung von Hammer

3.5.2.4 *Abbildung von Briesemeister*

Die gezeigten und die noch folgenden Planisphären sind Abbildungen, bei denen die Pole auf den Begrenzungslinien liegen. Für eine Darstellung wirtschafts- und verkehrsgeographischer Sachverhalte wäre oft aber gerade eine Karte erwünscht, auf der die nördliche Hemisphäre in einem stärkeren Zusammenhang erscheint.

Der Amerikaner *W. Briesemeister* hat 1948 eine schiefachsige flächentreue Planisphäre mit dem Zentrum in $\varphi = 45°$ N und $\lambda = 10°$ östl. Länge entworfen. Er geht dazu von der entsprechend schiefachsigen flächentreuen Azimutalabbildung (3.2.2) aus, bei der die Längengrade auf den doppelten Betrag umbeziffert werden und die ferner in West-Ost-Richtung zu einer Ellipse ausgedehnt wird, bei der sich große und kleine Halbachsen wie 1,75 : 1 verhalten (Abb. 74).

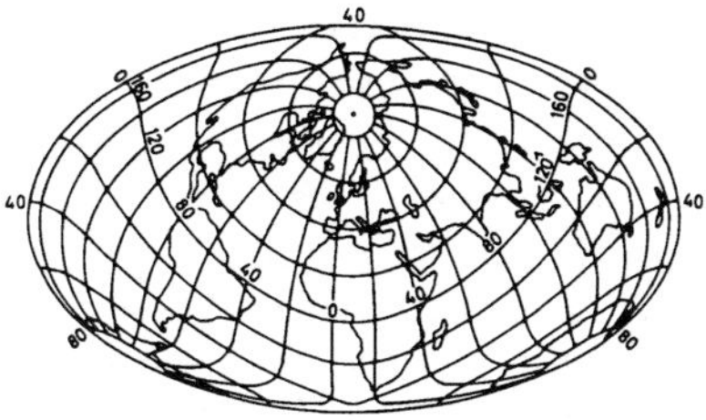

Abb. 74. Abbildung von Briesemeister

3.5.3 Unechte zylindrische Abbildungen

Im Gegensatz zu den echten Zylinderabbildungen sind die Meridianbilder hier gekrümmte Linien.

3.5.3.1 Mercator-Sanson-Abbildung

Sie ergibt sich aus der mittabstandstreuen zylindrischen Abbildung mit längentreuem Äquator (3.3.1.1) mit der Bedingung, daß Mittelmeridian und Parallelkreise längentreu sein sollen. Man erhält sie auch aus der Bonneschen Abbildung (3.5.1) für den Grenzfall $\delta_0 = 90°$. Die Abbildungsgleichungen lauten:

$$x = \text{arc}\,\varphi, \qquad y = \lambda \cdot \cos\varphi.$$

Der Entwurf ist flächentreu (Abb. 75).

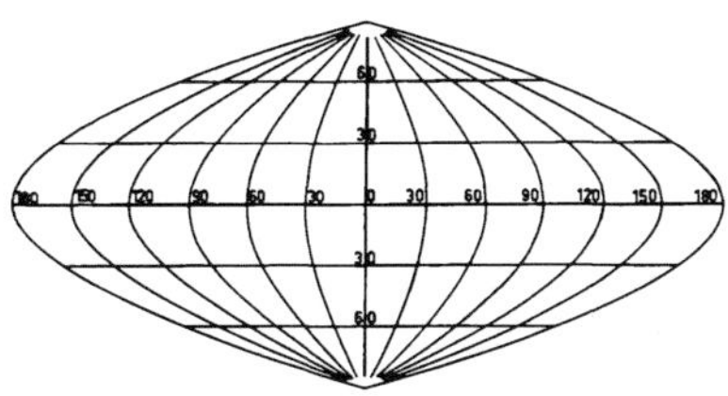

Abb. 75. Mercator-Sansonsche Abbildung

3.5.3.2 Abbildung von Mollweide

Der von dem Deutschen *K. Mollweide* (1805) stammende Entwurf ist flächentreu, und zwar wird die *halbe* Kugeloberfläche auf einer Kreisfläche, die *ganze* auf einer Ellipsenfläche dargestellt. Aus diesen Bedingungen ergibt sich, daß der Kreisradius b das $\sqrt{2}$-fache des Kugelradius ist und daß sich die Achsen b und a der Ellipse wie 1 : 2 verhalten (Abb. 76).

Die Achse a ist das Bild des Äquators. Die Parallelkreisbilder sind parallele Geraden zum Äquatorbild. Ihre Abstände x ergeben sich aus der Bedingung, daß die Fläche der Kugelzone gleich sein muß der entsprechenden Fläche in der Abbildung. Führt man dazu in der Abbildung den Parameter ψ ein, dem auf der Kugel die geographische Breite φ entsprechen soll, so ergeben sich die folgenden Abbildungsgleichungen

$$x = \sqrt{2} \cdot \sin \psi \qquad \text{und} \qquad y = \frac{\lambda^\circ}{90^\circ} \cdot \sqrt{2} \cdot \cos \psi .$$

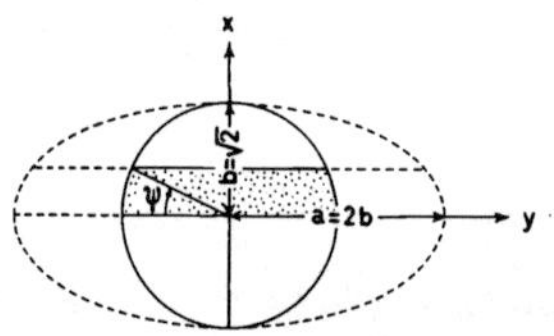

Abb. 76. Entwicklung der Abbildung von Mollweide

Der Zusammenhang zwischen ψ und φ ergibt sich aus der transzendenten Gleichung $\pi \cdot \sin \varphi = \text{arc}\, 2\psi + \sin 2\psi$, die nur durch Näherungsverfahren gelöst werden kann. Innerhalb jeder Parallelkreiszone ergeben sich flächentreue Gradabteilungen durch gleichabständiges Unterteilen der Parallelkreisbilder. Die dadurch entstehenden Meridianbilder sind demnach Ellipsen (Abb. 77).

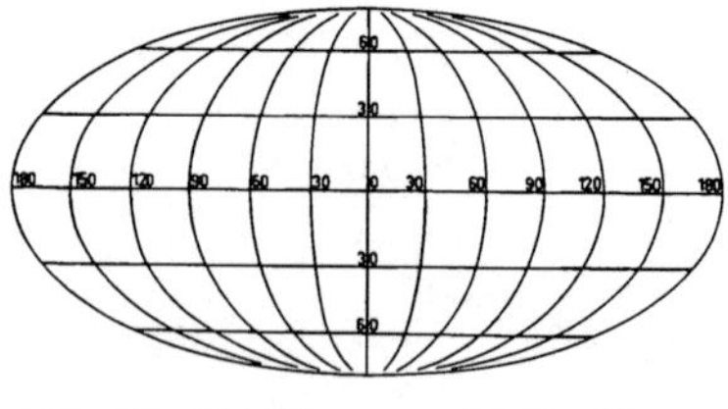

Abb. 77. Abbildung von Mollweide

3.5.3.3 Abbildungen von Eckert

Der Deutsche *M. Eckert* stellte 1906 sechs Entwürfe nach folgenden Grundsätzen auf: Die Pollinie ist so lang wie der Mittelmeridian, der Äquator doppelt so lang wie die Pollinie, und die Parallelkreise bilden sich parallel zum Äquator ab. Alle Abbildungen sind im ganzen, einige auch in den Breitenzonen flächentreu (aber nicht in den Gradabteilungen). Die Entwürfe unterscheiden sich in den Meridianbildern: Diese sind in den Entwürfen 1 und 2 geradlinig, aber am Äquator geknickt (Trapez-Entwürfe), in den Entwürfen 3 und 4 Ellipsen (elliptische Entwürfe) und in den Entwürfen 5 und 6 Sinuslinien (sinusoidale Entwürfe). Abb. 78 zeigt den Entwurf Nr. 6.

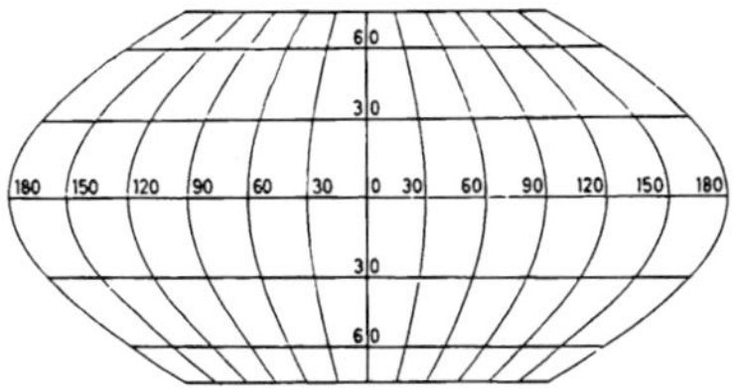

Abb. 78. Abbildung von Eckert

3.5.4 Polykonische Abbildungen, Polyederabbildungen

Der unechten konischen Abbildung (3.5.1) liegt die Annahme *eines* Berührungskegels zugrunde, wobei durch die Bedingung längentreuer Parallelkreise die Merkmale echter Abbildung verlorengehen. Demgegenüber geht man bei den polykonischen Abbildungen von der Vorstellung aus, daß die Kugel von *mehreren* Kegeln berührt oder geschnitten wird. Es entsteht eine Reihe von Kugelzonen, die jeweils auf einen anderen Kegelmantel abgebildet werden. Solche Abbildungen können flächentreu oder konform sein oder auch längentreue Parallelkreise aufweisen. Sie lassen im Vergleich zu den echten Kegelentwürfen eine größere Ausdehnung in Nord-Süd-Richtung zu. Ihre Bedeutung hat nachgelassen, da heute in solchen Fällen transversale Zylinderabbildungen in Betracht kommen (3.7).

In polykonischen Abbildungen mit *längentreuen Parallelkreisen* ist andererseits nur noch der Mittelmeridian längentreu. Die Radien der

Kreisbilder ergeben sich zu $m = \tan \delta$. Da die Kegelspitzen S' sich in verschiedenen Lagen auf dem Mittelmeridian abbilden, können die Parallelkreisbilder keine konzentrischen Kreise mehr sein. Der Öffnungswinkel $\alpha = n \cdot \lambda$ hängt hierbei von λ *und* δ ab, da $n = \cos \delta$ für jeden Berührungskegel variiert. Nimmt man unendlich schmale Kugelzonen an, so liegen auch die Berührungsparallelkreise unendlich nahe beieinander. Die Meridianbilder haben dann die Form stetiger Kurven, und die Netzlinien schneiden sich – außer am Mittelmeridian – nicht rechtwinklig (Abb. 79). Damit liegt auch hier keine echte Abbildung vor, und

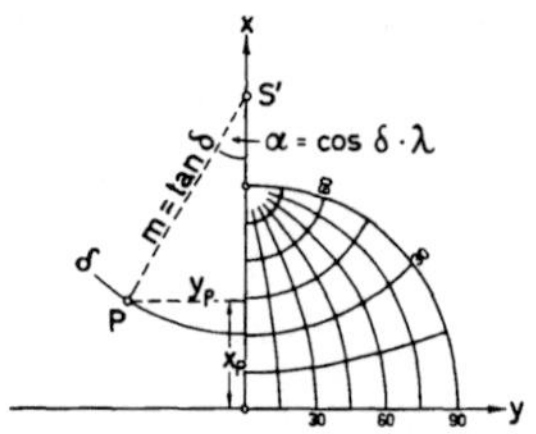

Abb. 79. Polykonische Abbildung mit stetig gekrümmten Meridianbildern

die Hauptverzerrungsrichtungen von a und b fallen nicht mehr mit den Netzlinien und damit auch nicht mehr mit h und k zusammen.

Bei diesen Abbildungen wachsen die Längenverzerrungen h in Meridianrichtung mit zunehmender Entfernung vom Mittelmeridian sehr stark an. Um dieses zu mildern kann man statt des Mittelmeridians einen östlich und westlich davon gelegenen Meridian längentreu abbilden. Der Mittelmeridian selbst erscheint etwas verkürzt. Dieses Prinzip kann man dann für jedes Kartenblatt einer West-Ost-Reihe wiederholen. Wird dabei jede Reihe als eine Abbildungszone betrachtet, in der die Begrenzungsmeridiane der Einzelkarten geradlinig sind, so ergibt sich eine *modifizierte polykonische Abbildung*, wie sie früher den Blättern der Internationalen Weltkarte (5.8.2) zugrunde lag (Abb. 80).

Polyederabbildungen kann man als Sonderfall der polykonischen Abbildungen mit zonaler Einteilung erklären. Man denke sich die Eckpunkte der eine Karte auf der Kugel begrenzenden Netzlinien geradlinig verbunden. Es entstehen Kugelsehnen, die ein Trapez bilden. Die Ebene dieses Trapezes ist die Abbildungsfläche. Die Gesamtheit dieser Flächen ergibt unter der Kugeloberfläche ein Polyeder. In der Ebene lassen sich die Trapeze nicht ohne Klaffungen aneinander legen (Abb. 81). Die

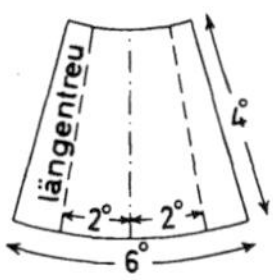

Abb. 80. Modifizierte polykonische Abbildung

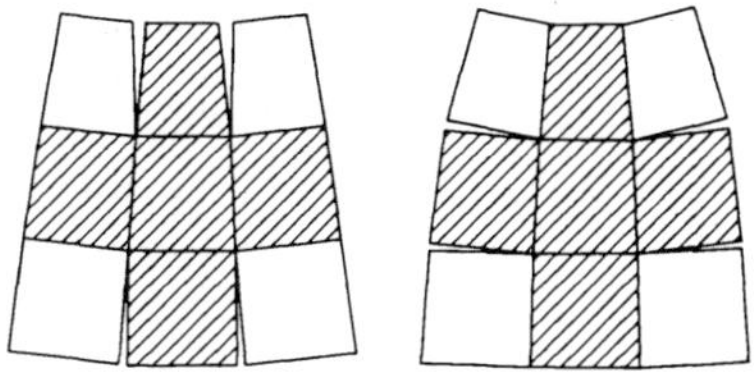

Abb. 81. Polyederprojektion

Abbildung ist vor allem als die der Topographischen Karte 1 : 25 000 (Meßtischblatt) im ehemaligen Preußen früher zugrunde gelegte *Preußische Polyederprojektion* bekannt.

3.5.5 Kombinierte Abbildungen

Solche Abbildungen entstehen entweder durch Mittelung oder durch Zusammenfügen zweier Netze.

3.5.5.1 Mittelung von Netzen

Bereits beschriebene Beispiele solcher sog. *Mischkarten* sind die modifizierte Globularprojektion (3.5.2.2) sowie einige Entwürfe von Eckert (3.5.3.3) aus zylindrischen und pseudozylindrischen Abbildungen.

Bei Planisphären ist das bekannteste Beispiel der Entwurf des Deutschen *O. Winkel* (1913). Dieser entsteht durch Bildung des arithmetischen Mittels zwischen dem Aitoffschen Entwurf (3.5.2.3) und der mittabstandstreuen zylindrischen Abbildung mit zwei längentreuen Parallelkreisen (3.3.1.2).

Die Abbildungsgleichungen bei Aitoff lauten:

$$x = \operatorname{arc} \delta \cos \alpha \qquad \text{und} \qquad y = 2 \operatorname{arc} \delta \sin \alpha.$$

Dabei ist

$$\cos \delta = \cos \frac{\lambda}{2} \cos \varphi \qquad \text{und} \qquad \cos \alpha = \frac{\sin \varphi}{\sin \delta}.$$

Für die zylindrische Abbildung gilt:

$$x = \operatorname{arc} \varphi \qquad \text{und} \qquad y = \operatorname{arc} \lambda \cos \varphi_0.$$

Daraus folgt das arithmetische Mittel:

$$x = \frac{\operatorname{arc} \varphi + \operatorname{arc} \delta \cos \alpha}{2},$$

$$y = \frac{\operatorname{arc} \lambda \cos \varphi_0 + 2 \operatorname{arc} \delta \sin \alpha}{2}.$$

Der Entwurf ist in Abb. 82 mit $\varphi_0 = 40°$ dargestellt. Er ist eine vermittelnde Abbildung, weist also keine besonderen Abbildungseigenschaften auf, gilt aber als eine der besten Planisphären *(Frančula 1971)*.

3.5.5.2 Zusammenfügung von Netzen

Durch Verwendung echter Azimutal-, Zylinder- und Kegelentwürfe in Teilbereichen des Kartenfeldes – zum Teil in schiefachsiger Lage – hat K. H. Wagner 1966 für die Kartenwerke „Deutsche Weltkarte" und „Deutsche Meereskarte" relativ geringe Verzerrungsbeträge einhalten können. Dabei ist an den Nahtstellen durch Bedingungen der Längentreue sichergestellt, daß keine Sprünge auftreten.

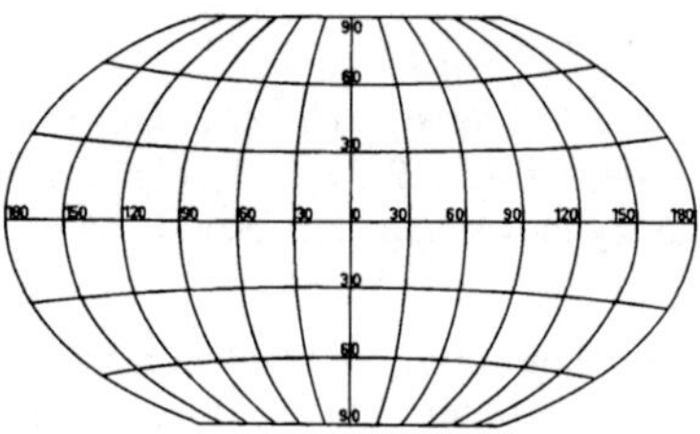

Abb. 82. Abbildung von Winkel

3.5.6 Zerlappte Netze

In allen Planisphären nehmen die Verzerrungen besonders dort große Ausmaße an, wo die Darstellungen weiter vom Äquator und Mittelmeridian entfernt liegen. Eine Lösung aus dieser Schwierigkeit ist dadurch möglich, daß man statt *eines* Mittelmeridians *mehrere* Mittelmeridiane in günstiger Lage einführt. Durch das partielle Gruppieren der Netzteile um diese Meridiane herum muß aber das Netz an anderen Stellen aufgeschnitten werden, und zwar am besten dort, wo dies am wenigsten stört. Solche aufgeschnittenen Netze – auch *interrupted projections* oder *mehrpolige Abbildungen* genannt – können z. B. die Kontinente geschlossen und mit geringeren Verzerrungen darstellen, wenn man das Aufschneiden hierbei etwa durch die Mitte der Weltmeere führt. Eine Übersicht gibt *Dahlberg 1962.*

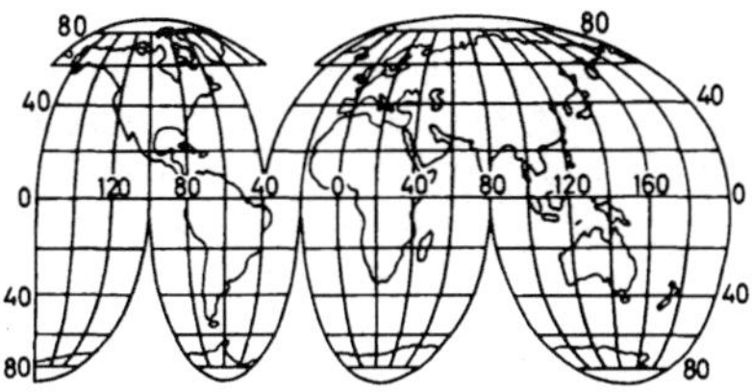

Abb. 83. Abbildung von Goode

Der Amerikaner *J. P. Goode* (1916) hat auf diese Weise mehrere Entwürfe aus unechten Zylinderabbildungen abgeleitet. Abb. 83 zeigt ein solches, aus dem Entwurf von Mollweide stammendes Netz. Man kann aber auch auf normale azimutale Abbildungen zurückgreifen: Ein Pol bildet das Zentrum, während der Gegenpol mehrfach dargestellt wird. Eine solche, vom Äquator ab aufgeschnittene Darstellung eignet sich zur Wiedergabe der Weltmeere.

3.6 Verfahren zur Veränderung von Kartennetzen

3.6.1 Bewußt verzerrte Kartennetze

Während in der Regel für Netzentwürfe das Prinzip gilt, die unvermeidbaren Verzerrungen so gering wie möglich zu halten, kann es in Einzelfällen sogar nützlich sein, für einen Kartenbereich große Maßstabsschwankungen absichtlich zu erzeugen und dabei auch große Flächen- und Winkelverzerrungen in Kauf zu nehmen.

Ein seit langem bekanntes Beispiel hierfür sind die auf photomechanischem Wege entstandenen Netze für die Stadtkarten des Falk-Verlages: Die innerstädtischen Bereiche erscheinen in einem größeren, die Außenbezirke in entsprechend kleinerem Maßstab (z. B. für Hamburg 1 : 17000 bis 1 : 40000). Solche Netzverzerrungen lassen sich heute auch mit den Möglichkeiten der Computertechnik in vielen Variationen durchführen. Dazu sollte auch der darzustellende Karteninhalt in digitaler Form vorliegen.

Lichtner 1979b ist bei der Entwicklung eines Verkehrslinienplanes für den Großraum Hannover von der Bedingung ausgegangen, daß sich von einem Zentralpunkt in Stadtmitte ausgehend die Kartenmaßstabszahl m_k richtungsunabhängig linear ändert. Die beste Variante ergab sich dazu bei einem vorgegebenen Kartenfeldformat mit einer Maßstabsschwankung von 1 : 25000 bis 1 : 110000. Einen Schritt weiter gehen die *polyfokalen Verzerrungen,* bei denen sich mehrere Zentren durch einen solchen „Lupeneffekt" darstellen lassen. Diese Netze eignen sich besonders für Karten von Großgemeinden mit mehreren, isoliert liegenden Ortsteilen (Abb. 84).

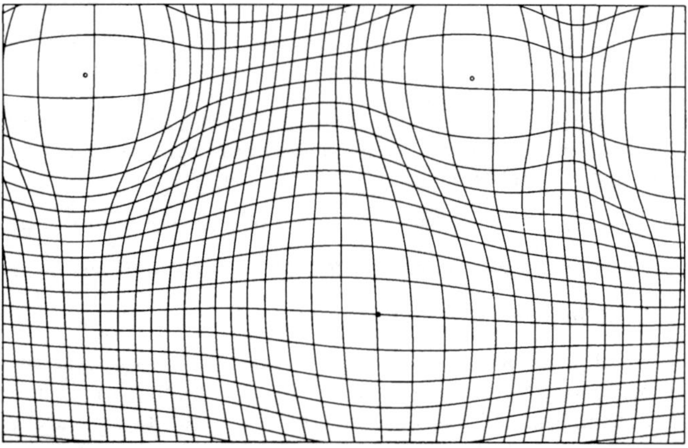

Abb. 84. Polyfokal verzerrtes Kartennetz für eine Großgemeinde mit mehreren Ortsteilen (nach Lichtner)

Eine weitere Anwendung bilden sog. *mittzeittreue* Karten, in denen der Maßstab nicht geometrisch definiert ist, sondern auf den mittleren Fahrzeiten von Verkehrsmitteln beruht *(Kadmon 1975).* Die Karte ergibt sich aus empirisch ermittelten Isochronen, die in bezug auf den Zentralpunkt in konzentrische Kreise umzuwandeln sind.

3.6.2 Transformierte Kartennetze

Rechnergestützte Transformationen von Kartennetzen treten in folgenden Fällen auf:

- Der Inhalt einer vorhandenen Karte soll Bestandteil einer Datenbank werden.
- Umgekehrt sollen aus einer Datenbank Informationen in eine vorhandene Karte überführt werden.
- Zwischen zwei Karten mit unterschiedlichen Netzentwürfen ist eine Übertragung von Daten vorgesehen (Dies geschieht bisher abschnittsweise zeichnerisch oder durch partielle Montage).

In allen diesen Fällen kann es schwierig oder gar unmöglich sein, die geschlossenen Abbildungsformeln für die jeweiligen Netze anzuwenden, wenn die Zeichenträger deformiert sind, d. h. wenn das Kartennetz nicht mehr seine Sollfigur besitzt. Ein zuverlässiger Ausweg besteht in der Transformation über günstig verteilte und ausreichend dichte Paßpunkte.

Fischer 1979 verwendet dabei Potenzreihen, die den Taylorapproximationen der jeweiligen Abbildungsgleichungen ähneln, und gleicht diese im Anhalt an die Paßpunkte formal nach der Methode der kleinsten Quadrate aus. Über die Änderung von Netzentwürfen berichtet auch *Wilski 1979*.

3.6.3 Kartennetze durch Minimierung endlicher Verzerrungen

Aus dem geographischen Netz auf der Erdfigur oder aus den geographischen Koordinaten von Punkten lassen sich für den Bereich einer Karte die Sollwerte endlicher Strecken, Flächen und Winkel in großer Anzahl für eine regionale Betrachtungsweise der Abbildungsverzerrungen (3.1.4) errechnen. Mit numerischen Methoden und unter formaler Anwendung der Regeln der Ausgleichungsrechnung ist es bei Einsatz größerer Rechenanlagen möglich, ein Kartennetz abzuleiten, bei dem die Istwerte der entsprechenden Größen möglichst wenig von den Sollwerten abweichen. Allgemeine Ansätze zu solchen Minimierungen behandelt z. B. *Tobler 1977*.

3.7 Geodätische Abbildungen

3.7.1 Merkmale geodätischer Abbildungen

Obwohl sie in den mathematischen Grundlagen übereinstimmen, unterscheiden sich die geodätischen Abbildungen von den Gradnetzentwürfen (kartographischen Abbildungen im engeren Sinne) in folgenden Punkten:

– Ihre Aufgabe besteht nicht nur darin, die Netzlinien von Koordinaten in Karten *graphisch* darzustellen; sie sollen vielmehr auch die Ergebnisse der Grundlagen- und der Einzelvermessungen in einem einheitlichen System *numerisch* festlegen.

– Um die Messungsergebnisse unmittelbar im Abbildungssystem verwenden zu können, müssen die Beträge der Abbildungsverzerrungen sehr gering bleiben.

– Daraus folgt für den Abbildungsbereich die Festlegung in Form regelmäßiger Meridianstreifen, Breitenzonen usw. Die Abgrenzung einzelner Karten spielt daher als Abbildungsbereich keine Rolle.

– Da Karten *kleiner* Maßstäbe mit ihrem Kartenfeld meist mehrere solcher Abbildungsbereiche erfassen, ist die Anwendung geodätischer Abbildungen bei ihnen schon aus diesem Grunde unzweckmäßig.

– Bei Karten und Kartenwerken *großer* und *mittlerer* Maßstäbe ergeben sich dagegen wesentliche Vorteile durch die geodätischen Abbildungen: Ihre Netzlinien sind die von ebenen rechtwinkligen Koordinaten in metrischen Einheiten, und sie bilden stets ein regelmäßiges quadratisches Gitter. Das Kartennetz ist daher leicht kartierbar, und die Koordinaten lassen sich kartometrisch und für weitere rechnerische Arbeiten wesentlich bequemer handhaben als die geographischen Koordinaten.

Die geodätischen Abbildungen haben sich besonders mit dem Aufkommen der Landesvermessungen im 19. Jahrhundert entwickelt. Dabei arbeitete man zunächst vielfach mit ordinatentreuen Abbildungen, während man heute fast nur konforme, vorwiegend transversale zylindrische Abbildungen benutzt.

3.7.2 Ordinatentreue Abbildung

Auf dem Urbild (Ellipsoid oder Kugel) ist ein Koordinatensystem X, Y wie folgt festgelegt (Abb. 85): Ein in der Mitte des Vermessungsgebietes liegender Hauptmeridian ist die X-Achse (Abszissenachse) mit einem vereinbarten Punkt 0 als Koordinatenursprung. Die Ordinate Y_1 eines Punktes P_1 ist das sphärische (oder ellipsoidische) Lot F_1P_1 auf die X-Achse. Seine Abszisse X_1 ist der Meridianbogen OF_1. Der bayerische Astronom Soldner hat 1810 Rechenformeln für solche Systeme aufgestellt; sie gelten daher als *Soldnersche Koordinaten.*

Das Prinzip der ordinatentreuen Abbildung solcher Koordinaten hat zum ersten Mal der Franzose Cassini 1745 angewandt. Danach bildet sich der Hauptmeridian längentreu auf der x-Achse eines ebenen Koordinatensystems ab. Die Ordinaten werden ebenfalls in wahrer Länge als y-Werte senkrecht zur x-Achse abgetragen. Die Abbildung entspricht damit der in 3.3.1 für die Kugel behandelten mittabstandstreuen zylindrischen Abbildung mit längentreuem Äquator, jedoch in transversaler Lage. Die Abbildungsgleichungen lauten somit

$$x = X, \qquad y = Y.$$

Die Verzerrungswerte erhält man aus der mittabstandstreuen zylindrischen Abbildung in normaler Lage durch folgende Überlegung: Die Urbildparameter φ, λ sind bei transversaler Lage nunmehr die Parameter der Konstruktionskoordinaten (3.1.4). Dann gilt ebenfalls $h = 1$ und $k = 1/\cos\varphi$. Das Netz der Soldnerschen Koordinaten entspricht dem Konstruktionsnetz in seinem Aufbau, unterscheidet sich von ihm nur durch die metrischen Parameter X, Y. Mit dem Kugelradius r (bzw. dem lokalen Krümmungsradius der Ellipse) ergibt sich jedoch die einfache Beziehung $\varphi = Y/r$ und $\lambda = X/r$. Damit wird aus h und k in 3.3.1

$$h = 1 \text{ (Ordinatentreue)}, \quad k = \frac{1}{\cos Y/r}.$$

Den Wert k erhält man auch durch Vergleich des unendlich klein geltenden Abszissenunterschiedes dx' im Abbild mit dem entsprechenden

Wert dX' im Urbild zu $k = dx'/dX'$. Da die Ordinaten auf dem Urbild gegen den Punkt Q konvergieren, erleiden die Abszissenunterschiede

$$dX' = P_1P_2$$

mit zunehmendem Y eine wachsende Dehnung auf den Wert

$$dx' = P_1'P_2' = dx = dX.$$

Bei einem Punktabstand Y vom Hauptmeridian ist aber $dX' = dX \cdot \cos Y/r$.

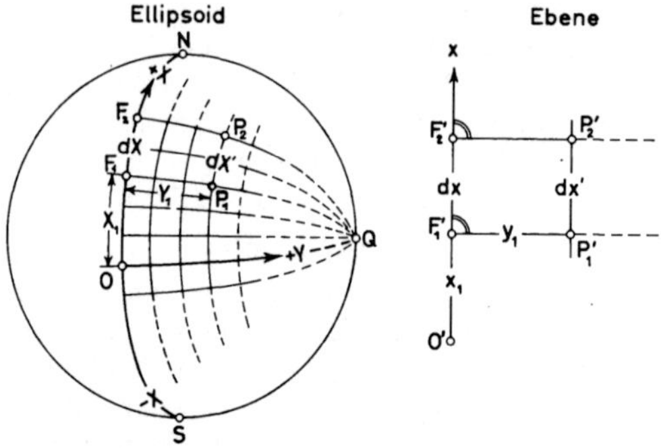

Abb. 85. Ordinatentreue Abbildung

Mit der Reihenentwicklung von $\cos Y/r$ und Beschränkung auf das quadratische Glied erhält man

$$k = \frac{dx'}{dX'} = \frac{1}{1 - Y^2/2r^2 + \ldots} = 1 + \frac{Y^2}{2r^2} \quad \text{(Abszissendehnung).}$$

Die Flächenverzerrung ist $\Phi = h \cdot k = k$. Für die maximale Richtungsverzerrung ergibt sich analog zu 3.3.1

$$\sin \omega = \tan^2 \frac{\varphi}{2} = \tan^2 \frac{Y}{2r} = \frac{Y^2}{4r^2}.$$

Die Abbildung ist im 19. Jahrhundert als Katasterabbildung in Württemberg (mit der Kugel als Urbild) und in Preußen (mit dem Besselellipsoid als Urbild) eingeführt worden. Die ellipsoidischen Rechnungen lassen sich allerdings durch Übergang auf eine im jeweiligen Bereich günstige Schmiegungskugel vereinfachen. Um die Abszissendehnungen in tragbaren Grenzen zu halten, beschränkte man in Preußen ein System auf

64 km beiderseits des Hauptmeridians und teilte das Staatsgebiet in 40 Koordinatensysteme ein.

3.7.3 Konforme Abbildungen

3.7.3.1 Gaußsche Abbildung der Kugel

C. F. Gauß hat für die von ihm geleitete hannoversche Landesvermessung (1822–1847) das Verfahren der konformen Abbildung mit längentreuem Hauptmeridian entwickelt. Man kann die sog. *Gaußschen Koordinaten* wie folgt aus den Soldnerschen Koordinaten X, Y des Urbilds ableiten: Der bei der ordinatentreuen Abbildung auftretenden Abszissendehnung k ist nunmehr eine entsprechende Ordinatendehnung h gegenüberzustellen, da bei konformen Abbildungen $h = k$ sein muß. Nun ist allgemein $h = \mathrm{d}y/\mathrm{d}Y$, und durch Gleichsetzen mit $\mathrm{k} = 1 + Y^2/2r^2$ folgt

$$\mathrm{d}y = \left(1 + \frac{Y^2}{2r^2} + \ldots\right)\mathrm{d}Y.$$

Im Endlichen führt dies zu

$$y = \int_0^Y \left(1 + \frac{Y^2}{2r^2} + \ldots\right)\mathrm{d}Y.$$

Daraus folgen die Abbildungsgleichungen

$$x = X, \qquad y = Y + \frac{Y^3}{6r^2} + \ldots .$$

Das Glied $Y^3/6r^2$ wird als Ordinatenzuschlag bezeichnet; das nächste Glied ist meist entbehrlich. Die weiteren Verzerrungswerte ergeben sich zu

$$\Phi = h \cdot k = 1 + \frac{Y^2}{r^2}, \qquad \omega = 0 \ \text{(Konformität)}.$$

Man kann die Abbildungsgleichungen und die Verzerrungswerte auch aus den Gleichungen der konformen Zylinderabbildung in normaler Lage (3.3.3) ableiten. Dann ist für die transversale Lage wieder wie in 3.7.2 $\varphi = Y/r$ und $\lambda = X/r$ zu setzen und man erhält

$$x = X, \; y = r \cdot \ln\tan\left(45^\circ + \left\{\frac{Y}{2r}\right\}^\circ\right).$$

Entwickelt man ln tan $(45° + \{Y/2r\}°)$ in Reihe, so erhält man wie oben $y = Y + Y^3/6r^2 + \ldots$.

Der Wert $h = k = 1 + Y^2/2r^2$ ist im Abbildungsbereich ein lokaler Maßstabsfaktor, wobei es zulässig ist, statt Y die Größe y zu setzen. Er beschreibt damit auch das Verhältnis $\mathrm{d}s/\mathrm{d}S$ von Streckenelementen im Abbild und Urbild. Daher sind auch endliche gemessene Strecken S mit diesem Faktor zu multiplizieren, bevor sie als Strecken s zu Rechnungen im Koordinatensystem verwendet werden:

$$s = (1 + y^2/2r^2) \cdot S.$$

Der Betrag dieser Längenverzerrung ergibt sich für einige Werte y aus der folgenden Tabelle:

y (km)	20	40	60	80	100	150
$h=k=s/S$	1,000005	1,000020	1,000044	1,000079	1,000123	1,000276
Betrag in mm/km	5	20	44	79	123	276

Die von Gauß unzusammenhängend hinterlassene Darstellung hat *L. Krüger* vervollständigt. Daher führen die Gaußschen Koordinaten in Deutschland die Bezeichnung *Gauß-Krüger-Koordinaten.* Im englisch sprechenden Ausland heißen sie meist *transversale Mercator-Koordinaten.*

3.7.3.2 Das deutsche Gauß-Krüger-System

Mit zunehmender Entfernung vom Hauptmeridian nehmen die Verzerrungen immer größere Werte an. Um sie in tragbaren Grenzen zu halten, wurden in Deutschland Systeme eingerichtet, bei denen die Meridiane 6°, 9°, 12° usw. als längentreue *Haupt-* oder *Mittelmeridiane* die Abszissenachsen darstellen. Jedes System hat nach beiden Seiten eine Ausdehnung von 1,5 Längengraden (rund 100 km) (Abb. 86). Im Bereich der *Grenzmeridiane* 7°30′, 10°30′ usw. werden nach Bedarf die Lagefestpunkte in beiden Systemen koordiniert. Bezugsfläche ist das Besselsche Ellipsoid (2.2.1.1).

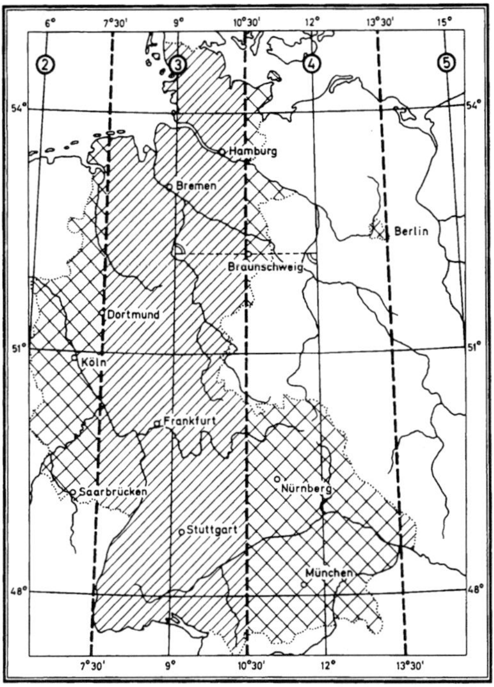

Abb. 86. Meridianstreifensysteme nach Gauß-Krüger

Die Meridianstreifensysteme sind folgendermaßen eingerichtet: Um negative Vorzeichen bei den Ordinaten zu vermeiden, erhält jeder Hauptmeridian den Wert $y = 500\,000$ m. Davor erscheint als Kennziffer die fortlaufende Nummer jedes Streifens. Sie ist gleich der durch 3 geteilten Längengradzahl des Hauptmeridians. Die so veränderten Ordinaten heißen *Rechtswerte*. Die Abszissen werden vom Äquator auf dem Hauptmeridian gezählt und als *Hochwerte* bezeichnet.

Beispiel: Turmspitze (Knopfmitte) der Andreaskirche in Braunschweig mit den geographischen Koordinaten

$$\lambda = 10°31'\,15{,}8414'' \quad \text{und} \quad \varphi = 52°16'\,09{,}4416''.$$

Ihre Gauß-Krüger-Koordinaten sind im System des 9. Längengrades

$$R_9 = 3\,603\,820{,}13 \text{ m} \quad \text{und} \quad H_9 = 5\,793\,801{,}08 \text{ m},$$

im System des 12. Längengrades

$$R_{12} = 4\,399\,055{,}56 \text{ m} \quad \text{und} \quad H_{12} = 5\,793\,741{,}52 \text{ m}.$$

Der Ordinatenfußpunkt ist im System mit der Kennziffer 3 um den Betrag H_9, im System mit der Kennziffer 4 um den Betrag H_{12} vom Äquator entfernt. Die Gaußsche Ordinate beträgt im 3. System $y = +\ 103\,820{,}13$ m, d. h. der Punkt liegt östlich des Hauptmeridians von 9°; im 4. System ergibt sich $y = -\ 100\,944{,}44$ m, d. h. der Punkt liegt westlich des Hauptmeridians von 12°.

3.7.3.3 Das UTM-System

Diese aus der Bezeichnung *Universal Transversal Mercator-projection* abgeleitete Abkürzung kennzeichnet eine konforme transversale zylindrische Abbildung, die vor allem bei Militärkarten der USA und der NATO im Gebrauch ist *(Gigas 1962)*. Sie wurde jedoch 1951 durch die Internationale Assoziation für Geodäsie (IAG) auch für Landesvermessungen empfohlen.

Das auf dem Internationalen Ellipsoid (2.2.1.1) beruhende UTM-System überdeckt die Erde zwischen 84° nördl. und 80° südl. Breite mit 60 Meridianstreifensystemen von je sechs Längengraden Ausdehnung. Um größere Längenverzerrungen im Bereich der Grenzmeridiane zu vermeiden, ist der Mittelmeridian nicht längentreu, sondern mit dem Verjüngungsfaktor 0,9996 abgebildet. Eine Längentreue ergibt sich damit etwa bei 180 km beiderseits des Mittelmeridians, während die Längenverzerrung am Grenzmeridian etwa 1,00015 beträgt (für $\varphi \approx 50°$).

Die Mittelmeridiane der als *Zonen* bezeichneten Streifensysteme liegen bei 3°, 9°, 15° usw. östlicher und westlicher Länge. Die Zonen sind durchlaufend von West nach Ost – beginnend bei dem Mittelmeridian 177° westlicher Länge – numeriert. Zone 3° östlicher Länge trägt demnach die Nummer 31, Zone 9° ö. L. die Nummer 32 usw. Innerhalb jeder Zone sind Intervalle von etwa 8° Breitenunterschieden gebildet, die – beginnend bei 80° südlicher Breite – mit großen Buchstaben bezeichnet werden.

Jedes der so entstandenen Felder wird nun weiter durch Gitterlinien mit vollen 100 km-Werten in x und y – vom Mittelmeridian ausgehend – in Quadrate von 100 km Seitenlänge unterteilt, die man entsprechend einer Anordnung in Zeilen und Spalten durch Doppelbuchstaben kennzeichnet (Abb. 87). Die exakte Festlegung der Punkte innerhalb eines Quadrates wird dann mit Hilfe der Koordinaten vorgenommen. Die Koordinaten bezeichnet man mit E (East = Ost, entsprechend y oder Rechtswert) und N (North = Nord, entsprechend x oder Hochwert). Auf diese Weise ergibt sich der Aufbau eines universellen *Meldegitters*.

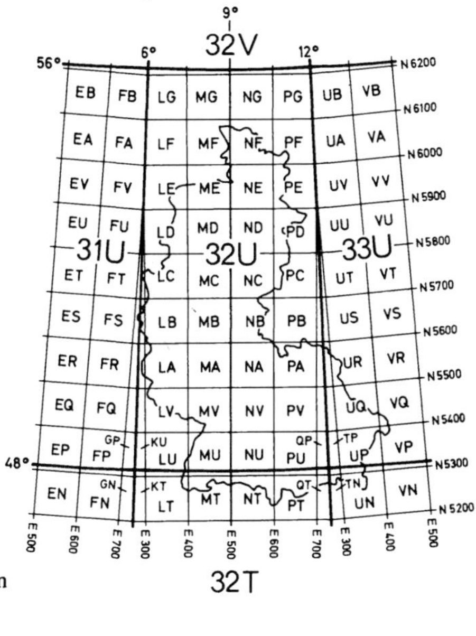

Abb. 87. UTM-System

3.7.3.4 *Weitere konforme Systeme*

Als Ergänzung zum UTM-System gibt es für Polargebiete oberhalb 84° nördlicher bzw. 80° südlicher Breite die *Universal Polar Stereographic Projection* (UPS), ebenfalls mit einem Meldegitter. Sie beruht auf einer konformen Azimutalabbildung in normaler

Lage (3.2.3) mit den Daten des Internationalen Ellipsoids *(Gigas 1962)*.

Die *osteuropäischen Staaten* und die *DDR* verwenden für Karten mittlerer Maßstäbe Meridianstreifensysteme nach Gauß-Krüger mit einer Längenausdehnung von 6° und längentreuem Mittelmeridian auf der Basis des Ellipsoids von Krassowskij (2.2.1.1). Bei Karten in Maßstäben 1 : 5000 und größer werden 3° breite Meridianstreifen benutzt.

In *Österreich* gibt es 3° breite Meridianstreifen mit den längentreuen Mittelmeridianen 28°, 31° und 34° ostwärts Ferro (Ferro = 17°40′ westl. Greenwich) auf der Grundlage des Besselschen Ellipsoids. Die Zählung der x- oder Hochwerte beginnt am Äquator, die der y- oder Rechtswerte am Mittelmeridian, so daß westlich der x-Achse negative y-Werte auftreten. Der Bezug auf Ferro-Meridiane wird beibehalten, weil sich hierbei 3 günstig auf das Staatsgebiet verteilte Streifensysteme ergeben *(Arnberger/Kretschmer 1975)*.

In der *Schweiz* wird eine konforme schiefachsige Zylinderabbildung benutzt, deren Nullpunkt in Bern liegt und deren x-Achse mit dem Berner Meridian zusammenfällt. Die längentreue y-Achse ist das Bild der Berührungslinie des Zylinders mit dem Erdellipsoid. Zur Vermeidung negativer Zahlenwerte und von Koordinatenvertauschungen hat der Nullpunkt die Koordinatenwerte $x = 200$ km, $y = 600$ km. Der Abbildung liegt das Besselsche Erdellipsoid zugrunde *(Bolliger 1967)*.

In den meisten anderen Staaten der Erde werden ebenfalls konforme Systeme benutzt und zwar überwiegend auf der Grundlage der Gaußschen Abbildung. Nähere Angaben über die einzelnen Systeme siehe *United Nations 1976*.

3.7.4 Gitter, Gitternord, magnetisch Nord

Jeder Meridianstreifen bildet ein ebenes rechtwinkliges Koordinatensystem. Damit ergibt sich aus bestimmten runden Rechts- und Hochwerten mit wertgleichen Abständen in beiden Richtungen in der Karte ein Quadratnetz, das sog. *Gitter,* das in allen amtlichen deutschen Kartenwerken eingetragen oder im Kartenrahmen angedeutet ist (Abb. 139).

Die Maschenweite des Gitters beträgt bei Karten in den Maßstäben 1 : 5000, 1 : 25000 und 1 : 50000 4 cm, entsprechend einer Länge von 200 m bzw. 1 km bzw. 2 km in der Natur; bei den Maßstäben 1 : 100000 und 1 : 200000 5 cm, entsprechend 5 km bzw. 10 km in der Natur.

Mit Hilfe eines *Planzeigers* aus Plexiglas o. ä. (Abb. 88), der an eine entsprechende untere Gitterlinie angelegt wird, lassen sich grobe Rechts- und Hochwerte eines bestimmten Kartenpunktes aus der Karte entnehmen. Dazu ist u. U. das Gitternetz vorweg zu erzeugen, wenn es nur im Kartenrahmen angedeutet ist. Gedruckte Planzeiger im Rande amtlicher Karten wird es künftig immer weniger geben.

Sämtliche den Rechtswert angebenden Gitterlinien in einem Meridianstreifen verlaufen parallel zu dem nach *Geographisch*-Nord weisenden Hauptmeridian. Die als *Gitter*-Nord bezeichnete Richtung der Gitterlinien fällt also nur im Hauptmeridian mit Geographisch-Nord zusammen, während sie in jedem östlich oder westlich gelegenen Punkt von Geographisch-Nord um einen bestimmten Winkel abweicht. Dieser Winkel γ, der von den Richtungen nach Geographisch-Nord und Gitter-Nord gebildet wird, heißt *Meridiankonvergenz* (Abb. 89). Er wird vom Meridian aus im Uhrzeigersinn gezählt, so daß γ ostwärts der Abszissenachse positiv, westwärts negativ ist. Die Größe der

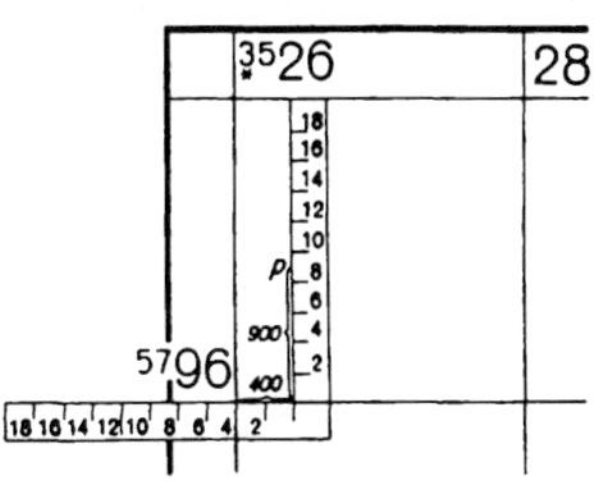

Abb. 88. Planzeiger
Rp = 3526400
Hp = 5796900

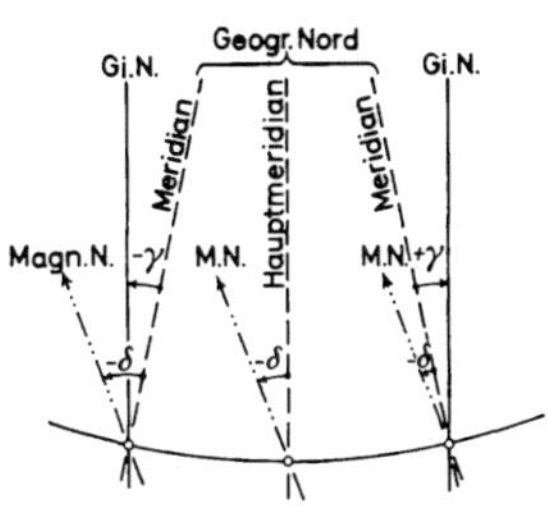

Abb. 89. Meridiankonvergenz, Deklination, Nadelabweichung in einem Meridianstreifensystem

Meridiankonvergenz in einem bestimmten Punkt hängt ab von seinem Längenunterschied $\Delta\lambda$ bzw. seinem Abstand y gegen den Mittelmeridian und von seiner geographischen Breite φ. Genähert ist

$$\gamma = \Delta\lambda \cdot \sin\varphi \qquad \text{bzw.} \qquad \gamma^\circ = \frac{y}{r} \cdot \tan\varphi \cdot 57{,}3.$$

Im deutschen Gauß-Krüger-System erreicht demnach γ Maximalwerte von etwa $\pm\, 1^\circ 10'$.

Die deutschen amtlichen Kartenwerke sind, mit Ausnahme der Deutschen Grundkarte 1 : 5000, durch geographische Netzlinien begrenzt. Das eingetragene Gitternetz verläuft daher nicht parallel zu den östlichen oder westlichen Begrenzungslinien, sondern weicht von ihnen um den Betrag der Meridiankonvergenz ab (Abb.139).

Bei Arbeiten mit einem Kompaß (z. B. beim Einnordnen einer Karte) oder mit einer Bussole (z. B. bei Kartenberichtigungen), kommt noch eine weitere Nordrichtung in Frage, nämlich die Richtung einer freischwebenden Magnetnadel, die als *Magnetisch*-Nord bezeichnet wird. Der Winkel δ, den die Richtungen nach Magnetisch-Nord und nach Geographisch-Nord einschließen, ist die *Deklination,* und der Winkel zwischen den Richtungen nach Magnetisch-Nord und Gitter-Nord heißt *Nadelabweichung.* Diese ist die Differenz von Deklination und Meridiankonvergenz. Da die Deklination in Deutschland z. Z. durchweg westlich, also negativ ist, ist die Nadelabweichung in den deutschen Koordinatensystemen, absolut betrachtet, ostwärts des Hauptmeridians gleich der Summe, westlich des Hauptmeridians gleich der Differenz von Deklination und Meridiankonvergenz.

4. Merkmale und Mittel kartographischer Gestaltung

Es ist die Aufgabe jeder Kartengestaltung (vgl. 1.1), zur Wiedergabe von Gegenständen und ihren Merkmalen die kartographischen Gestaltungsmittel – die sog. *Kartengraphik* – so anzuwenden, daß beim Kartenbenutzer eine möglichst zutreffende

Vorstellung oder Erkenntnis entsteht. Die dazu notwendige Entwicklung einer systematischen und logischen Kartengraphik läßt sich wie folgt beschreiben:

1. Man stellt zunächst für die *Objekte* allgemeine Merkmale (Objektgesetzmäßigkeiten) fest, nach denen sich jedes Objekt beschreiben und klassifizieren läßt (4.1).

2. Man ermittelt andererseits für die *kartographische Darstellung* ebenfalls Merkmale (graphische Gesetzmäßigkeiten), die bei jeder graphischen Wiedergabe zu berücksichtigen sind (4.2).

3. Schließlich strebt man eine sinnvolle Zuordnung zwischen den Objektmerkmalen einerseits und den kartographischen Merkmalen andererseits an, indem man graphische Strukturen darauf untersucht, ob sie bestimmte Objektmerkmale wiedergeben können oder nicht. Diese Zuordnung führt zu einer Reihe von *kartographischen Gestaltungsmitteln* und ihren typischen *Variationen,* mit denen bestimmte Aussagen möglich sind (4.3). Die erfaßten Objekte werden damit zu *graphischen* Objekten, deren Erscheinungsbild je nach Größe, Form und Maßstab flächenhaft, linear oder lokal sein kann.

Die Ausführungen dieses Kapitels beschränken sich auf die Entwicklung und Darstellung *allgemeiner* Grundsätze. *Einzelheiten* zu den Anwendungen finden sich darüber hinaus in den Kapiteln über topographische Karten (5) und über thematische Karten (Bd. II,1).

4.1 Merkmale der Kartengegenstände (Objektgesetzmäßigkeiten)

4.1.1 Zum Begriff des Objekts

Im weitesten Sinne kann die Bezeichnung „Objekt“ für jedes Konkrete und Abstrakte gelten, für das die Sprache ein Wort besitzt. Nicht alle Objekte sind jedoch zur kartographischen Darstellung geeignet; es kommen vielmehr nur solche in Betracht, die eindeutig *raumbezogen* sind (sog. *Kartengegenstände*). Nur für diese ist nämlich die Frage „*Wo* ist das Objekt?“ sinnvoll und durch die Wiedergabe lösbar. Dagegen sind z. B. Rechte wie das Schuldrecht, ferner Musikstücke, Formeln, aber auch Empfindungen von undifferenziertem Raumbezug.

Die Kartengegenstände lassen sich wie folgt einteilen:

1. *Gegenstände selbst* sind die unbelebten und belebten Objekte unserer Umwelt. Da es sich um sinnlich wahrnehmbare, meist sichtbare Gegenstände handelt, spricht man auch von *Erscheinungen* (z. B. See, Haus, Tier, Mensch). Zum besseren Verständnis der Umwelt und zur besseren Verständigung (Kommunikation) darüber werden die einzelnen Objekte durch Bildung von Klassen, Arten, Gattungen usw. einem Ordnungsschema unterworfen. Jedes Objekt verliert damit allerdings bestimmte individuelle Kennzeichen, denn an die Stelle einer eingehenden Beschreibung eines einzelnen *realen* Gegenstands tritt ein Allgemeinbegriff als übergeordnete Beschreibung eines *idealen* Gegenstands (begriffliche Generalisierung, siehe 4.4). Lediglich durch Eigennamen (bei Orten usw.) und ähnliche Angaben bleiben singuläre Merkmale erhalten.

2. *Sachverhalte* geben an, wie die Objekte sich zu sich selbst oder zu anderen Objekten verhalten. Das Verhalten *zu sich selbst* läßt sich durch bestimmte, häufig nicht sofort wahrnehmbare Eigenschaften beschreiben, wie z. B. Temperatur eines Gewässers, Merkmale eines Bodenprofils. Das Verhalten *zu anderen Objekten* beruht entweder auf einer einfachen *Relation* (z. B. Bevölkerungsdichte als Relation zwischen Gesamtbevölkerung und Bezugsfläche) oder auf *raumzeitlichen Veränderungen* (z. B. Wasserstände, Berufspendler). Auch die Sachverhalte lassen sich in Klassen usw. zusammenfassen. Daneben gibt es aber auch die Bildung von *Typen*, bei denen die Merkmale meist sehr verschiedenartig und komplex sind; man beachte z. B. den in der Bodenkunde üblichen Unterschied zwischen Boden*art* und Boden*typ*!

Kartengegenstände werden in ihrer Wiedergabe beschrieben durch Angaben über ihren räumlichen Bezug, ihr substantielles Merkmal und ihr zeitliches Verhalten. Diese Merkmale werden nachfolgend näher untersucht.

4.1.2 Räumlicher Bezug

Die Angabe zum Raumbezug eines Objektes ist das für die Kartendarstellung besonders typische Merkmal. Es handelt sich um eine *geometrische* Information über die nach *außen* gerichtete Beziehung eines Objektes zu seiner Umwelt; sie ist die Antwort auf die Frage „*Wo* ist das Objekt?". Dabei lassen sich nach Art und Abgrenzung des Vorkommens die Objekte in Diskreta und Kontinua unterscheiden.

1. *Diskreta* lassen sich nach allen Seiten gegen andere Objekte abgrenzen. Die geometrische Information liegt damit in der Wiedergabe dieser Abgrenzung, und zwar meist als Flächenkontur, sonst als Mittellinie oder Mittelpunkt, wenn dies wegen der Größe und Form des Objekts bzw. wegen des Kartenmaßstabes nicht anders möglich ist. In einem Kartenfeld lassen sich relativ viele Diskreta nebeneinander, teilweise auch übereinander darstellen. Die Darstellung eines Diskretums hat das Merkmal einer Objekt-, Verbreitungs- oder Bezugsfläche.

a) *Objektflächen* (Areale) kennzeichnen das *absolute* Vorkommen von Objekten. Jedes Objekt tritt sozusagen ausschließlich auf: Wo Wald ist, kann kein See sein.
b) *Verbreitungsflächen* stellen streng genommen gar nicht das Objekt dar, sondern die Fläche, über die sich das Objekt verbreitet. Hierbei kann es auch zu Überlappungen kommen: Wo Elefanten auftreten, können auch Zebras vorkommen.

Dargestellt wird die	Objekt ist der Gegenstand selbst	Objekt ist der Sachverhalt
Objektfläche (absolutes Vorkommen)	Gewässer, Gebäude, Wald, Bodenart, geolog. Struktur	Verwaltungsbereich Rechtsgebiet
Verbreitungsfläche (relatives Vorkommen)	Volksstamm, Tierart, Pflanzenart	Sprache, Seuche, Konfession
Bezugsfläche	———	Produktionsmenge Bevölkerungsdichte

Abb. 90. Gliederung der Diskreta

Das Objekt wird jedoch erst ab einem bestimmten Intensitätsgrad des Vorkommens (*relatives* Vorkommen) zur Kenntnis genommen: Wenige Eskimos in Mitteleuropa geben noch keinen Anlaß, von „Vorkommen" zu sprechen.

c) *Bezugsflächen* ergeben sich aus der Zuordnung bestimmter, vor allem statistischer, d. h. quantitativer Sachverhalte.

Die Tabelle der Abb. 90 gibt eine Übersicht mit Beispielen.

2. *Kontinua* sind Objekte, die räumlich oder flächenhaft unbegrenzt sind. Die geometrische Information dafür ergibt sich aus der Lage von Zahlenwerten, die sich von Ort zu Ort stetig ändern. Man spricht deshalb auch von einem *Wertefeld.* Wegen der Ausbreitung eines Kontinuums über das gesamte Kartenfeld ist die kartographische Darstellung mehrerer Kontinua schwierig, aber thematisch auch selten erforderlich. Kontinua können sein

a) *Reale Kontinua,* bei denen das Prinzip der Stetigkeit nicht immer in aller Strenge erfüllt ist (z. B. bei Bruchkanten einer Geländeoberfläche), oder

b) *Modelle,* die meist auf einem physikalischen oder auf einem geometrischen Ansatz beruhen.

Die Tabelle der Abb. 91 gibt eine Übersicht mit Beispielen.

Merkmal des Kontinuums	Ausbreitung des Kontinuums	
	raumfüllend	flächenhaft
Real (sichtbar, meßbar)	Schwerefeld Magnetfeld Wetterdaten	Geländeoberfläche Grundwasserspiegel Meeresoberfläche
Modell – physikalisch	Klimadaten	Geoid
Modell – geometrisch	Isochronen	Rotationsellipsoid Isodeformaten

Abb. 91. Gliederung der Kontinua

4.1.3 Substantielles Merkmal

Diese Angabe ist nach *innen,* auf das Wesen des Objekts bezogen und läßt sich damit auch als *kategoriale* Information bezeichnen. Sie informiert in jedem Falle über die Qualität, nach Bedarf auch über die Quantität des Objekts.

1. *Qualität* – hier als völlig wertfreier Begriff gedacht – ist die Angabe von Art, Eigenschaft oder Kennzeichen eines Objekts. Sie ist daher die Antwort auf die Frage „*Was* ist da und dort?“. Die Beziehungen zwischen verschiedenen Objektqualitäten können als regellos angesehen werden (z. B. bei topographischen Objekten oder Berufen), aber auch als geordnet (z. B. zeitlich bei geologischen Formationen, räumlich in der Folge vom Bach

Entstehung der Quantität	Die Quantität ist eine Absolutzahl	Relativzahl (Verhältniszahl)
Originär (Einzelwert)	Zählen v. Personen, Produkten (diskrete Zahl)	Tourismus-Entwicklung in % (Meßzahl)
		Touristen-Herkunft in % (Gliederungszahl)
	Messen v. Temperatur, Wasserstand, Schwerewert (kontinuierliche Zahl)	(Beziehungszahl) Tourist je Hotelangestellter (Personenbezug) Bauland-Kaufpreis je m^2 (Flächenbezug) Jahres-Umsatz je to (Sachbezug)
Abgeleitet (Mittelwert)	Klimadaten aus Wetterdaten (intensive Merkmale)	Touristen je 1000 Einw. (Personenbezug) Bauland-Richtpreis je m^2 (Flächenbezug) Jahres-Umsatz je to (Sachbezug)
(Summenwert)	Einwohner eines Landes (extensive Merkmale)	———
(Indexierung)	———	Handelspreise, Baukosten
(Standardisierung)	———	Produktivitätsvergleich

Abb. 92. Gliederung quantitativer Angaben

zum Strom) oder hierarchisch (z. B. bei Verwaltungsebenen) gelten. Solche Merkmale spielen bei der begrifflichen Generalisierung (4.4.3.2) eine Rolle (Abb. 109).

2. *Quantität* ist die Angabe von Menge, Wert, Intensität, Größe usw. und damit die Antwort auf die Frage „*Wieviel* ist da und dort?" Die Angaben sind entweder originale Daten der Erfassung oder überarbeitete, gemittelte, generalisierte usw. Werte. Die Tabelle der Abb. 92 gibt eine Übersicht mit Beispielen.

4.1.4 Zeitliches Verhalten

Diese Angabe gilt der zeitlichen Bezogenheit des Objekts und läßt sich damit als *temporäre* Information bezeichnen. Sie ist die Antwort auf die Frage „*Wann* war das Objekt wo und wie?". Streng genommen enthalten alle Objekte eine dynamische Komponente. Bei einer kartographischen Wiedergabe ist es jedoch möglich, vorzugsweise entweder das Beharrende (Statische) oder das sich Ändernde (Dynamische) zum Ausdruck zu bringen.

1. *Statisches* Verhalten bedeutet die Konstanz der Erscheinungen und Sachverhalte in bezug auf Geometrie und Substanz. Die kartographische Wiedergabe hat den Charakter einer „Momentaufnahme", wie dies vor allem für topographische Karten gilt.

2. *Dynamisches* Verhalten bewirkt die kartographische Wiedergabe geometrischer und substantieller Veränderungen (z. B. Strömungen, Transporte, Stadtentwicklungen), meist in bestimmten thematischen Karten.

4.1.5 Bildung von Objektgruppen

Durch Kombination der Merkmale über Raumbezug, Substanz und zeitliches Verhalten der Objekte lassen sich Objektgruppen bilden, zu denen spezifische kartographische Darstellungsweisen gehören.

In *topographischen* Karten (Kap. 5) herrschen Diskreta mit überwiegend rein qualitativen Angaben vor. Daneben tritt als reales flächenfüllendes Kontinuum die Geländeoberfläche auf. Alle Objekte wirken statisch.

In *thematischen* Karten (Bd. II,1) ergeben sich dagegen vielfältige Kombinationsmöglichkeiten. Das Erscheinungsbild der einzelnen Karte folgt daher in erster Linie aus den Merkmalen der Objekte, die der darzustellenden Fachthematik angehören.

4.2 Merkmale kartographischer Darstellung (Graphische Gesetzmäßigkeiten)

Aufbau und Erscheinungsbild einer kartographischen Darstellung lassen sich durch eine Reihe von Merkmalen beschreiben. Die Gesamtheit dieser Merkmale und die Gesetzmäßigkeiten ihrer Anwendung bewirken eine typische Darstellungsweise, die man auch als *Kartengraphik* bezeichnet. Ein Teil dieser Merkmale ist kennzeichnend für alle graphischen Darstellungen allgemein, der andere Teil für kartographische Darstellungen im besonderen.

Die weiteren Untersuchungen und Erkenntnisse gehen von dem – in der Kartographie üblichen – Fall der *Positivdarstellung* aus, d. h. daß die Bildstellen dunkler als die bildfreien Stellen sind.

4.2.1 Kartengraphik als Zeichensystem

Die Kartengraphik läßt sich (siehe 1.4.1) als ein Zeichensystem im Sinne der Zeichentheorie (Semiotik) auffassen. Jedes Zeichen stellt eine codierte Information dar, und ihre mannigfaltigen Verknüpfungen ermöglichen differenzierte Aussagen über räumliche Bezüge.

4.2.1.1 Kartenlogische Bedingungen für die Kartengraphik

Die in 1.5.2 gegebene Definition der Karte als „maßstäblich verkleinerte, generalisierte und erläuterte Grundrißdarstellung , , ,“ stellt für die Anwendung der Kartengraphik die folgenden Rahmenbedingungen auf:

a) Maßstab und Grundrißdarstellung erfordern eine geometrisch möglichst exakte, d. h. ortsgebundene Anordnung der Zeichen.
b) Generalisierung und Erläuterung führen entsprechend dem Modellcharakter der Karte (1.5.5.3) zu folgenden Grundsätzen:

  - Gleiches gleich, Ungleiches ungleich darstellen;
  - Wichtiges erhalten, Unwichtiges fortlassen;
  - Charakteristisches betonen, Zufälliges zurückdrängen.

Darüber hinaus erfordert der Gebrauch der Karte als Kommunikationsmittel einen ausreichenden Grad von *Lesbarkeit.* Damit ergeben sich die folgenden weiteren Bedingungen für die Beschaffenheit der Kartenzeichen:

c) Sie müssen eine graphische Mindestgröße aufweisen, um visuell erkennbar zu sein (4.2.2).
d) Sie müssen in ihrer typischen Gestalt richtig erkennbar sein (4.2.1.4 und 4.2.3).
e) Sie müssen sich durch die kartentechnischen Prozesse (Zeichnung, Vervielfältigung usw.) realisieren und ausreichend konstant halten lassen (4.2.4).

Schließlich wird man im Sinne der bereits von *Eckert 1921* erhobenen Forderungen (1.5.5) auch auf Klarheit, Verständlichkeit und Schönheit des Kartenbildes Wert legen. Dazu gehört vor allem eine übersichtliche Gestaltung und ein harmonisches Zusammenwirken der Zeichen (z. B. durch Abstimmung der Farbtöne und Gebrauch einer passenden Schriftart). Anschauliche Beispiele guter und schlechter Lösungen finden sich in fast allen größeren Lehrbüchern. Eine kurze Zusammenfassung von Grundsätzen aus der Erfahrung eines Kartographen bringt *Kraske 1980.*

4.2.1.2 Aufbau des kartographischen Zeichensystems

Analysiert man das kartographische Zeichensystem, so ergibt sich ein dreistufiger Aufbau:

1. *Graphische Elemente* sind die nach ihrer geometrischen Ausbreitung zu unterscheidenden *Punkte, Linien* und *Flächen.* Diese bilden die Bausteine jeder graphischen Darstellung überhaupt und lassen sich mit dem Laut bzw. Buchstaben der Sprache vergleichen.

2. *Zusammengesetzte Zeichen* sind spezifische Zusammenfügungen der Elemente zu höheren Gebilden (sog. *Superzeichen* im Sinne der Informationstheorie). Das für die Kartographie typische, originale und bedeutendste Superzeichen ist die *Signatur* (das *Kartenzeichen*). Die drei weiteren Superzeichen, nämlich *Diagramm, Halbton* und *Schrift* stammen aus anderen Bereichen graphischer Darstellung. Alle diese Zeichen sind dem Wort der Sprache vergleichbar. Graphische Elemente und Zusammengesetzte Zeichen bilden gemeinsam die kartographischen Gestaltungsmittel (4.3).

3. *Graphische Gefüge* ergeben sich, wenn die Elemente und Zeichen auf unterschiedliche Objektarten und -merkmale angewandt werden und dabei bestimmte graphische Strukturen erzeugen. Dem graphischen Gefüge, das in wesentlichem Maße den Gesamteindruck der Karte bestimmt, entspricht etwa der Satz der Sprache mit seiner Aussage. Abb. 93 zeigt Beispiele linearer Gefüge, Abb. 100 flächenhafte Gefüge.

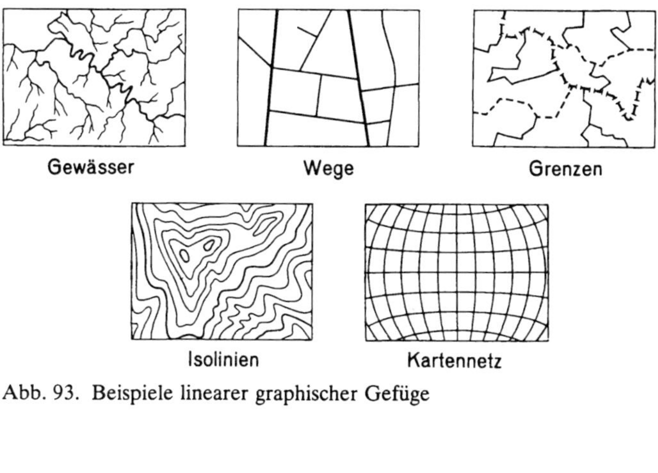

Abb. 93. Beispiele linearer graphischer Gefüge

4.2.1.3 Variation der Zeichen

Mit dem dreistufigen Aufbau des kartographischen Zeichensystems ist die Vielfalt der graphischen Erscheinungsmöglichkeiten aber noch nicht ausreichend beschrieben. Vielmehr können die Zeichen (Gestaltungsmittel) auch noch durch den Einsatz *graphischer Variabler* in jeweils bestimmter und typischer Weise in ihrer Erscheinung verändert werden. Die Abb. 94 bringt eine Zusammenstellung der möglichen Zeichenvariationen.

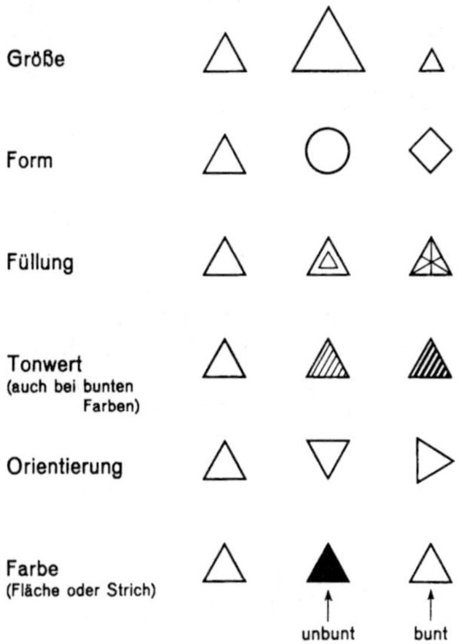

Abb. 94. Möglichkeiten der graphischen Variation eines Zeichens

1. *Allgemein* ergeben sich damit folgende Ausdrucksmöglichkeiten:

a) *Objektive Gliederung* durch differenzierte Darstellung nach Qualitäten und/oder Quantitäten der Objekte,

b) *subjektive Bewertung* durch Betonen oder Zurückdrängen,

c) verstärkte *Anschaulichkeit* auf der Basis von Assoziationen.

2. Im *einzelnen* eignen sich die Variablen für die Angabe der Objektmerkmale etwa wie folgt:

a) *Größe (Breite)* beschreibt unterschiedliche Quantitäten und eignet sich zum Betonen.

b) *Form* läßt Qualitäten unterscheiden und erleichtert bei bild- und symbolhaften Zeichen die Assoziation.

c) *Füllung* gliedert Quantitäten, meist in gestufter Weise, seltener Qualitäten.

d) *Tonwert* beschreibt ebenfalls Quantitäten, vor allem flächenbezogene Relativzahlen (Dichtewerte).

e) *Orientierung* eignet sich für weitere Aufgliederung von Darstellungen bis zum zeitlichen Verhalten.

f) *Farbe* beschreibt als Farbton in erster Linie verschiedene Qualitäten, als Farbsättigung auch Quantitäten, daneben auch zeitliches Verhalten. Sie ist in hohem Maße für Assoziationen geeignet.

Die *Farbe* nimmt unter graphischen Variablen eine besondere Stellung ein (Einzelheiten zu ihrem Wesen siehe u. a. *Richter 1976*). Farbe als *Sinneseindruck* ergibt sich aus einem physikalischen Vorgang (*Farbreiz* durch elektromagnetische Schwingung in Form des Lichtes) und einem physiologischen Vorgang (*Farbempfindung* am Ende des Weges Auge–Gehirn). Farbe als *Substanz* (z. B. Druckfarbe) ist im Gegensatz dazu besser als „Farbmittel" zu bezeichnen.

Lichtfarbe ist die farbige Wirkung der von einer Lichtquelle ausgehenden emittierten Strahlung. Trifft die Lichtfarbe auf einen Körper, so wird ein Teil des Spektrums von diesem aufgenommen (absorbiert). Den übrigen, zurückgeworfenen (remittierten) Anteil bezeichnet man als *Körperfarbe.* Durch Farbmittel läßt sich die Körperfarbe verändern; dabei können die Mittel deckend oder lasierend (transparent) sein.

Unbunte Farben reichen von Weiß über Grau bis Schwarz und unterscheiden sich damit nur durch die Helligkeit (Leuchtdichte). *Bunte Farben* werden dagegen durch drei Merkmale beschrieben: 1) Der *Farbton* ist die Eigenschaft, die eine bunte

Farbe von einer unbunten unterscheidet. 2) Die *Sättigung* kennzeichnet den Grad der Buntheit im Vergleich zum gleichhellen Unbunt. 3) Die *Helligkeit* ist ein Ausdruck für die Stärke der Lichtempfindung. Dabei ist es wichtig zu wissen, daß Sättigungsstufe und Helligkeitsstufe nicht in einer konstanten, sondern für jeden Farbton verschiedenen Beziehung zueinander stehen.

Die *additive Farbmischung* tritt bei Lichtfarben dann ein, wenn mehrere Lichtquellen gemeinsam strahlen. Dabei führt die fortgesetzte Mischung vom Dunkleren zum Helleren. Mit den drei Grundfarben violettblau, grün und orangerot ist bei entsprechender Tonwertvariation nahezu jede bunte Farbe bis hin zum Weiß darstellbar (z. B. beim Farbfernsehen).

Die *subtraktive Farbmischung* tritt bei Körperfarben, vor allem bei Farbmitteln, dann ein, wenn mehrere lasierende Substanzen übereinander liegen. Die fortgesetzte Mischung führt hierbei vom Helleren zum Dunkleren. Mit den drei Grundfarben (Normfarben) gelb, magentarot und cyanblau läßt sich bei entsprechender Tonwertvariation nahezu jede Farbe bis hin zum Schwarz darstellen (z. B. beim Mehrfarbendruck).

Farbordnungen und *-systeme* (z. B. Ostwald, Hickethier) versuchen, die Farbentheorie für die Praxis anwendbar und standardisierbar zu machen. Eine *Farbtafel* entsteht aus der Kombination der drei Grundfarben der subtraktiven Farbmischung oder anderer Farbtöne in jeweils verschiedenen Tonwertabstufungen. Sie ermöglicht Auswahl und Vergleich von Farben für bestimmte Darstellungen und macht zugleich das technisch Erforderliche erkennbar. Mehrere Farbtafeln lassen sich zu einem *Farbenatlas* zusammenstellen (z. B. *Küppers 1978*).

Als *Vier-Farben-Problem* wird die Feststellung bezeichnet, daß sich vier Farben so auf diskrete Flächen verteilen lassen, daß sich an keiner Stelle Flächen gleicher Farbe berühren.

Farbassoziationen können die Anschaulichkeit einer Darstellung wesentlich fördern. Das gilt für Naturfarben (Waldgrün, Gewässerblau) wie für Farbkontraste und -skalen, die Empfindungen (z. B. Temperaturen) oder Tendenzen (Gewinn und Verlust bei Bevölkerungsbewegungen) zum Ausdruck bringen.

4.2.1.4 Zeichendimensionen

Die Zeichentheorie (Semiotik) unterscheidet zwischen drei sog. Zeichendimensionen, die allerdings nicht als Dimensionen im geometrischen Sinne, sondern als Betrachtungsweisen aufzufassen sind.

1. Die *syntaktische* Dimension regelt die Beziehung der Zeichen untereinander, befaßt sich also mit der formalen Bildung der Zeichen. Da der Sinngehalt des Zeichens hierbei noch keine Rolle spielt, ist demnach eine kartographische Darstellung bereits dann syntaktisch einwandfrei, wenn die Zeichen in ihrer Struktur richtig erkannt werden (weil z. B. Größe, Abstand und Kontrast der Zeichen ausreichend gewahrt sind). Hierzu siehe auch 4.2.3.

2. Die *semantische* Dimension betrifft die Beziehung der Zeichen zu den Objekten, bringt also die sog. Zeichenbedeutung zum Ausdruck. Erst sie stellt sicher, daß die beim Empfänger eintreffende Nachricht möglichst identisch ist mit der von der Informationsquelle ausgehenden. Eine Signatur kann zwar syntaktisch einwandfrei sein, aber durch den Leser (z. B. ein Kind) ihrem Sinngehalt nach nicht erfaßt werden. Zeichenassoziationen können hierbei sehr hilfreich sein. Unbekannte Fremdwörter und ganze Fremdsprachen sind dagegen negative Beispiele aus dem sprachlichen Bereich (siehe Zeichenbedeutung in 1.4.1).

3. Die *pragmatische* Dimension regelt die Beziehung zum wahrnehmenden Subjekt und nimmt damit Einfluß auf dessen Verhaltensweise. So kann das syntaktisch einwandfrei wahrgenommene und semantisch als Wanderweg erkannte Kartenzeichen den Wanderer zum Begehen dieses Weges veranlassen. Allgemein kann das Kartenlesen Bekanntes sichtbar machen, aber auch Neues vermitteln.

Die Hauptaufgabe der Kartographie liegt im syntaktischen Bereich; hier gilt es, eine graphische Gestaltung zu finden, die das einwandfreie Erkennen des Zeichens sicherstellt. Dagegen ist die semantische Funktion des Zeichens etwas, das auch den Kartenautor im Rahmen der Zeichenerklärung angeht und zugleich ein bestimmtes Bildungsrepertoire vom Benutzer verlangt. Die pragmatische Dimension schließlich liegt vorwiegend im Entscheidungsbereich des Benutzers; sie kann jedoch durch eine geeignete kartographische Gestaltung wirkungsvoll gefördert werden.

Mit der Anwendung der Zeichendimensionen in der Kartographie befassen sich u. a. *Freitag 1977, Bollmann 1978, Ucar 1979.*

4.2.2 Graphische Mindestgrößen

Mit kleiner werdendem Maßstab schrumpft auch jede maßstäbliche Objektwiedergabe immer mehr zusammen, bis schließlich ihre Lesbarkeit in Frage gestellt ist. Daher ist zunächst festzustellen, welche *Mindestgrößen* die Zeichen aufweisen müssen, um noch lesbar zu sein. Die Grenze dieser Lesbarkeit ergibt sich aus dem menschlichen Sehvermögen und der Leistungsfähigkeit der kartentechnischen Verfahren.

1. Das *menschliche Sehvermögen* bezieht sich hier auf den Fall, bei dem ein Auge mit normaler Sehkraft unter normalen Beleuchtungsverhältnissen und mit dem üblichen Betrachtungsabstand auf die Karte blickt. Dabei lassen sich Kartenelemente einwandfrei erkennen, wenn sie die in Abb. 95 dargestellten

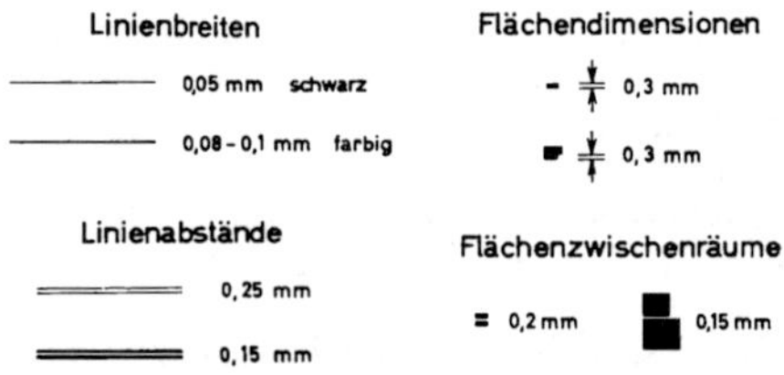

Abb. 95. Minimaldimensionen von Kartenelementen

Mindestgrößen nicht unterschreiten. Ferner soll die Mindestgröße von Farbflächen etwa 1 mm^2 betragen, damit die Farbe erkennbar ist. Werden statt der Farbe Rasterflächen dargestellt, so vergrößert sich der Mindestbetrag noch je nach Feinheit des Rasters.

Für größere Betrachtungsabstände, wie sie z. B. bei Schulwandkarten üblich sind, ergeben sich auch entsprechend größere Minimaldimensionen.

Die Mindestgrößen spielen auch eine wichtige Rolle beim Entwurf des Zeichenschlüssels einer Karte. Karten großer Maßstäbe werden z. B. oft in verkleinerter Form (als Planungsunterlagen usw.) benutzt; darauf ist dann schon bei der Abmessung von Strichbreiten und der Feinheit von Signaturen Rücksicht zu nehmen.

2. Die Leistungsfähigkeit der *Kartentechnik* ist von der Qualität der einzelnen Prozesse abhängig, die vom Ausgangsoriginal bis zum gedruckten Exemplar zu durchlaufen sind. Dabei treten im Vergleich zur ersten Darstellung stets gewisse Güteverluste in Form von Abbildungsunschärfen, Passerungenauigkeiten, Strichverbreiterungen usw. auf, doch ist die moderne Reproduktionstechnik durchaus in der Lage, diese Einflüsse so klein zu halten, daß ein Zuschlag zu den obigen Zahlenwerten gewöhnlich nicht erforderlich ist.

4.2.3 Kartengraphik und Gestaltwahrnehmung

Neben dem objektiv-geometrischen Erfordernis der Mindestgröße spielen auch die Gesetze der subjektiven Wahrnehmung eine Rolle. Diese ergeben sich aus den Erkenntnissen der *Gestaltpsychologie.* Die Gestaltwahrnehmung durch Menschen beruht darauf, daß nach bestimmten Gestalt-Gesetzen aus graphischen Elementen Figuren gebildet werden. Insbesondere bewirkt das *Prägnanzprinzip* (Prinzip der guten Gestalt), daß derjenige Zusammenschluß von Elementen bevorzugt wird, der eine möglichst geschlossene, stabile, in sich folgerichtige und einfache Gestalt ergibt. Eine solche Gestalt ist in hohem Maße invariant gegen Verschiebungen, Drehungen, Maßstabsänderungen,

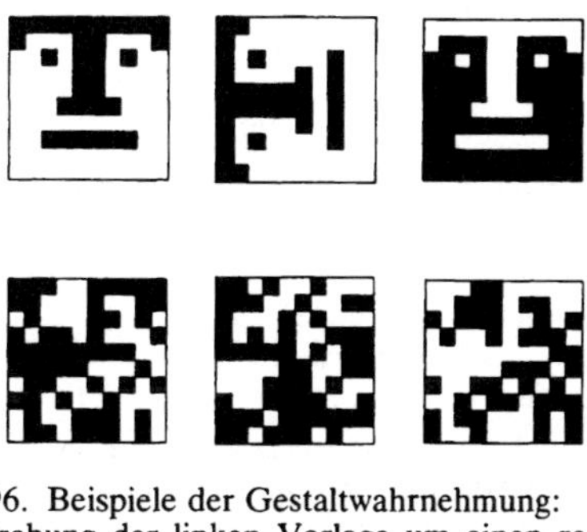

Abb. 96. Beispiele der Gestaltwahrnehmung:
Die Drehung der linken Vorlage um einen rechten Winkel nach links bzw. ihre Positiv-Negativ-Umkehr ist in der 1. Zeile sofort, in der 2. Zeile erst nach Analyse wahrnehmbar. (Quelle: Bauer/Goos: Informatik)

Kontraständerungen und -umkehrungen sowie Farbänderungen (Abb. 96).

Für die Kartengraphik gelten damit folgende Grundsätze (Abb. 97):

a) Die *graphische Differenzierung* muß ausreichend sein. Darum sollten die Möglichkeiten der graphischen Variation weitgehend ausgeschöpft werden (z. B. in Breite *und* Farbe von Linien). Karten, die aus Kostengründen oder als Textkarten in Büchern einfarbig sein müssen, sind daher oft schwierig zu gestalten.

b) Die *graphische Dichte* darf nicht zu groß sein. Hierzu ergeben sich bei Karten großer Maßstäbe kaum Probleme, aber bereits in mittleren Maßstäben können sich die Darstellungen von Siedlungen, Verkehrswegen usw. so häufen, daß die Lesbarkeitsgrenze bereits bei Werten erreicht ist, die größer als die Minimaldimensionen in 4.2.2 sind.

Abb. 97. Einfluß von Kontrast, Differenzierung und Dichte auf die Güte der Kartengraphik

c) Der *Kontrast* muß ausreichend sein. Dies erfordert vor allem hellen Untergrund, kräftige Linienfarben und eine erkennbare Abstufung bei Farbtönen und Tonwerten.

d) *Optische Täuschungen* sind zu vermeiden oder – wie z. B. beim *Machschen Phänomen* zwischen benachbarten Tonwertstufen – möglichst gering zu halten.

e) Auch Gewohnheiten und Erwartungen im Umgang mit Karten spielen eine Rolle: Der Kartenbenutzer geht aus von der üblichen Nordorientierung, dem Lichteinfall bei Schummerungen sowie von bestimmten Farben und bildhaften Zeichen bei Stadt- und Straßenkarten.

Untersuchungen zur Wahrnehmung von Kartenzeichen haben in den letzten Jahren u. a. *Grohmann 1975, Bollmann 1980* und *Vanecek 1980* durchgeführt.

4.2.4 Kartengraphik und Kartentechnik

Die Kartengraphik hat auch die Möglichkeiten der Kartentechnik zu berücksichtigen, denn der graphische Gestaltungsspielraum hat dort seine Grenzen, wo die weitere Verarbeitung einer graphischen Struktur durch Zeichnung, Reproduktion, graphische Datenverarbeitung und Druck schwierig oder gar unmöglich wird oder wo aufwendige Vorgänge zur Kostenfrage werden.

Sehr feine und dichte Darstellungen können die Reproduktionsvorgänge erschweren und den Verkleinerungsspielraum für eine Karte einengen: Kleine Punkte und schmale Linienelemente werden „krank" oder verschwinden ganz, schmale Zwischenräume „verschmieren" oder füllen sich teilweise oder ganz.

Neue Kartentechniken können auch die Entscheidung über eine Kartengestaltung stark beeinflussen: Lineare und bildhafte Signaturen erfordern gewöhnlich einen hohen Zeichenaufwand; ihre Realisierung durch Abreiben, Montieren oder Lichtzeichnen ist dagegen meist rasch und problemlos. Die Aufteilung des Karteninhalts auf zahlreiche Farbfolien und die damit verbundenen Kombinationsmöglichkeiten erfordern die graphische Abstimmung zwischen den Inhalten der einzelnen Folien, vor allem bei Reduktion der Farbenzahl bis hin zur einfarbigen Wiedergabe. In ähnlicher Weise bedarf es sorgfältiger Entwurfsüberlegungen bei Anwendung der sog. kurzen Skala (Druck mit Normfarben der subtraktiven Farbmischung).

Der vorhandene Gerätepark ist von Einfluß auf das größtmögliche Kartenformat, aber auch auf die Anwendung verschiedener Schriften. Die verfügbaren Kopierraster und autotypischen Raster bestimmen die Wahl von Tonwerten und die Gestaltung der Schummerung.

Beim Einsatz der Computertechnik sind die Möglichkeiten des automatischen Zeichnens ebenso zu beachten wie der Bedarf an Speicherplätzen für eine Datei oder für eine Zwischenausgabe am Bildschirm. Ein besonderer Vorteil ergibt sich dadurch, daß mit einem schnellen Plotter oder am Bildschirm zahlreiche Entwurfsvarianten entstehen können und man sich danach für die kartographisch günstigste Lösung entscheiden kann.

Die Holzschnittkarten des 15. Jahrhunderts ließen nur einen relativ groben Duktus zu. Dagegen konnte man später auf den Kupferplatten in sehr feiner Strichmanier arbeiten. Flächendarstellungen waren nur durch verschiedene Schraffuren, Vignettierungen usw. oder durch manuelles Kolorieren der gedruckten Strichkarten möglich. Erst die Rastertechnik erlaubte das mechanische Aufhellen von Farbflächen und die Wiedergabe von Halbtönen (Schummerung). Maßbeständige Folien und Offsettechnik verbessern und verbilligen heute den Mehrfarbendruck.

4.3 Kartographische Gestaltungsmittel

Nach den Ausführungen in 4.2.1.2 gelten als kartographische Gestaltungsmittel die Grundelemente Punkt, Linie und Fläche sowie die zusammengesetzten Zeichen Signatur, Diagramm, Halbton und Schrift. Mit diesen Zeichen und ihren graphischen Variationen (4.2.1.3) lassen sich jeweils typische Aussagen über Objektmerkmale (4.1) vornehmen. Damit ergibt sich die angestrebte Zuordnung zwischen Objekteigenschaften und Kartengraphik. Diese findet nachfolgend in der Weise statt, daß für die Gestaltungsmittel gezeigt wird, welche Objektmerkmale sie darstellen können. Die umgekehrte Verfahrensweise liegt den Kapiteln über topographische Karten (Kap. 5) und thematische Karten (Band II ,1) zugrunde: Den Objekten und ihren Merkmalen werden die geeigneten Gestaltungsmittel zugeordnet. Über Lagemerkmale siehe 4.4.6.

Über die beschriebene allgemeine Zuordnung zwischen Objektmerkmal und Gestaltungsmittel hinaus ist die Beziehung zwischen Objekt und Graphik im Einzelfalle noch nicht eindeutig; so kann eine Linie verschiedene Objekte angeben. Genaue Festlegungen dieser Art erfordern daher noch Vereinbarungen in Gestalt von Zeichenschlüsseln.

4.3.1 Punkte

Es handelt sich um kleine graphische Punkte mit einem Mindestdurchmesser von etwa 0,3 mm (4.2.2), die jeweils für sich die Lage eines Objekts angeben. Punkte, die nur Teile eines Punktrasters oder ähnlicher Anordnungen sind, gehören daher nicht hierher, sondern gelten als flächenhafte Signaturen.

Die graphische Variation ist fast nur mit der Farbe und damit zur Angabe unterschiedlicher Objektqualitäten möglich. Bei Verzicht auf Farbvariation kann der Punkt selbst nur die *Lage* angeben, und es sind daher zur Angabe von *Qualität* oder *Quantität* weitere Gestaltungsmittel erforderlich (Schrift in Abb. 98a, Signatur und Schrift in Abb. 98b).

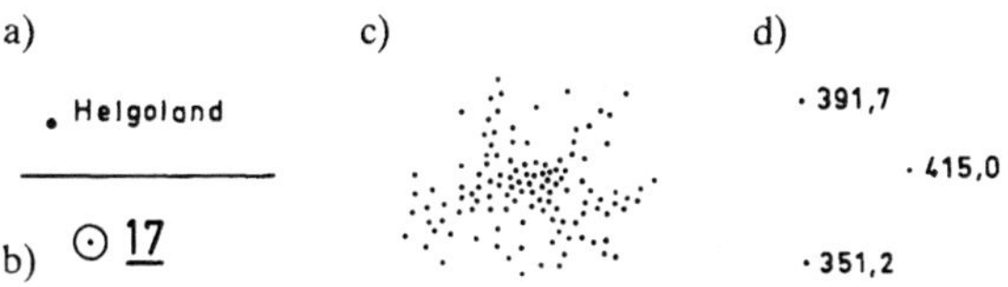

Abb. 98. Punktdarstellungen

a) u. b) als Lageangabe je eines Objektes

c) als Mengenwert von Objekten

d) eines Kontinuums

Die Lageangabe kann sich auf folgende Fälle beziehen:

1. Lageangabe für lokale (punktförmige) Diskreta

a) Der Punkt stellt jeweils ein einziges Objekt dar; dies kann je nach Maßstab eine kleine Insel oder ein Vermessungspunkt sein (Abb. 98a und b).

b) Bei großer Häufung artgleicher Objekte kann ein Punkt auch eine konstante Anzahl von Objekten repräsentieren und besitzt damit die Bedeutung eines *Mengenwertes*. Diese Darstellungsweise eignet sich neben der Angabe absoluter Mengen besonders gut zur Wiedergabe typischer *Objektverteilungen* (z. B. Bevölkerung; Abb. 98c).

2. Lageangabe für Zahlenwerte im Kontinuum

Beispiele dafür sind Höhen- und Tiefenpunkte in topographischen Karten, Meßpunkte in Wetterkarten usw. Die notwendige geometrische bzw. quantitative Angabe liefert der beigeschriebene Zahlenwert (Abb. 98d).

4.3.2 Linien

Unter diesen Begriff fallen alle nicht unterbrochenen Striche, die eine *Lage* angeben. Die graphische Variation ist nach der Farbe (Qualitätsangabe) oder nach der Größe (= Strichbreite zur Angabe von Quantität oder zur Betonung) möglich. Ohne diese Variation sind qualitative oder quantitative Angaben nur mit *zusätzlichen* Gestaltungsmitteln – Signatur oder Schrift – oder durch *Umwandlung* in lineare Signaturen (im Wege der Linienunterbrechung) zu gewinnen (Abb. 99). Weitere Liniendarstellungen enthält Abb. 93.

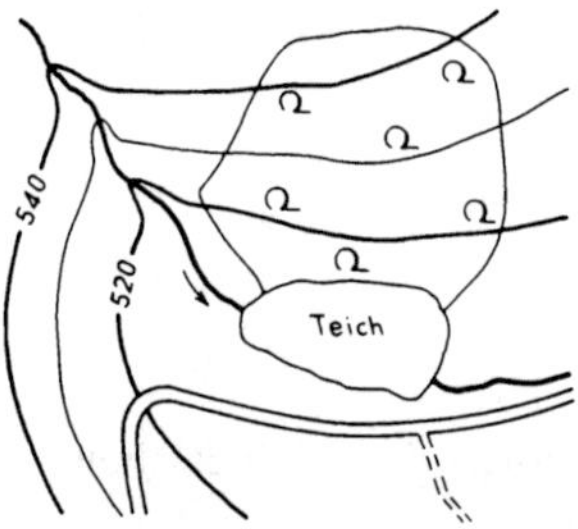

Abb. 99. Liniendarstellungen: Begrenzungs- und Mittellinien diskreter Objekte, Isolinien im Kontinuum. Die Feldwegdarstellung ist eine lineare Signatur. Erläuterung durch Schrift, Signatur (oder Farbe)

Mit der Lageangabe sind folgende Aussagen möglich:

1. Abgrenzung diskreter Objekte, wie z. B. Grundstücke, Wälder, Gewässer. Bei relativ schmalen Objekten tritt an die Stelle der *Begrenzungslinien* die *Mittellinie*.

2. Die Verbindung gleicher Werte im Kontinuum. Solche Linien bezeichnet man als *Isolinien* oder *Wertelinien* (z. B. Höhenlinien; ferner Isothermen, Isochronen usw. siehe Bd. II,1).

Die Wahl der Linienbreite kann mitunter nicht nur Ausdruck für die Bedeutung sein (z. B. Grenze eines großen, übergeordneten Bereiches), sondern auf für den Grad der geometrischen Exaktheit: Dünne Linien wirken exakt, dicke dagegen weniger lagetreu. Linienbreiten oberhalb der graphischen Mindestgröße (4.2.2) werden für Karten und Kartenwerke meist durch Zeichenvorschriften festgelegt. Eine darüber hinausgehende allgemeine Normung wie bei technischen Zeichnungen ist jedoch bei der Kartengraphik unzweckmäßig.

4.3.3 Flächen

Es handelt sich um Vollflächen, die in ihrer gesamten Ausdehnung in Farbton und Tonwert konstant sind. Das schließt auch solche Darstellungen ein, die lediglich aus technischen Gründen durch sehr feine Raster (Mikroraster) wiedergegeben werden. Grobe, dem Auge als solche erkennbare Raster (Makroraster, Schraffuren) zählen dagegen zu den Flächensignaturen. Die graphische Variation ist nur nach Farbton und Tonwert möglich.

Die Flächendarstellung gestattet folgende Aussagen:

1. Angabe von Lage und Qualität flächenhafter Diskreta. Dabei gibt der Rand (die Kontur) der Fläche die Abgrenzung des Objekts wieder, während in der Variation des Farbtons (bzw. des Tonwerts bei einfarbigen Karten) die Qualität zum Ausdruck kommt (Abb. 100a). Die Flächen, die graphisch auch isoliert liegen können, sind demnach *Objektflächen* (z. B. Gebäude) oder *Verbreitungsflächen* (z. B. Sprachgebiete). Sie erzeugen sog. *Arealkarten* (4.1.2).

a) b) c)

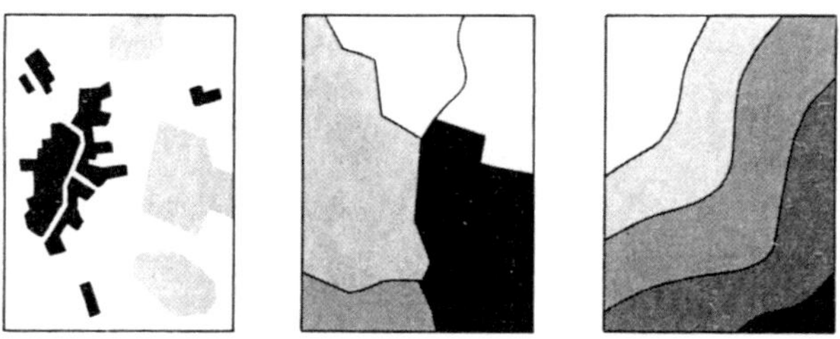

Abb. 100. Flächendarstellungen

a) Objekt- und Verbreitungsflächen (Arealkarte)

b) Bezugsflächen (Flächendichtekarte)

c) Wertstufen eines Kontinuums

2. Angabe flächenbezogener Quantitäten. Diese erscheinen als Variation des bunten oder unbunten Tonwerts (Abb. 100b). Die Flächen sind daher *Bezugsflächen* (4.1.2) und die Angaben meist Relativzahlen. Eine solche Darstellung wird als *Flächendichtekarte* oder *Flächenkartogramm* bezeichnet (Bd. II,1).

3. Angabe von Wertstufen eines Kontinuums. Die *Intervallfläche* zwischen zwei Isolinien weist einen konstanten Farbton bzw. Tonwert auf (Abb. 100c). Die Variation dieser Größen führt zu einer Folge von Wertintervallen (z. B. bei farbigen Höhenschichten, 5.3.2.7).

4.3.4 Signaturen

Signaturen, auch *Kartenzeichen* genannt, sind abstrahierte Objektbilder oder konventionelle Zeichen, die man allen graphischen Variationen (4.2.1.3) unterziehen kann und mit denen folgende Aussagen möglich sind:

1. Stets eine qualitative Angabe (z. B. Ort, Verwaltungsgrenze, Bodenbedeckung) durch Variation in Farbe, Form oder Orientierung,
2. dazu in vielen Fällen eine Lageangabe (z. B. Ort, Verwaltungsgrenze), evtl. auch zur Ortsveränderung,
3. in manchen Fällen auch noch eine quantitative Angabe (z. B. Einwohnerzahl). Eine solche Angabe läßt sich in *stetiger* Weise durch Veränderung der Größe der Signatur oder in *gestufter* Weise durch Wechsel von Form, Tonwert oder Füllung zum Ausdruck bringen. Die stetige Darstellung erfordert einen besonderen Größenmaßstab (Signaturenmaßstab).

Die große Fülle der Gestaltungsmöglichkeiten macht die Signatur zu einem der wichtigsten Gestaltungsmittel in Karten. Sie ist eine abstrakte bis bildhafte Kurzschrift, die im Vergleich zur Kartenschrift weniger Kartenfläche beansprucht und zugleich das Vorstellungsvermögen unmittelbarer anspricht. Allerdings ist damit der Zwang verbunden, die Signaturen in einer besonderen Zeichenerklärung *(Legende)* zu erläutern.

Die Signatur tritt allein oder in Verbindung mit anderen Gestaltungsmitteln auf. Man gewinnt eine brauchbare Übersicht über die Vielfalt der Signaturen, wenn man sie 1. nach ihrer Form und 2. nach der Anordnung im Kartenbild gruppiert. Eine Zusammenstellung von Beispielen enthält die Abb. 102, weitere Beispiele finden sich in Kap. 5 und Band II, 1.

4.3.4.1 Formen der Signaturen

Man kann unterscheiden:

1. Bildhafte Signaturen, auch als sprechende, anschauliche oder abgeleitete Signaturen bezeichnet:

Dazu gehören a) Grundrißbilder und b) Aufrißbilder von Objekten in individueller oder mehr oder weniger schematisierter Darstellung (Abb. 101). c) Eine weitere Gruppe bilden die *symbolhaften* Darstellungen als typische und allgemeinverständliche Sinnbilder der Objekte (Abb. 102).

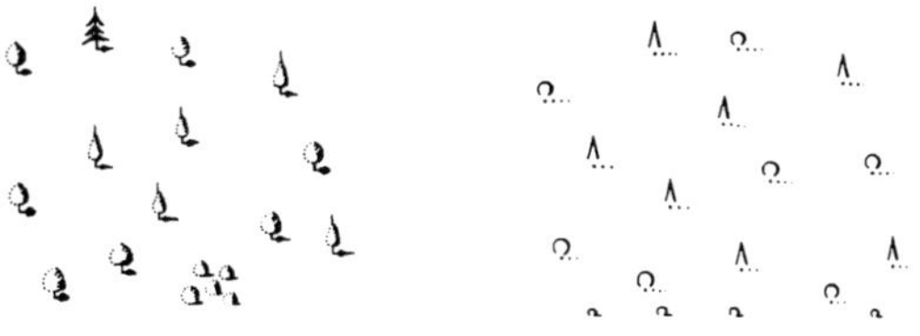

Abb. 101. Bildhafte Baumsignaturen in individueller und in schematischer Darstellung

2. Geometrische, abstrakte Signaturen:

Diese Gruppe reicht von einfachen Figuren wie Kreis, Dreieck, Quadrat usw. bis zu Linienunterbrechungen und Makrorastern (Schraffuren). Die Figuren können dabei als Hohlformen, Vollformen oder teilgefüllte Formen sowie in verschiedensten Kombinationen miteinander auftreten.

3. Ziffern, Buchstaben, Unterstreichungen:

Ziffern werden als Index-, Schlüssel- oder Verhältniszahlen, *Buchstaben* als Abkürzungen dann benutzt, wenn sie verständlicher sind als konventionelle Symbole oder wenn sie eine bessere Gesamtdarstellung ermöglichen (z. B. in Bodenkarten, geomorphologischen Karten). *Unterstreichungen* von Schriften liefern eine zusätzliche qualitative Angabe für das Objekt (z. B. Sitz einer Verwaltung).

4.3.4.2 Anordnung der Signaturen

1. Lokale Signaturen (Positionssignaturen):

Sie geben Lage und Qualität solcher Objekte an, die nicht mehr grundrißtreu oder -ähnlich darstellbar sind. Dabei wird die Lage durch die Mitte oder den Fußpunkt der Signatur, die Qualität durch Variation nach Form, Farbe oder Orientierung angegeben. Die Signatur ist – im Gegensatz zur Kartogrammsignatur (Nr. 4) – größer als das Grundrißbild des Objekts.

Quantitäten (z. B. Einwohnerzahlen) werden stetig oder gestuft wiedergegeben. Ein besonderer Fall liegt vor, wenn man solche Angaben durch mehrere gleich große, streng geordnete Signaturen darstellt. Jede Signatur repräsentiert damit eine festgelegte Werteinheit (*Werteinheitensignatur*, vgl. den Mengenwert bei 4.3.1). Infolge des meist großen Flächenbedarfs geht dabei die Lagetreue verloren.

2. Lineare Signaturen:

a) Treten sie in Verbindung mit dem Gestaltungsmittel *Linie* auf, so gibt die Linie die Lage, die Signatur die Qualität an (z. B. Hochspannungsleitung). b) Treten sie allein auf, so geben sie beides an und bestehen meist in einer regelmäßigen Folge bildhafter oder geometrischer Zeichen (z. B. Grenzsignaturen).

Quantitäten (z. B. Transportmengen entlang der Verkehrswege) werden stetig oder gestuft wiedergegeben. Bei stetiger Wiedergabe werden die Liniensignaturen bis zu bandförmigen Darstellungen verbreitert *(Bandsignaturen)*.

Auch Kontinua lassen sich mit Liniensignaturen darstellen. Dazu gehören die Hilfshöhenlinien ebenso wie die nach bestimmten Regeln (Stufung) aufgebauten Böschungsschraffen (5.3.2.3), die für jeden Strich

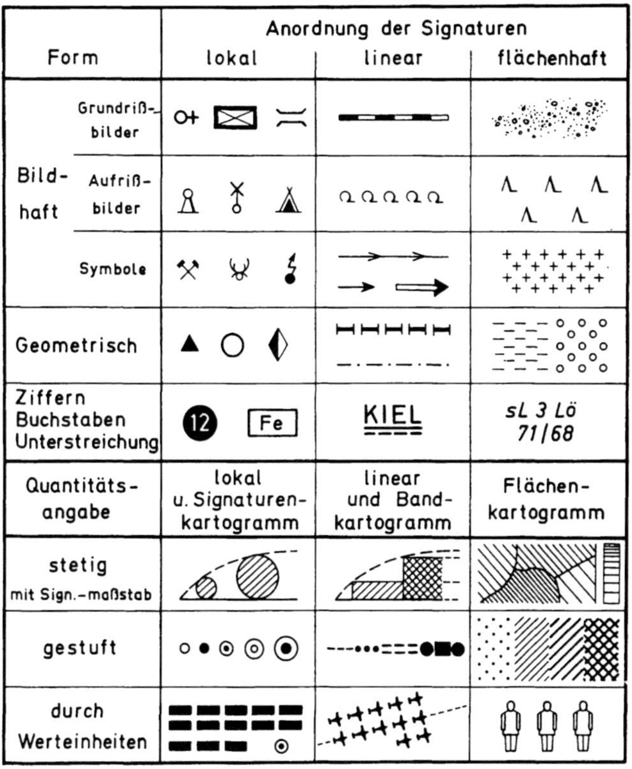

Abb. 102. Beispiele für Formen und Anordnungen von Signaturen

Lage und Größe der Geländeneigung angeben. In Strömungsbereichen zeigen die Längen der pfeilartigen Signaturen häufig den Betrag der Strömungsgeschwindigkeit an.

3. Flächenhafte (flächig verteilte) Signaturen:

Es sind Kartenzeichen, die in ständiger Wiederholung über eine Fläche gleichmäßig oder unregelmäßig verteilt sind einschließlich der als solche sichtbaren Raster (Makroraster, Schraffuren). Sie bezeichnen die Qualität flächenhaft erscheinender Diskreta (Wald, Bodenarten, Sprachen usw.). Die Abgrenzung wird durch eine Linie oder einfach durch das Ende des Auftretens der Signaturen angezeigt. Zu dieser Gruppe kann man auch die Formzeichen (5.3.2.6) und die Gebirgsschraffen (5.3.2.3) der Geländedarstellung rechnen.

4. Signaturen für Kartogramme:

Durch diese werden flächenbezogene Quantitäten (4.1.2) dargestellt.

Sind die darzustellenden Werte *absolute* Größen (z. B. Fördermengen), so ergibt sich eine rein äußerlich den lokalen Signaturen entsprechende Wiedergabe. Im Gegensatz zu den lokalen Signaturen sind jedoch hier die Zeichen kleiner als die Bezugsfläche und auch in dieser verschiebbar (Signaturenkartogramm).

Handelt es sich dagegen um *relative* Größen (z. B. Bevölkerungsdichte), so findet eine Flächenfüllung statt, die den flächenhaften Signaturen entspricht, in der visuellen Wirkung aber eine Variation nach Tonwerten ausdrücken soll (Flächendichtekarte, Abb. 114).

Weitere Einzelheiten siehe Bd. II,1.

4.3.5 Diagramme

Diagramme sind graphische Mittel zur Veranschaulichung quantitativer Daten, vor allem statistischer Größen, mit denen die *sachliche Aufgliederung* oder die *zeitliche Entwicklung* eines Sachverhaltes gezeigt wird. Die graphische Variation von Diagrammen ändert Art und Umfang der Aussage nicht, kann aber die Verdeutlichung fördern. Man kann unterscheiden:

1. Die quantitative Angabe ist auf einen festen Punkt bezogen (z. B. Winddiagramm, Pegeldiagramm). Da solche *lokalen Diagramme* wie die Signaturen lagetreu sind, werden sie auch vielfach zu diesen gerechnet *(Diagrammsignatur)*.

2. Die quantitative Angabe bezieht sich auf eine bestimmte, in der Karte noch erkennbare Fläche. Sie ist daher nicht lokalisierbar, wird also innerhalb der Bezugsfläche nur raumtreu

angeordnet (z. B. Gliederung nach Berufen innerhalb eines Verwaltungsbereichs). Solche Darstellungen gelten als *Kartodiagramme*. Weitere Einzelheiten siehe Bd. II,1.

4.3.6 Halbtöne

Halbtöne sind Flächen, die im Gegensatz zu den Flächenfarben (4.3.3) wechselnde Tonwerte aufweisen. Sie kommen wie folgt vor:

1. Als *Schummerung* zum Zwecke einer möglichst formanschaulichen Geländedarstellung (5.3.2.5). Eine solche Wiedergabe kann Gefällverhältnisse und grundrißähnliche Lagemerkmale aufzeigen.

2. Als Ergebnis photographischer Aufnahmen (z. B. *Luftbilder*) und deren Wiedergabe in *Luftbildkarten* und ähnlichen Darstellungen (Bd. II,3). Dabei zeigen sprunghafte Veränderungen der Halbtöne (Konturen) häufig, jedoch nicht immer Grundrißmerkmale an (z. B. Wegegrenzen). Qualitative Objektmerkmale sind meist erst durch einen besonderen Deutungsprozeß *(Interpretation)* zu gewinnen, wenn sie nicht bereits durch Gestaltungsmittel wie Signaturen, Schrift usw. erläutert werden.

Bei der Kartenvervielfältigung im herkömmlichen Druckverfahren sind die Halbtöne in beiden Fällen in feine Rasterelemente aufzulösen, so daß hierbei streng genommen nur von *Pseudo-Halbtönen* gesprochen werden kann.

4.3.7 Kartenschrift

Die Kartenschrift gilt als besonderer Bestandteil des Karteninhalts (1.5.3), da sie unter allen Gestaltungsmitteln die geringste *geometrische* Aussagemöglichkeit besitzt; dafür ist sie aber das wichtigste *erläuternde* Element der Karte. Sie bezieht sich auf Namen (Namengut), Abkürzungen und Zahlen. Stumme Karten wirken unfertig, Karten mit einer nicht verständlichen Sprache (z. B. Japanisch) erscheinen fremd.

Durch die graphische Variation nach Farbe und Form lassen sich Qualitäten beschreiben, durch die Variation nach Größe auch

Quantitäten angeben. Im einzelnen ergeben sich die *Merkmale der Kartenschrift* wie folgt (Abb. 103):

1. Die *Schriftart* (der *Duktus*) bestimmt weitgehend das Gesamtbild und damit zugleich Lesbarkeit und ästhetische Wirkung der Kartenschrift. Sie läßt sich als Variation nach der Form auffassen: Mehrere Schriftarten in einer Karte können verschiedene Objektklassen kennzeichnen. Die Kartenschriften sind zeichnerisch entwickelt worden, doch lehnen sich die heute gebräuchlichen Arten stark an die im Buchdruck üblichen Schriftzeichen an und werden neuerdings auch wie diese benannt (siehe DIN 16518). Man unterscheidet folgende Gruppen von Schriftarten (Abb. 103):

- *Antiqua* oder römische Schrift mit wechselnden Strichbreiten und Fußstrichen (Serifen) *(a)*; eine besonders gerundete Form wird in der Kartographie auch als *Kursiv* bezeichnet *(b,g,h)*;
- *Grotesk*-, Block- oder Balkenschrift mit konstanten Strichbreiten und ohne Serifen (z. B. nach DIN 1451) *(c)*;
- *Fraktur*- oder gebrochene Schrift, in Karten überwiegend nur bis zum 16. Jahrhundert angewandt *(d)*;
- *Normschrift* als Schreibschrift für einfachere Darstellungen, mit konstanten Strichbreiten und gerundeten Enden (Schablonenschrift). Dazu gehören die Schriften nach DIN 6776 (Beispiel e mit Schriftart A vertikal) als Internationale Normschrift (ISO 3098) mit besonderer Eignung für Mikroverfilmung sowie nach DIN 16 (Beispiel f mit schräger Mittelschrift) und DIN 17 (senkrechte Schrift).

Majuskeln, Versal- oder *Kapitalschriften* weisen nur gleich hohe Großbuchstaben auf, während bei *Minuskeln* auch Kleinbuchstaben verschiedener Ober- und Unterlänge auftreten.

2. Auch die *Schriftlagen* lassen sich als Variation der Form auffassen. Neben der stehenden Schrift *(a–e)* gibt es die vorwärts- oder rechtsliegende *(f, g)* sowie die rückwärts- oder linksliegende *(h)* Schrift. Eine schräggestellte Antiqua wird auch als *Kursivschrift* bezeichnet.

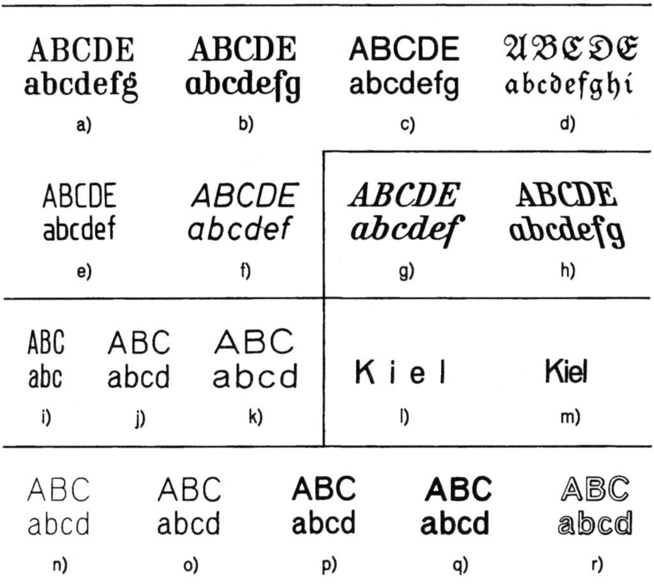

Abb. 103. Merkmale der Kartenschrift

3. Unter den *Schriftbreiten*, die ebenfalls Formvariationen sind, gibt es die enge oder schmale *(i)*, normale *(j)* und breite *(k)* Schrift.

4. Die *Schriftstärken* gelten als Variation in Größe bzw. Füllung; sie geben damit häufig Mengen, Werte und Bedeutungen, also Quantitäten an. In der Kartographie trifft man neben der Haarschrift *(n)* vor allem auf magere *(o)*, normale *(p)* und halbfette *(q)* Schriften. Hohlschriften *(r)* – meist mit Schattierung – sind nicht gefüllte Schriften.

5. Die *Schriftgröße* (der *Schriftgrad*) bietet als typische Größenvariation die Möglichkeit zu quantitativer Differenzierung (z. B. Einwohnerzahlen einer Gemeinde) einschließlich einer Abstufung nach Bedeutung (z. B. Größe einer Region, eines Seenbereiches oder Gebirgszuges).

6. Die *Schriftfarbe* (Farbvariation der Schrift) erleichtert die Zuordnung zu den einzelnen Objektqualitäten.

7. Durch *Sperren (Spationieren) (l)* werden die Buchstabenabstände größer, durch *Komprimieren (m)* kleiner.

Für die *Anwendung der Kartenschrift* gibt es zwei Möglichkeiten:

1. Kartenschrift in Verbindung mit einem anderen Gestaltungsmittel:
- Qualitative Angabe a) anstelle eines anderen Gestaltungsmittels (z. B. einer Signatur), b) zur weiteren Differenzierung einer (z. B. durch Schraffur) bezeichneten Qualität und c) zur Identifizierung durch Angabe von Namen (Abb. 104).
- Quantitative Angabe durch Zahlenwerte (km-Stein, Höhenlinie) oder durch die Schriftgröße (z. B. Ortsname neben der Ortssignatur gibt zugleich ungefähre Einwohnerzahl an).

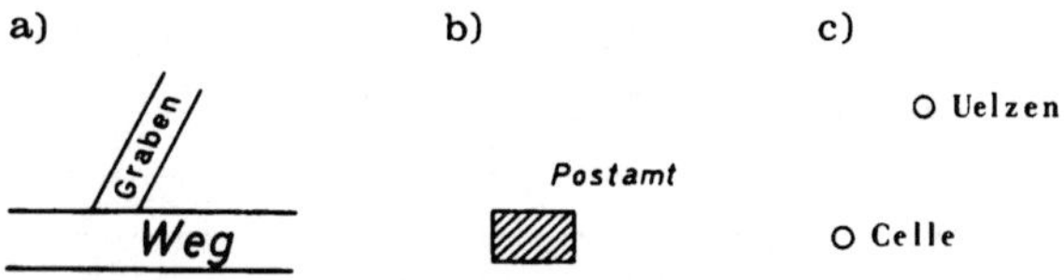

Abb. 104. Kartenschrift als qualitative Angabe

a) zur Erläuterung anstelle von Signaturen

b) zur weiteren Differenzierung

c) zur Identifizierung

2. Kartenschrift allein:

Hier liefert die Schrift neben der qualitativen Angabe auch noch eine Lageangabe, allerdings nur in raumtreuer Darstellung. Beispiele dieser Art sind a) flächenhafte Diskreta, die sich nicht exakt abgrenzen lassen wie die Verbreitung von Pflanzen und Tieren sowie b) die Wiedergabe topographischer oder landschaftlicher Bereiche (Abb. 105).

Die *Lage der Schrift (Schriftplazierung)* soll eine klare Zuordnung zum bezeichneten Objekt gewährleisten, möglichst wenig

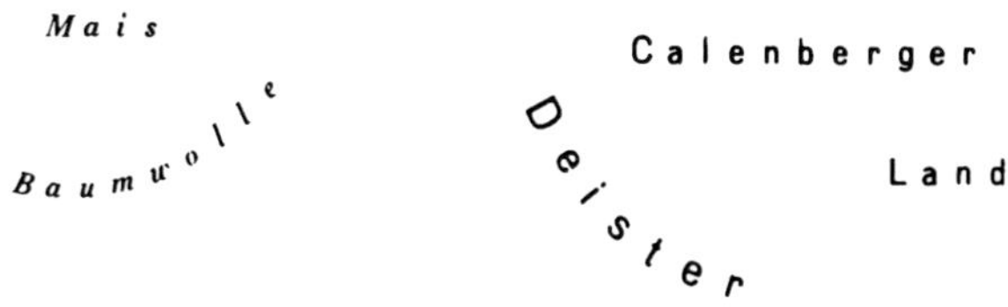

Abb. 105. Kartenschrift zur Angabe von Lage und Qualität

Verdeckungen anderer Darstellungen hervorrufen und Bereiche vermeiden, in denen Fortführungen zu erwarten sind.

Im einzelnen lassen sich dazu etwa folgende Regeln angeben:

1. Bei flächenhaften Objekten (z. B. Gebirge, Staatsgebiete) waagerecht oder in Richtung der größten Ausdehnung;
2. bei linearen Objekten (z. B. Flußlauf) parallel zur Linienführung;
3. bei lokalen Objekten (z. B. Ortssignatur) rechts von der Objektdarstellung und etwas höher als diese, soweit freie Fläche vorhanden. Dabei entweder waagerecht oder – wie bei Atlaskarten häufig – parallel zu den Breitenkreisen.

4.4 Generalisierung

Wie zu Beginn des Kap. 4 erwähnt, geht es auch hier nur um die Entwicklung und Darstellung allgemeiner Grundsätze. Einzelne Anwendungen werden dagegen in den Kap. 5 und Bd. II, 1 besprochen.

4.4.1 Anlaß und Bedeutung der Generalisierung

Jede Karte ist als Modell der Wirklichkeit eine generalisierte Darstellung (1.5.2, 1.5.5.3). Der Anlaß zur Generalisierung ist ein zweifacher:

– Bereits die erstmalige Erfassung und die Aufbereitung der Objektinformationen erfordern generalisierende Maßnahmen (z. B. meßtechnische Vereinfachungen, Bildung von Klassen).
– Beim Entwurf der Karte beeinflussen Maßstab und Zweckbestimmung das kartographische Erscheinungsbild und damit Umfang und Art der Wiedergabe der Objektinformationen.

Der Grad der Generalisierung ist von Karte zu Karte verschieden: Bei Luftbildkarten ist er gering, bei Atlaskarten dagegen hoch. Dem wachsenden Generalisierungsgrad entspricht oft ein zunehmender Abstraktionsgrad: Bodenkarten sind konkreter als komplexe Wirtschaftskarten, diese wiederum konkreter als Typenkarten der Altersstruktur.

Generalisierung ist ein wichtiger Teil der Kartengestaltung, d. h. der Anwendung der Kartengraphik. Dabei ist die Generalisierung selbst in erster Linie ein methodischer Prozeß mit einer Vielfalt von Vorgängen. Die Gestaltung ist dagegen sowohl ein Prozeß als auch ein Ergebnis. Im Hinblick darauf können zwischen Generalisierung und Kartengraphik folgende Wechselwirkungen eintreten:

– Soweit Gestaltungsvorschriften bestehen (z. B. für Linienbreiten), können sie bestimmte Vorgänge der Generalisierung erzwingen (z. B. das Ausmaß im Fortfall von Objekten).
– Soweit größere Gestaltungsfreiheit besteht, kann im Wechselspiel zwischen Generalisierungsansatz und graphischer Möglichkeit das optimale Ergebnis gesucht werden. Diese Chance bietet sich vor allem bei rechnergestützten Verfahren, besonders solchen mit interaktivem Eingriff.

Die Generalisierungsmethoden mit ihren vielfältigen Entscheidungsvorgängen und die daraus folgenden, oft weitreichenden graphischen Wirkungen machen deutlich, daß die Generalisierung eine zentrale Rolle bei vielen kartographischen Arbeiten spielt.

Will man diese Generalisierung sprachlich abgrenzen gegen den Bedeutungsinhalt, den dieses Wort in anderen Fachgebieten und umgangssprachlich hat, so kann man von „Generalisierung zum Zwecke kartographischer Wiedergabe“ sprechen. Diese ist nach einem in der Internationalen Kartographischen Vereinigung vorgeschlagenen Entwurf die „Gesamtheit der bei Erfassung oder kartographischer Darstellung auftretenden Generalisierungsvorgänge, mit denen – maßstabs- oder themenbedingt – geometrisch, begrifflich und zeitlich die unwesentlichen Einzelheiten vernachlässigt werden und Wesentliches erhalten bleibt oder in übergeordnete Begriffe überführt wird“.

Außer in den Lehrbüchern der Kartographie finden sich spezielle Abhandlungen zur Generalisierung u. a. bei *Bosse 1967, Steward 1974,*

Töpfer 1974, Hake 1975, Schweizerische Gesellschaft für Kartographie 1975, Ogrissek 1975, Sališčev 1976a, Neumann 1977, Witt 1979.

4.4.2 Arten der Generalisierung

Die Generalisierung läßt sich nach Anwendungsbereichen und Objektmerkmalen gliedern. Einen Überblick hierzu mit Beispielen gibt Abb. 106.

Anwendungen / Kategorien	Objektgeneralisierung (Vom Objekt zur Karte) topograph. | thematisch	Kartographische Generalisierung (Von Karte zu Karte)
Geometrisch	Bei Messung und Registrierung	An den geometrischen Daten der Ausgangskarte
Begrifflich: Qualitativ	Bildung von Objektklassen	Bildung höherer Klassen
Begrifflich: Quantitativ	Abrundungen und Fortfall von Zahlenwerten, Bildung von Summen-, Mittel- u. Durchschnittswerten	
Zeitlich	Synchronität der Erfassung, Bezugszeitpunkte	Ungenauere und selektierte Zeitangaben

Abb. 106. Arten der Generalisierung

1. Anwendungsbereiche der Generalisierung

Entsprechend den beiden in 4.4.1 genannten Anlässen kann man zwischen Erfassungsgeneralisierung und kartographischer Generalisierung unterscheiden.

a) Die *Erfassungsgeneralisierung (Objektgeneralisierung)* findet auf dem Wege vom Objekt zur Karte statt. Sie ist damit eine Gemeinschaftsaufgabe des jeweiligen Fachmanns (Topograph, Geologe usw.) und des Kartographen. So werden z. B. bei der Erfassung durch Vermessung kleine Gebäudevorsprünge vernachlässigt und lokale Objekte wie Masten nur durch ihren Mittelpunkt beschrieben. Bei der Erfassung statistischer Daten ist meist eine besondere Aufbereitung erforderlich. Solche Vorgänge lassen sich damit auch als *topographisches* bzw. *thematisches* Generalisieren bezeichnen (2.2.2.1, 2.4). Da die erfaßten und aufbereiteten Daten vollständig in der Karte erscheinen, ist die *Wiedergabe in Grundkarten* frei von weiteren Generalisierungen.

b) Die *kartographische Generalisierung* ergibt sich auf dem Wege von Karte zu Karte, d. h. für die *Wiedergabe in Folgekarten*. Sie ist damit weitgehend eine Aufgabe des Kartographen und gilt daher auch als *Generalisierung im engeren Sinne*. Folgekarten weisen gewöhnlich kleinere Maßstäbe auf als ihre Ausgangskarten. Die Möglichkeit einer einfachen photomechanischen Verkleinerung der Ausgangskarte ist jedoch nur begrenzt anwendbar und stellt fast immer ein Provisorium dar. Würde man nämlich fortgesetzt so verfahren können, so ergäbe sich folgende Entwicklung: Durch die Maßstabsverkleinerung schrumpft jede geometrisch exakte Wiedergabe eines Objekts immer mehr zusammen, bis sie schließlich unterhalb des Betrages der *graphischen Mindestgröße* (4.2.2) liegen würde. Da dies aber nicht praktikabel ist, hat man im Hinblick auf die Forderungen an die Karte (1.5.5) wie folgt zu entscheiden:

- Man beachtet entweder das *Prinzip der Lesbarkeit*, muß dann aber das Objekt vergrößern, also unmaßstäblich wiedergeben und schränkt damit das *Prinzip der geometrischen Richtigkeit* ein,
- oder man betreibt *Verzicht auf Wiedergabe* und schränkt damit jedoch das *Prinzip der Vollständigkeit* ein. Dieser Verzicht läßt sich entweder aus der geringen Objektbedeutung oder aus dem Mangel an Kartenfläche begründen.

Die Entscheidungen hierzu sind auf der Grundlage der thematischen Erfordernisse und vorhandener Gestaltungsvorschriften durch den Bearbeiter nach sachgerechtem Ermessen oder mit Hilfe von Rechenprogrammen und interaktiven Arbeitsweisen zu treffen. Dabei gelten auch hier die in 4.2.1.1 zusammengestellten kartenlogischen Bedingungen.

2. Kategorien der Generalisierung

Nach den in 4.1 beschriebenen Objektmerkmalen kann man zwischen geometrischer, begrifflicher (qualitativer und quantitativer) und zeitlicher Generalisierung unterscheiden. Nähere Ausführungen zu diesen Kategorien enthält 4.4.3.

4.4.3 Grundsätze der Generalisierung

Die weiteren Betrachtungen beziehen sich in erster Linie auf die kartographische Generalisierung, gelten aber weitgehend auch für die Erfassungsgeneralisierung.

4.4.3.1 Elementare Vorgänge der Generalisierung

Analysiert man den Ablauf einer Generalisierung, so ergibt sich eine Folge zahlreicher elementarer Generalisierungsvorgänge (Generalisierungsprozesse). Diese lassen sich in die folgenden 7 Gruppen einteilen:

1. Vereinfachen (mit der wichtigen Untermenge Glätten),
2. Vergrößern (mit der wichtigen Untermenge Verbreitern),
3. Verdrängen (als Folge des Verbreiterns),
4. Zusammenfassen,
5. Auswählen,
6. Klassifizieren bzw. Typisieren,
7. Bewerten.

Die Vorgänge gelten für alle Kategorien der Generalisierung, werden aber meist am Fall der geometrischen Generalisierung verdeutlicht (Abb. 107).

So einfach und übersichtlich eine solche Zusammenstellung erscheint, so schwierig kann jedoch das Generalisieren im Einzelfalle sein. Dies ergibt sich aus folgenden Gründen:

– Die Vorgänge sind keine Anwendungsvorschriften. Sie sind vielmehr Einzelschritte, deren sinnvolle Verknüpfung erst mit zusätzlichen methodischen Festlegungen (4.4.4) zustandekommt.

– Die Vorgänge sind in ihren Wirkungen und in ihrer Reihenfolge *(Lichtner 1979a)* nicht völlig unabhängig voneinander (z. B. 2 und 3).

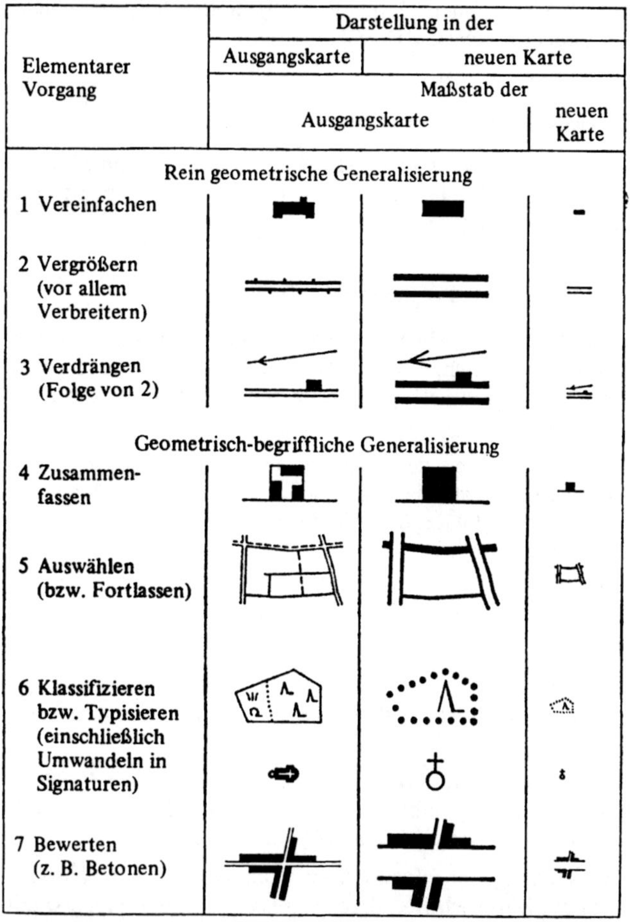

Abb. 107. Elementare Vorgänge der kartographischen Generalisierung, dargestellt an Beispielen zur geometrischen Generalisierung

4.4.3.2 Anwendungen der elementaren Vorgänge auf die Kategorien der Generalisierung

a) Geometrische Generalisierung

Diese Generalisierung des Raumbezugs (4.1.2) ist primär – in bezug auf das Ergebnis – eine *graphische* Generalisierung. Beim Einsatz rechnergestützter Verfahren ist sie jedoch zwischenzeitlich auch eine *numerische* Generalisierung. Alle elementaren Generalisierungsvorgänge treten bei dieser Kategorie auf. Abb. 107 gibt eine Zusammenstellung mit Beispielen.

Um inhaltlich und graphisch sachgerechte Ergebnisse zu gewinnen, sind die elementaren Vorgänge unter bestimmten Bedingungen einzusetzen, die in Abb. 108 näher erläutert sind.

Bedingung	Beispiele
Graphisch	Maßstabsbedingte Mindestgrößen von Strecken und Flächen, Flächenverhältnis von Bildstellen zu bildfreien Stellen, Einfluß des Zeichenschlüssels
Geometrisch	Streckentreue, Proportionstreue, Flächentreue, Parallelitäten, Geradlinigkeiten, Rechtwinkeligkeiten
Strukturell	Nachbarschaft (zu Grenzen, Wegen usw.), Genese (z. B. Relief), Typus (z. B. Ort), Funktionelle Verknüpfung (z. B. Häuser)

Abb. 108. Bedingungen der geometrischen Generalisierung

b) Begriffliche Generalisierung

Entsprechend den begrifflichen, d. h. substantiellen Merkmalen (4.1.3) treten qualitative und quantitative Generalisierungen auf.

Bei der *qualitativen Generalisierung* stehen die Vorgänge des Zusammenfassens, des Auswählens und des Klassifizierens im Vordergrund. Abb. 109 gibt eine Übersicht mit Beispielen.

Strukturen der Qualitäten	Vorgang	Beispiele
Gleichwertig	Auswählen (tlw. auch Bewerten und Zusammenfassen)	Straße, Haus, Wald, See
Geordnet	Auswählen und Zusammenfassen	Bach - Fluß - Strom - Meer Weg - Straße - Autobahn
Hierarchisch	Klassifizieren und Zusammenfassen	Laub-, Nadel-, Mischwald → Wald Gemeindebezirk → Kreis → Bezirk → Land

Abb. 109. Vorgänge der qualitativen Generalisierung

Die *quantitative Generalisierung* tritt vor allem bei thematischen Generalisierungen auf. Hierbei geht es vor allem um die Vorgänge des Vereinfachens, des Zusammenfassens, des Auswählens und des Klassifizierens. In Abb. 110 sind Beispiele zusammengestellt.

Merkmal der Quantitäten	Vorgang	Beispiele
Absolutzahlen	Vereinfachen Zusammenfassen Auswählen Typisieren	Rundungen (Einwohnerzahlen) Summenwerte (versch. Berufe) Werte unter Schwellenwert Mittelwerte (Klimadaten)
Relativzahlen (Verhältnis-zahlen)	Vereinfachen Klassifizieren und Typisieren (Auswählen)	Rundungen (Pkw - Dichte) Wertgruppen (Bevölk. - Dichte) Mittelwerte (Richtpreise) Indexierung (Handelspreise) Standardisierung (Vergleiche) (Nur ausnahmsweise, da auch Relativzahl 0 meist wichtig)

Abb. 110. Vorgänge der quantitativen Generalisierung

c) Zeitliche Generalisierung

Diese ist auf Angaben zum zeitlichen Verhalten (4.1.4) im Rahmen thematischer Generalisierungen anzuwenden. Dabei treten vor allem die Vorgänge des Vereinfachens, des Zusammenfassens, des Auswählens und des Typisierens auf. Eine Zusammenstellung mit Beispielen gibt die Abb. 111.

Art der zeitlichen Datierung	Vorgang	Beispiele
Lokaler Bezug	Vereinfachen Auswählen	Rundungen (nur Jahresangabe bei geschichtl. Ereignis) Weniger bedeutendes Datum (lokales Ereignis)
Lineare Folge (Räumliche Veränderungen des gesamten Objekts)	Vereinfachen Auswählen Zusammenfassen	Rundungen (Datierungen einer Expedition) Weniger bedeutendes Datum (bei militär. Operation) Summe mehrerer Zeitintervalle (bei Völkerwanderung)
Räumliche Ausdehnung (Räumliche Veränderung der Objektgrenze, = genetische Karte)	Vereinfachen Auswählen Zusammenfassen	Rundungen (Datierung einer neuen Grenze) Weniger bedeutendes Datum (Geringe Grenzveränderung) Summe mehrerer Zeitintervalle (Geolog. Epoche, Stadterweiterung)
Geschwindigkeit	Vereinfachen Typisieren	Rundungen (Strömungsgeschwindigkeit in vollen m/s) Mittelwerte (Autobahnverkehr, rezente Krustenbewegung)

Abb. 111. Vorgänge der zeitlichen Generalisierung

4.4.4 Methoden der Generalisierung

Diese ergeben sich aus einem mehr oder weniger regelhaften System, nach dem die elementaren Vorgänge auf die Objekte und ihre Merkmale bezogen und miteinander verknüpft werden. Dieses System kann beruhen

- auf einer intuitiven Arbeitsweise im Anhalt an Erfahrung und Können des Bearbeiters und/oder
- auf einer Folge verbindlicher Gesetzmäßigkeiten.

Die bisherige Praxis besteht meist aus einer Mischung beider Möglichkeiten: So schafft z. B. in der topographischen Kartographie ein genau vorgegebener Zeichenschlüssel eine Reihe von Gesetzmäßigkeiten; dennoch verbleibt auch hier ein individueller Gestaltungsspielraum, in dem die subjektiven Auffassungen der Bearbeiter ihren Niederschlag finden.

4.4.4.1 Intuitives Generalisieren

Die Methode entspricht etwa dem von *Louis 1957* beschriebenen *freien* Generalisieren. Dieses tritt als verschiedengewichtiges Generalisieren immer stärker mit kleiner werdendem Maßstab auf, wenn die Richtigkeit einer Darstellung zugunsten der Lesbarkeit soweit einzuschränken ist, daß statt einer *Gruppe* gleichwertiger Objekte nur noch *ein* Objekt wiedergegeben wird: So werden z. B. Häufungen von Einzelgebäuden, Flußschleifen oder Straßenkehren durch jeweils eine einzige Darstellung ersetzt, die umgekehrt keine eindeutigen Schlüsse mehr auf die örtliche Situation zuläßt.

Zweifellos sind auch bei dieser Methode gewisse Regelhaftigkeiten vorhanden. Sie lassen sich aber nicht oder nur schwierig in formale Gesetzmäßigkeiten kleiden (z. B. strukturelle Betonungen). Daneben sind oft willkürliche, aber unvermeidliche Entscheidungen (z. B. bei Auswahlvorgängen) zu treffen. Bei rechnergestützten Verfahren ergibt sich hierbei eine gute Einsatzmöglichkeit für den interaktiven Bildschirm.

4.4.4.2 Gesetzmäßiges Generalisieren

Die Bemühungen um solche Methoden haben sich verstärkt

- mit den gestiegenen Anforderungen an Generalisierungsergebnisse und
- mit dem zunehmenden Einsatz der Computertechnik, auch im Bereich der kartographischen Generalisierung.

Hierfür gibt es zwei verschiedenartige Ansätze:

- Die mehr *empirische* Methode, die sich vorwiegend auf Erfahrungen sowie auf die Analyse von Karten und darin enthaltener Generalisierungsergebnisse stützt, und

– die mehr *konstruktive* Methode, die sich fester Vorgaben geometrischer, begrifflicher und zeitlicher Art bedient.

In der Praxis durchdringen sich häufig beide Ansätze, z. B. bei der Entwicklung und Erprobung eines neuen Zeichenschlüssels für eine Folgekarte.

Eckert 1921 hielt Gesetzmäßigkeiten in der kartographischen Generalisierung nicht für sinnvoll. Die bisherigen Teillösungen bei Anwendungen der elektronischen Datenverarbeitung in der topographischen Kartographie berechtigen aber zu der Annahme, daß Gesetzmäßigkeiten in stärkerem Maße als bisher anwendbar sind. Diese haben jedoch keinen absoluten Charakter wie Naturgesetze oder mathematische Axiome, sondern sind lediglich sinnvolle und kartenlogisch (4.2.1.1) konsequente Konventionen über Art und Folge in der Anwendung der elementaren Vorgänge. Sie sind daher so gut oder so schlecht, wie es die Ansätze und Programme selbst sind. Daher können sie auch keine *objektive* Karte im absoluten Sinn erzeugen, aber sie liefern wenigstens *homogene* und damit vergleichbare Ergebnisse. Dies spielt vor allem bei großen Kartenwerken eine wichtige Rolle. *Imhof 1972* beschreibt diesen Sachverhalt als subjektive Kollektivität.

a) Empirische Gesetzmäßigkeiten

Ein typischer Fall ist die Reihenfolge, in der die Objektklassen generalisiert werden. In topographischen Karten beginnt man z. B. mit dem Netz der Gewässer und Verkehrswege; dann folgt das Siedlungsbild, während die Oberflächenformen erst zum Schluß an die Reihe kommen. Dieses Prinzip läßt sich allerdings bei späteren Fortführungen der Karten nicht immer konsequent einhalten.

Auch Zeichenvorschriften beruhen auf empirischen Gesetzmäßigkeiten, soweit in ihnen die Erfahrungen aus ersten Entwürfen und Probekarten ihren Ausdruck gefunden haben.

Der Einsatz der Computertechnik zwingt dazu, die Gesetzmäßigkeiten in mathematische Formen zu kleiden. Einer der ersten Ansätze hierzu ist das 1961 von Töpfer formulierte *Auswahlgesetz* oder *Wurzelgesetz (Pillewizer/Töpfer 1964)*. Danach ist

$$n_F = n_A \cdot \sqrt{\frac{m_A}{m_F}},$$

wobei n_F = Anzahl der Objekte im Folgemaßstab,
n_A = Anzahl der Objekte im Ausgangsmaßstab,
m_A = Maßstabszahl des Ausgangsmaßstabs,
m_F = Maßstabszahl des Folgemaßstabs.

Die Formel gilt vor allem für die Generalisierung topographischer Karten großen und mittleren Maßstabs. Sie läßt sich noch zu einer Reihe erweiterter Auswahlgesetze modifizieren, wenn im Folgemaßstab Objektbedeutung bzw. Zeichenschlüssel wesentlich von den Verhältnissen im Ausgangsmaßstab abweichen. Auch kann man sie auf die geometrische Formvereinfachung ansetzen, wenn man Ecken und Wendepunkte bei linienhaften Objekten (Straßen, Flüsse usw.) und bei den Umringslinien flächenhafter Objekte (Seen, Ortsumrisse usw.) als fiktive Einzelobjekte auffaßt.

E. Srnka 1970 erweiterte das Auswahlgesetz zum Selektionsgesetz für lokale und lineare Objekte. *J. Neumann 1972, 1978* untersuchte die Beziehungen, die sich für bebaute Flächen zwischen Ausgangs- und Folgemaßstab ergeben. *P. Mesenburg 1973* ermittelte den Grad der Generalisierung an einzelnen Objektgruppen mit Hilfe der Faktorenanalyse.

Das Auswahlgesetz läßt noch weitgehend die Entscheidung offen, *welches* Objekt nun unter gleichwertigen Objekten auszuwählen ist *(Töpfer 1977)*. Darüber hinaus gehen alle genannten Arbeiten von der stillschweigenden Annahme aus, daß die untersuchten Generalisierungsergebnisse als richtig, d. h. als sachgerecht, anzusehen sind.

b) Konstruktive Gesetzmäßigkeiten

Schon Zeichenvorschriften enthalten eine konstruktive Komponente, wenn sie durch Vorgabe von Karteninhalt, Kartennetz, graphischem Duktus usw. eine bestimmte Vorgehensweise bei der Generalisierung erfordern.

Im Hinblick auf den Einsatz der elektronischen Datenverarbeitung spricht *Staufenbiel 1973* vom sog. Soll-Konzept, während er die Verwendung empirischer Gesetzmäßigkeiten als Ist-Konzept bezeichnet. Die bisher entwickelten rechnergestützten Verfahren gehen vorwiegend von geometrisch-graphischen Bedingungen aus. Beispiele dafür sind

- das Prinzip der konstanten Bilddichte *(Beck 1971)*,
- das Einhalten graphischer Mindestgrößen bei Strecken und Flächen *(Staufenbiel 1974, Hake/Hoffmeister 1978)*, teilweise mit Beachtung von Flächentreue, Proportionstreue und Anzahltreue *(Berger 1975)*,
- die Systematik des Verdrängens in bestimmten Verdrängungszonen *(Lichtner 1977, Christ 1979, Schittenhelm 1980)*,
- der Gebrauch von Glättungsfunktionen beim Vereinfachen von Linien *(Gottschalk 1971, Johannsen 1975, Frederiksen u. a. 1978, Hentschel 1979)*,
- Binärbildverarbeitung, Glättungsverfahren usw. zur Generalisierung eines ganzen Kartenbildes *(Gottschalk 1974)*.

Weitere Angaben hierzu siehe an den jeweiligen Stellen in den Kap. 5 sowie Band II, 1 und 5.

4.4.5 Künftige Stellung der Generalisierung

Es ist zu erwarten, daß die Bemühungen um eine weitere Erforschung und Anwendung von Gesetzmäßigkeiten in der Generalisierung – vor allem unter Einsatz rechnergestützter Verfahren – zunehmen werden. Zur künftigen Stellung der Generalisierung insgesamt läßt sich folgendes sagen:

1. Im Bereich der *topographischen* Kartographie wird die – vielfach unbewußt vorgenommene – Erfassungsgeneralisierung weiterhin ihren Stellenwert behalten. Für die kartographische Generalisierung stellt sich die heutige Situation in der amtlichen topographischen Kartographie wie folgt dar:

- Außerhalb Europas findet die Herstellung aller topographischen Karten großer und mittlerer Maßstäbe wegen der weitmaschigen Maßstabsfolge praktisch als Grundkarten-Herstellung statt. Die Generalisierung beginnt erst ab etwa 1 : 200000.
- Innerhalb Europas beruht die Herstellung zwar weitgehend auf dem Prinzip von Grundkarte und Folgekarte, doch findet zumindest die Fortführung neben dem Folgekarten-

Prinzip auch in erheblichem Umfang im Parallelbetrieb, d. h. praktisch nach dem Grundkarten-Prinzip statt.

Das künftige Ausmaß der kartographischen Generalisierung ist daher für diesen Bereich kaum abschätzbar. Man kann jedoch annehmen, daß in absehbarer Zeit die beiden folgenden Extremfälle nicht realisierbar sind:

- Es gibt nur noch Grundkarten (infolge der Fortschritte in Photogrammetrie und Fernerkundung) oder
- es gibt nur noch Folgekarten (durch die laufende Generalisierung digitaler Modelle von der automatisierten Liegenschaftskarte her).

2. Bei der gegenwärtigen Entwicklung der *thematischen* Kartographie ist damit zu rechnen, daß in diesem Bereich auch die Generalisierung in ihren verschiedenen Arten weiterhin an Bedeutung gewinnen wird.

4.4.6 Lagemerkmale der kartographischen Darstellung

Die Wirkungen der Generalisierung, insbesondere die notwendige Einschränkung der geometrischen Richtigkeit zugunsten der Lesbarkeit, führen auch zu mehr oder weniger exakten Lagemerkmalen. Diese lassen sich durch vier verschiedene Darstellungsweisen beschreiben, die in einer Karte auch gleichzeitig auftreten können (Abb. 112).

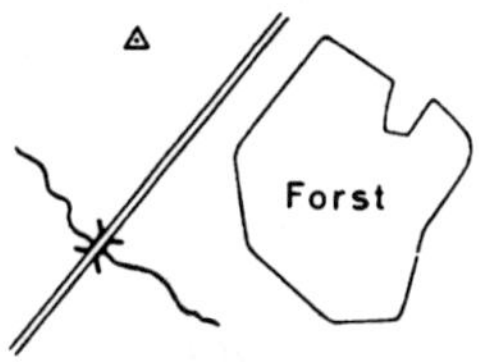

Abb. 112. Lagemerkmale kartographischer Darstellung

Grundrißtreu: Waldbegrenzung
Grundrißähnlich: Straße
Lagetreu: TP, Wasserlauf
Raumtreu: Schrift

1. Grundrißtreue Darstellung

Diese auch als *Maßstabstreue* bezeichnete Darstellungsweise herrscht in Karten großen Maßstabs vor. Diskrete flächenhafte Objekte werden durch ihre Begrenzungslinien, Kontinua durch Isolinien maßstäblich exakt wiedergegeben. Die Genauigkeit kartometrischer Arbeiten (z. B. Längen- und Flächenmessungen) findet ihre Grenze lediglich in der Genauigkeit des kartometrischen Verfahrens und in der allgemeinen geometrischen Genauigkeit der zeichnerischen Darstellung.

2. Grundrißähnliche Darstellung

Diese Darstellungsweise ist vorwiegend bei Karten mittlerer Maßstäbe anzutreffen. Lineare Objekte werden verbreitert wiedergegeben, und allgemein ist der Verlauf aller Linien und Flächenkonturen stärker vereinfacht, bei Höhenlinien jedoch unter Beachtung typischer Formen. Kartometrische Arbeiten sind meist mit ausreichender Genauigkeit möglich, haben jedoch die beschriebenen Wirkungen zu berücksichtigen.

3. Lagetreue Darstellung

Diese auch als *Positionstreue* bezeichnete Darstellungsweise tritt in Karten mittlerer, noch mehr aber in Karten kleinerer Maßstäbe auf. Die Grundrißgestalt des Objektes ist nicht mehr darstellbar; die Mitte einer Signatur kennzeichnet lediglich den Mittelpunkt eines lokalen Objektes, und bei bandförmigen Objekten gibt eine einzige Linie die gedachte Mittellinie an (Abb. 113a). Dementsprechend sind auch kartometrische Arbeiten bereits stärker eingeschränkt.

4. Raumtreue Darstellung

Während die lagetreue Darstellung noch die genaue Position der Objektmitte angibt, zeigt die raumtreue Darstellung nur noch die ungefähre geographische Lage eines Objektes in der Karte an. Dabei treten drei Fälle auf:

a) Das Objekt ließe sich zwar lagetreu darstellen, die tatsächliche Wiedergabe ist jedoch stark schematisiert, bisweilen in fast skizzenhafter Manier (z. B. bei schematisch dargestellten Verkehrsnetzen, Abb. 113b). Solche Darstellungen, die auch als *Topogramme* bezeichnet werden, lassen kaum noch exakte kartometrische Arbeiten zu.

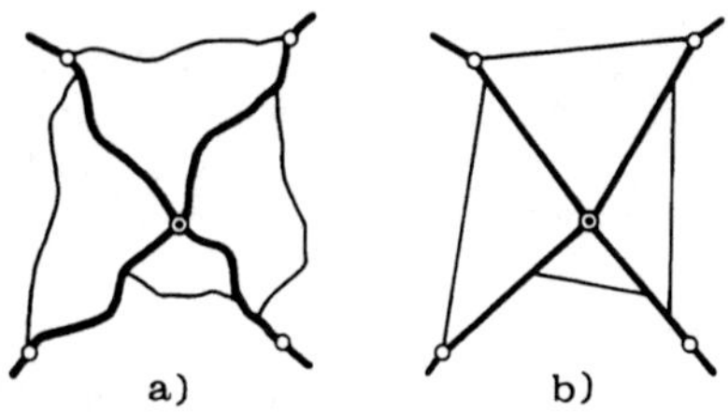

Abb. 113. Lage- und raumtreue Darstellungen

a) Orte und Verkehrsnetz lagetreu

b) Orte lagetreu, Verkehrsnetz raumtreu

b) Das Objekt ist eine flächenbezogene Quantität (z. B. ein statistischer Mittelwert wie die Bevölkerungsdichte) und läßt sich damit nach seiner Lage überhaupt nicht eindeutig fixieren. Bei solchen *Flächendichtekarten* (*Kartogramme,* Abb. 114) bzw.

Abb. 114. Flächendichtekarte mit grundrißtreuer bzw. -ähnlicher Bezugsfläche und raumtreuer Angabe der Quantität

Kartodiagrammen lassen sich kartometrische Arbeiten nur auf die grundrißtreue bzw. -ähnliche Bezugsfläche oder auf die nach der Größe variierte geometrische Signatur (Bd. II, 1) beziehen.

c) Auch die Kartenschrift ist raumtreu, soweit sie linienhafte oder flächenhafte Objekte bezeichnet (Abb. 105).

4.5 Urheberrecht an Karten

Kartographische Gestaltung als gedankliche Entwicklung und teilweise auch Anwendung eines bestimmten Zeichensystems für eine neue Karte ist eine eigenschöpferische Leistung des Autors. Als Ergebnis einer solchen Entwicklung ist die neue Karte ein Werk, das als persönliche geistige Schöpfung dieses Autors urheberrechtlichen Schutz genießt.

In der Bundesrepublik Deutschland zählt das *Urheberrechtsgesetz von 1965* (UrhG, mit Einschluß späterer Änderungen) unter anderem „Darstellungen wissenschaftlicher oder technischer Art wie Zeichnungen, Pläne, Karten, Skizzen, Tabellen und plastische Darstellungen" ausdrücklich zu den geschützten Werken, wenn sie persönliche geistige Schöpfungen sind. Das Urheberrecht umfaßt neben dem *Veröffentlichungsrecht* das *Verwertungsrecht,* das aus dem Recht der Vervielfältigung, der Verbreitung und der Ausstellung besteht. Bearbeitung und Umgestaltung einer Karte zum Zwecke der Veröffentlichung oder Verwertung sind daher nur mit Einwilligung des Urhebers möglich. Das Verwertungsrecht ist jedoch eingeschränkt bei Sammelwerken für den Unterricht und bei Vervielfältigungen zum persönlichen und eigenen wissenschaftlichen Gebrauch. Auch kann der Autor seine Rechte als *Nutzungsrechte* ganz oder teilweise anderen Personen übertragen.

Handelt es sich beim Kartenautor nicht um einen freischaffend Tätigen, so wird sein persönliches Urheberrecht meist im Rahmen dienst- bzw. arbeitsrechtlicher Vereinbarungen durch seine Beschäftigungsstelle wahrgenommen, d. h. in der amtlichen Kartographie durch den Dienstherrn und in der Privatkartographie durch den Arbeitgeber.

Bei Karten, die ganz oder überwiegend nach strengen Formvorschriften entstehen (z. B. großmaßstäbige Flurkarten und Lagepläne), kann es umstritten sein, ob sie überhaupt schutzwürdige Werke sind. Unabhängig davon besteht bei den amtlichen Karten meist ein allgemeines Vervielfältigungsverbot auf der Grundlage der verschiedenen Vermessungsgesetze.

Fragen des Urheberrechts treten besonders dann auf, wenn eine Karte auf der Grundlage einer anderen Karte entsteht, z. B. der Entwurf einer privaten Wanderkarte auf der Basis einer amtlichen Karte. Werden dabei lediglich Abzeichnungen oder Maßstabsveränderungen, mechanische Vervielfältigungen oder einfache Änderungen in den Farben oder Schriftarten vorgenommen, so liegt keine eigene Leistung vor; es handelt sich vielmehr um rechtsverletzende Plagiate der Vorlage. Dagegen liegen durchaus eigenschöpferische Tätigkeiten vor, wenn der Inhalt der Vorlage durch wesentlich andere graphische Betonung neugestaltet wird, wenn andere Darstellungsmittel zum Zuge kommen (z. B. Schummerung) oder wenn wesentlich neue Eintragungen stattfinden (z. B. Wanderwege mit Kennzeichnungen).

Zu Fragen des Urheberrechts in der Kartographie äußern sich u. a. *Schmidt-Falkenberg 1974, Bormann 1975, Satzinger 1975.*

Das Urheberrecht ist in vergleichbarer Weise geregelt in der DDR durch Gesetz von 1965, in Österreich durch das 1953 novellierte Gesetz von 1936 und in der Schweiz durch ein Gesetz von 1922.

Im internationalen Urheberschutz ist die sog. *Revidierte Berner Übereinkunft (RBÜ) von 1886* (in der Pariser Fassung von 1971) eine völkerrechtliche Abmachung, deren Inhalt in Form von Mindestfestlegungen unmittelbar für die Vertragspartner verbindlich ist. Demgegenüber verpflichtet das *Welturheberrechtsabkommen (WUA) von 1952* (in der revidierten Fassung von 1971) die Vertragspartner lediglich zum Erlaß von Schutzrechten im eigenen Lande nach den getroffenen Abmachungen. Dem Abkommen sind bis heute die meisten Staaten beigetreten. Es regelt u. a. in Artikel III,1, daß in jedem Staat die Voraussetzungen des Urheberrechtsschutzes für Werke von Ausländern durch das Copyright-Zeichen © erfüllt sind, und zwar unabhängig von inländischen Förmlichkeiten wie Registrierung usw. Neben dem Copyright-Zeichen als Hinweis auf ein schutzwürdiges Werk ist jedoch der Name des Urhebers und das Jahr der ersten Veröffentlichung anzugeben.

Beide Abkommen wurden 1973 von der Bundesrepublik Deutschland ratifiziert und im UrhG in der Weise berücksichtigt, daß Ausländer wie Inländer zu betrachten sind.

5. Topographische Karten

5.1 Begriffe und Aufgaben

Entsprechend der in 1.5.6 vorgenommenen Zweiteilung aller Karten in topographische und thematische Karten gilt als *topographische Karte* in einem sehr weiten und allgemeinen Sinne jede „Karte, in der Situation, Gewässer, Geländeformen, Bodenbewachsung und eine Reihe sonstiger zur allgemeinen Orientierung notwendiger oder ausgezeichneter Erscheinungen den Hauptgegenstand bilden und durch Kartenbeschriftung eingehend erläutert sind" *(Internationale Kartographische Vereinigung 1973)*. Das Fachwörterbuch „Benennungen und Definitionen im deutschen Vermessungswesen" spricht von „... Karten aller Maßstäbe, in denen die Landschaft charakteristisch vereinfacht dargestellt ist" *(Institut für Angewandte Geodäsie 1971)*.

Topographische Karten gibt es in Form *amtlicher* Kartenwerke in bestimmten Maßstäben, als amtliche und private Stadtkarten, als *private* Wanderkarten, Übersichtskarten, kleinmaßstäbige Einzelkarten, Kartenwerke und Atlanten sowie in einigen Sonderformen.

Neben der Darstellung in Lehrbüchern finden sich umfangreichere Untersuchungen zu topographischen Karten bei *Bosse 1962, Pöhlmann 1974, Kelnhofer 1980* sowie zu deren Interpretation bei *Fezer 1974, Hüttermann 1975, Muehrke 1978.*

Will man die *Aufgaben* zusammenstellen, die eine topographische Karte zu erfüllen hat, so gelingt dies am besten, wenn man sich die Anliegen der Benutzer einer solchen Karte vergegenwärtigt. Dabei ergeben sich folgende Gruppen:

1. *Bildung und Information:* Unterricht, Selbststudium, Erläuterung aktueller Geschehnisse;
2. *Geländeorientierung:* Wandern, Sport, militärische Operationen;
3. *Verwaltung und Planung:* a) Flächenhaft: Land- und Forstwirtschaft, Industrie, Wasserwirtschaft, Raumordnung und Städtebau, Landesverteidigung; b) Linienhaft: Verkehrswege, Versorgung, Energiewirtschaft;

4. *Wissenschaftliche Interpretation:* Geowissenschaften, (Geographie, Geologie, Geophysik), Ur-, Siedlungs-, Verkehrs- und Wirtschaftsgeschichte;
5. *Kartographische Grundlage:* Amtliche und private Stellen des Vermessungswesens und der Kartographie: Unterlage für Folgekarten, Quelle und Grundlage für thematische Karten.

Die unterschiedliche Verwendung topographischer Karten führt dazu, daß die Benutzer häufig auch unterschiedliche Anforderungen an Form und Inhalt der Karte stellen. So berechtigt diese Wünsche im einzelnen sind, so schwierig oder gar unmöglich ist es, alle Wünsche in einer Karte zu vereinen. Jede gute topographische Karte ist daher in gewisser Weise auch das Ergebnis eines bestmöglichen Kompromisses zwischen solchen nicht selten divergierenden Forderungen. Letztlich wird der Umfang des Karteninhalts auch durch die Notwendigkeit begrenzt, daß er – besonders bei amtlichen Kartenwerken – auf lange Zeit in wirtschaftlich vertretbarer Weise auf dem laufenden zu halten ist. Dieser *Zwang zur Fortführung* wird angesichts der heute immer rascheren Veränderungen im Landschaftsbild zu einem mehr und mehr dominierenden Faktor (5.6.6).

Die in den letzten 100 Jahren eingetretenen Veränderungen des Karteninhalts sind am deutlichsten bei den amtlichen topographischen Karten zu erkennen: Stand zunächst der militärische Aspekt im Vordergrund, so geht es heute um eine Vielzweckkarte als Informationsquelle und Arbeitsgrundlage für die verschiedensten Bereiche. Dabei erfordert die in vielen Staaten vorhandene dichte Maßstabsfolge (1.5.5.1, 5.6) eine Abstimmung der Karteninhalte nach Umfang der Darstellung und Grad der Generalisierung. Der Einsatz von Datenbanken und rechnergestützten Verfahren bedingt ferner eine systematische und sachlogische Ordnung und Verschlüsselung der Objekte, z. B. in Form eines Katalogs wie im Falle des OSKA der *Arbeitsgemeinschaft der Vermessungsverwaltungen 1976.*

Eine rein topographische Karte gibt es in der Praxis kaum; fast immer trifft man auch auf thematische Angaben wie politische Grenzen, Nummern von Straßen, Einwohnerzahlen (durch Schriftgrößen) usw.

Über die verschiedenen Quellen, aus denen die Informationen zur Herstellung topographischer Karten stammen, siehe Kap. 2.

5.2 Gruppierung topographischer Karten

Eine weitere Gliederung nach Maßstabsbereichen läßt sich wie folgt vornehmen (siehe auch 1.5.6):

1. Topographische Karten im engeren Sinne. Es sind Karten, die das Gelände und die mit ihm verbundenen Gegenstände in großen und mittleren Maßstäben mit maßstabsbedingter Vollständigkeit und Genauigkeit darstellen. Die Grenze dieser Karten kann man etwa beim Maßstab 1 : 300000 ziehen. Manche Autoren verwenden den Begriff der topographischen Karte überhaupt nur in dem hier angegebenen Sinne.

Auch über die weitere Einteilung dieser Kartengruppe gibt es zahlreiche, zum Teil unterschiedliche Auffassungen. Vielfach ist die folgende Gruppierung üblich:

a) *Topographische Grundkarten oder Plankarten* bis etwa 1 : 10000 mit vorwiegend grundrißtreuer Darstellung,

b) *topographische Spezialkarten* etwa zwischen 1 : 20000 und 1 : 75000 mit weitgehend grundrißähnlicher Darstellung und stärkerer Farbdifferenzierung,

c) *topographische Übersichts- oder Generalkarten* etwa ab 1 : 100000 mit höherem Grad von Generalisierung.

d) Daneben gibt es in zunehmendem Maße bis etwa 1 : 25000 die besondere Gruppe der *Luftbildkarten* (Bd. II, 3) *(Schweißthal 1967, Beck 1976).*

2. Geographische Karten. Diese auch als *chorographisch* („raumbeschreibend“) bezeichneten kleinmaßstäbigen Karten stellen die landschaftlichen Raumverhältnisse charakteristisch vereinfacht dar. Kennzeichnend für solche Karten in Maßstäben kleiner als etwa 1 : 300000 ist also der maßstabsbedingte Verzicht auf Detailwiedergabe zugunsten einer wohlabgestimmten Darstellung geographischer Zusammenhänge. Zu dieser Gruppe gehören auch die meisten Karten in allgemeinen Atlanten.

Mitunter wird auch in dieser Gruppe noch unterteilt in Generalkarten (bis 1 : 1000000), Regional- und Länderkarten (bis etwa 1 : 10 Mill.), Erdteilkarten und Erdkarten (etwa ab 1 : 10 Mill.).

5.3 Karteninhalt

Der Karteninhalt befindet sich im *Kartenfeld* (1.5.3). Er setzt sich aus der Situationsdarstellung, der Geländedarstellung und der Schrift zusammen. Die Anlagen 1 bis 8 geben hierzu typische Beispiele für den jeweiligen Kartenmaßstab; dabei lassen sich in der Folge der Anlagen 1 bis 7 auch die Wirkungen der Generalisierung gut erkennen. Über erste Versuche einer rechnergestützten komplexen Generalisierung siehe *Gottschalk 1974*.

5.3.1 Situationsdarstellung

Unter diesem Begriff versteht man die Lagedarstellung aller topographischen Objekte mit Ausnahme der Geländeoberfläche und ihrer Einzelheiten. Gemeinsames Merkmal aller dieser Objekte ist die Tatsache, daß es sich ausnahmslos um *Diskreta* (siehe 4.1.2) handelt.

Häufig spricht man auch von *Grundrißdarstellung;* dabei darf man jedoch nicht übersehen, daß im geometrischen Sinne auch die Geländedarstellung weitgehend eine Grundrißdarstellung ist (z. B. Höhenlinien).

5.3.1.1 Siedlungen

1. Grundrißtreue Darstellung:

Bis einschließlich zum Maßstab 1 : 5000 lassen sich alle wesentlichen Einzelheiten von Gebäuden (Vorsprünge, Erker) noch maßstäblich wiedergeben. Bei der anwendbaren Minimaldimension von 0,3 mm (Abb. 95) in der Karte ergibt sich für das kleinste noch darstellbare Objekt ein Ausmaß von etwa 1,5 m in der Natur.

Es liegt nahe, die in diesem Maßstab dargestellten Einzelgebäude nach der Art ihrer Nutzung kenntlich zu machen. So unterscheidet die „Deutsche Grundkarte 1 : 5000“ (5.6.1.1) Wohn- und Wirtschafts- bzw. Industriegebäude durch verschiedene Schraffuren (siehe Anl. 1), also durch Variation in der Form der Flächensignaturen. Der Schweizer Grundbuch-Übersichtsplan trifft diese Unterscheidung nicht. Eine zunehmende Bedeutung für die kartographische Wiedergabe gewinnt das sog. *Stadtrelief,* d. h. die vertikale Gliederung der Häuser nach Höhe bzw. Geschoßzahl. Erste Ansätze dazu findet man in der Darstellung von Hochhäusern durch Variation in Farbe oder Füllung der Gebäudefläche oder in der Strichbreite der Umringslinie.

Der Maßstab 1 : 10000 gilt gewöhnlich als Grenzmaßstab für grundrißtreue Darstellung, da sich hier nur noch Häuserdetails mit Ausmaßen von mindestens 3 m maßstäblich wiedergeben lassen.

2. Grundrißähnliche Darstellung:

Mit kleiner werdendem Maßstab würden bei maßstabsgetreuer Wiedergabe zuerst Details, später ganze Objekte geringer Ausdehnung die kartographischen Minimaldimensionen unterschreiten. An dieser Stelle setzt nun der Prozeß der *Generalisierung* ein (siehe Anlagen 2 bis 5).

a) Bei Siedlungen in *offener Bauweise,* d. h. bei freistehenden Einzelgebäuden, sind Einzelheiten (z. B. Anbauten) zu vernachlässigen und dadurch die Formen zu *vereinfachen,* ferner kleinere Objekte *fortzulassen.* Erscheint es jedoch nötig, typische Einzelheiten (z. B. schmale Gebäudeseiten) bzw. auch kleinere Objekte (z. B. Umformerhaus) noch darzustellen, so sind die Dimensionen zu *vergrößern.* Das führt zu *Verdrängungen* in den gegenseitigen Lageverhältnissen, durch die z. B. Abstände zwischen Gebäuden und Verkehrswegen sowie Schrägstellungen zu ihnen unterdrückt werden müssen. Mit kleiner werdendem Maßstab sind schließlich größere *Zusammenfassungen* nicht zu vermeiden oder es fallen (z. B. in regelmäßigen Einzelhaussiedlungen) so viele Gebäude fort, daß die verbleibenden Darstellungen in Form kleiner schematischer Rechtecke oder Quadrate gewissermaßen als *Gebäudesignaturen* gelten können, die jeweils mehrere Häuser repräsentieren.

Für die Generalisierung eines Ortsbildes sind zuerst Kirchen, Kapellen, Brücken u. dgl. möglichst lagerichtig zu zeichnen. Anschließend werden Eisenbahnen, Bahnhöfe, charakteristische Plätze und Hauptdurchgangsstraßen festgehalten. Vom Ortskern ausgehend folgen abschnittsweise die übrigen Straßen, Gewässer, Häuserblöcke und Einzelhäuser. Typische Formen von Straßenkreuzungen und Abzweigungen sind eher zu übertreiben als abzuschwächen. Untergeordnete kurze Straßen- und Wegezüge müssen mitunter vernachlässigt werden. Wichtige Bauwerke werden jeweils zuerst eingetragen. Großer Wert ist auf die Erhaltung des Siedlungscharakters zu legen. Je nach Raumbedarf müssen mitunter die äußere Bebauungsgrenze und die daran anschließende Gartenfläche unter Beachtung des sich ebenfalls ändernden Höhenlinienbildes leicht verdrängt werden.

Wertvolle Hinweise für die Generalisierung lassen sich oft aus der Entstehungs- und Entwicklungsgeschichte der Siedlung erhalten. Bei der Ableitung kleinerer Maßstäbe aus bereits generalisierten Unterlagen empfiehlt es sich, eine grundrißtreue Darstellung oder noch besser ein Luftbild vergleichend zu Rat zu ziehen. Eingehende Untersuchungen zur Generalisierung des Siedlungsbildes stammen u. a. von *Neumann 1972, 1978* und *Meine 1977*.

Eine rechnergestützte Generalisierung setzt voraus, daß alle Gebäudeecken, Straßenknickpunkte usw. in digitalisierter Form, d. h. mit Koordinatenangaben und weiteren Kennzahlen, vorliegen. Sodann lassen sich mit einem Programmsystem Gebäudeflächen, -seiten und -abstände

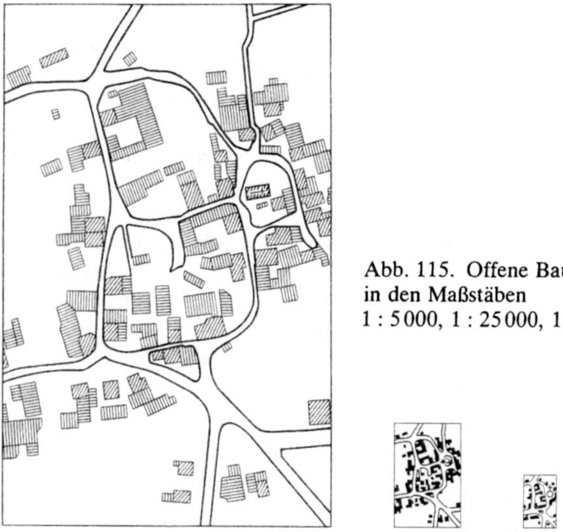

1 : 5 000 1 : 25 000 1 : 50 000

Abb. 115. Offene Bauweise in den Maßstäben 1 : 5000, 1 : 25000, 1 : 50000

berechnen und darauf untersuchen, ob sie größer als bestimmte Grenzwerte sind. Je nach Ergebnis setzen dann die Vorgänge des Auswählens, Vergrößerns, Vereinfachens, Zusammenfassens und Verdrängens ein. Ansätze und Erprobungen für den Maßstabsübergang 1 : 5000/1 : 25000 stammen von *Staufenbiel 1974* und *Hake/Hoffmeister 1978* und für Maßstabsübergänge bis 1 : 100000 von *Berger 1975*. Mit solchen Rechenprogrammen lassen sich in der Siedlungsgeneralisierung bei ausreichend offener Bauweise die meisten Fälle lösen; für die restlichen Fälle sowie für Verbesserungen in struktureller Hinsicht eignen sich interaktive Arbeitsweisen am Bildschirm.

Die Abb. 115 zeigt eine Siedlung in dem grundrißtreuen Maßstab 1 : 5000 sowie in den Maßstäben 1 : 25000 und 1 : 50000, wie sie in der Karte erscheint. Um die Auswirkungen der Generalisierung besser vor Augen zu führen, sind in Abb. 116 die drei Originale auf den gleichen Maßstab 1 : 10000 reduziert.

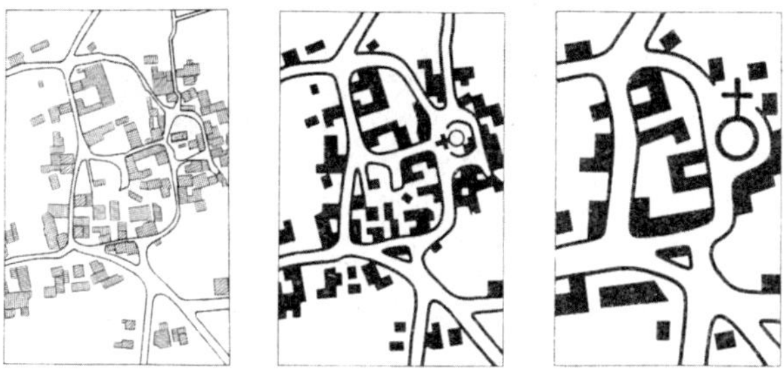

(1:5 000) (1:25 000) (1:50 000)

Abb. 116. Offene Bauweise nach Abb. 115, reduziert auf den einheitlichen Maßstab 1 : 10000

b) Bei Siedlungen in *geschlossener Bauweise*, d. h. bei eng bebauten Stadtteilen, wurden bisher in Karten 1 : 25000 die Gebäude meist zur sog. *Teilblockdarstellung* durch Flächenschraffur zusammengefaßt. Künftig gibt man aber auch in diesem Bereich der Darstellung der Einzelgrundrisse der Gebäude den Vorzug. Vom Maßstab 1 : 50000 ab werden jedoch die eng bebauten Ortskerne stets durch lückenlos gefüllte Flächendarstellung der Wohnblöcke wiedergegeben. Die in den Blöcken gelegenen Freiflächen werden demnach vernachlässigt, doch wird die damit verbundene höhere Flächendichte der Bebauung teilweise wieder aufgehoben durch die notwendige Verbreiterung der Straßenflächen. Abb. 117 zeigt die Darstellung eines Ortskerns für die Maßstäbe 1 : 25000, 1 : 50000 und 1 : 100000, und zwar auch im Ausgangsmaßstab 1 : 25000. Solche Darstellungsweisen sind etwa bis zum Maßstab 1 : 200000 möglich.

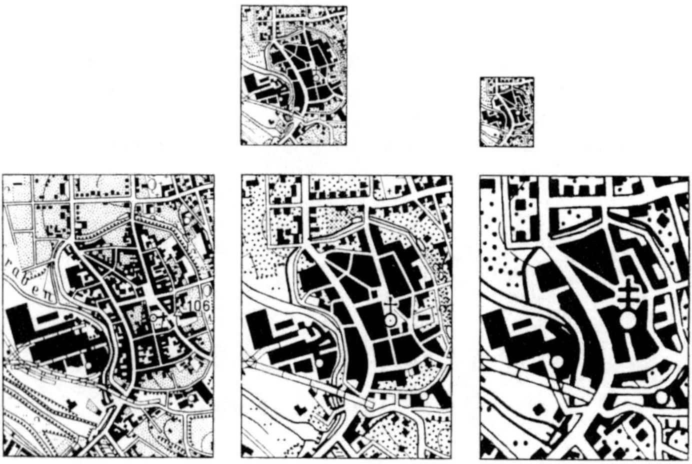

Abb. 117. Geschlossene Bauweise in den Maßstäben 1 : 25000, 1 : 50000, 1 : 100000, zugleich dargestellt im einheitlichen Maßstab 1 : 25000

(Druck mit Genehmigung des Niedersächsischen Landesverwaltungsamtes – Landesvermessung – v. 17. 5. 74 – B5 – 107/74)

c) In Maßstäben 1 : 300000 und kleiner läßt sich auch bei größeren Siedlungen die innere Struktur nicht mehr zum Ausdruck bringen. Man beschränkt sich daher auf *Gesamtumrisse,* teilweise sogar in vergrößerter Form, die man bis zu Maßstäben von 1 : 5000000 antrifft (siehe Abb. 118a und Anlagen 6 und 7).

3. Lagetreue Darstellung durch Ortssignaturen:

Etwa vom Maßstab 1 : 300000 ab schrumpfen die Umrißdarstellungen kleinerer Orte so zusammen, daß Form und Größe im einzelnen nicht mehr erkennbar sind. Mit einer sehr diffizilen Darstellungsweise läßt sich zwar bis etwa zum Maßstab 1 : 1000000 die gesamte Siedlungsstruktur und bebaute Fläche eines bestimmten Gebietes noch zum Ausdruck bringen (Abb. 118a), doch geht man in der Praxis dieses Maßstabsbereiches meist zu Ortssignaturen über, die nicht mehr die bebaute Fläche anzeigen, sondern etwa in Ortsmitte als Zeichen für Siedlung stehen (Abb. 118b und Anlagen 6 und 7).

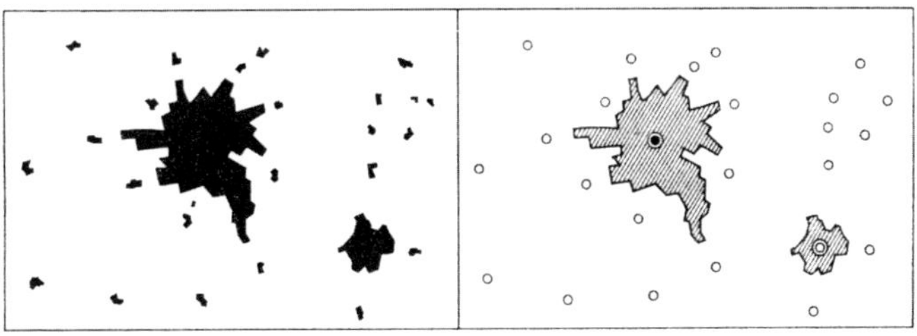

a) b)

Abb. 118. Siedlungsdarstellung durch a) Gesamtumrisse und b) Ortssignaturen

Durch Variation in Größe, Form oder Füllung der Ortssignatur kann man zusätzlich eine *quantitative* Angabe – hier die Einwohnerzahl – in gestufter Weise darstellen. Dazu bedarf es allerdings einer Zeichenerklärung, die den Bereich der Einwohnerzahlen angibt, der durch eine bestimmte Signatur erfaßt wird.

In kleinen Maßstäben kann man die Orte nur noch in einer bestimmten Auswahl bringen. Diese Auswahl kann nach der Einwohnerzahl, aber auch nach verkehrstechnischen, wirtschaftlichen, kulturellen, historischen, politischen und anderen Gesichtspunkten getroffen werden.

4. In Karten zwischen den Maßstäben 1 : 25000 und 1 : 5 Mio. erscheinen meist mehrere der in 1 bis 3 erläuterten Darstellungsarten. Der Wandel der Auffassungen über den Grad der Detailtreue zeigt sich dazu am deutlichsten an den Änderungen, die die Musterblätter der amtlichen Karten im Laufe der Zeit erfahren haben. Ein Beispiel für die gegenwärtigen Erörterungen zeigt *H. H. Müller 1981.*

5.3.1.2 Verkehrswege

1. *Grundrißtreue* Darstellungen der Eisenbahnen und Straßen mit den Dämmen und Einschnitten sind in den großen Maßstäben bis 1 : 5000 möglich. Dabei ließen sich Wege entsprechend den Minimaldimensionen nach Abb. 95 bis herab zu einer Breite von 1,25 m maßstäblich wiedergeben. Für die Deutsche Grundkarte 1 : 5000 (5.6.1.1) ist jedoch vorgeschrieben, daß Wege unter einer Breite von 3 m wie 3 m breite Wege zu behandeln sind.

2. Die *grundrißähnliche* bzw. *lagetreue* Darstellung in den kleineren Maßstäben benutzt neben der Linie die lineare Signatur, um Art, Bedeutung und Leistungsfähigkeit des Verkehrsweges auszudrücken.

Die Darstellung der *Schienenwege* wird in den deutschen amtlichen Kartenwerken nach Spurweite und Anzahl der Gleise differenziert. Abb. 119 zeigt Beispiele für vollspurige Eisenbahnen. Kleinmaßstäbige Karten bringen lediglich die Hauptverkehrslinien, in Atlanten meist als volle Striche in schwarzer Farbe.

1:25000 1:50000 1:100000 1:200000

Abb. 119. Darstellung vollspuriger Eisenbahnen in amtlichen topographischen Karten, obere Zeile: eingleisig, untere Zeile: mehrgleisig

Das *Straßen- und Wegenetz* kann man entweder nach der *verwaltungsmäßigen Einteilung* als Ausdruck der *Verkehrsbedeutung* (Bundesfernstraßen, Landes-, Kreis- und Gemeindestraßen sowie sonstige Straßen) oder nach *Ausbauzustand und Leistungsfähigkeit* einteilen. Während z. B. die Deutsche Grundkarte 1 : 5000 beide Gesichtspunkte – durch entsprechende Beschriftung – berücksichtigt, ist für die anderen amtlichen Kartenwerke vorwiegend das zweite Merkmal maßgebend. In Karten kleiner Maßstäbe erscheinen mit Rücksicht auf die Übersichtlichkeit nur die Hauptverkehrsadern; in Atlanten meist als volle Striche in roter Farbe.

Abb. 120. Darstellung von Straßen und Wegen in der Topographischen Karte 1 : 25 000

Das Musterblatt der Topographischen Karte 1 : 25 000 in der Fassung von 1981 unterscheidet (siehe Abb. 120):

a) *Autobahnen* (mit Nummer) ohne Unterscheidung nach der Anzahl der Fahrspuren und *Autostraßen* als nicht zum Bundesautobahnnetz gehörende Kraftfahrstraßen mit mindestens vier Spuren.

b) *Bundesstraßen* (mit Nummer) und *Hauptstraßen (IA)* mit einer Fahrbahnbreite etwa ab 6 m.

c) *Nebenstraßen (IB)* mit einer Fahrbahnbreite etwa ab 4 m.

d) *Befestigte Fahrwege (II)* mit Unterbau und fester Fahrbahndecke sowie mit unterschiedlicher Fahrbahnbreite.

e) *Wirtschaftswege, Feld- und Waldwege (III)* als untergeordnete Verbindungen mit oder ohne befestigter Fahrbahn.

f) *Fuß- und Radfahrwege* werden nur dargestellt, wenn sie Verbindungen zwischen Wohnplätzen und Straßen, Straßenabkürzungen oder Wanderwege sind.

Die Darstellung der Straßen in topographischen Karten Westeuropas beschreibt *Berger 1976*. Zu den Problemen der Klassifizierung äußert sich *Bertinchamp 1980*.

Die Generalisierung der Verkehrswege in der Karte (Abb. 121) drückt sich einerseits durch die zeichnerische Verbreiterung, andererseits durch die Unterdrückung von Krümmungen aus. Die Straßenverbreiterungen betragen bereits im Maßstab 1 : 25000 etwa das Vierfache und erreichen in 1 : 100000 etwa das Fünfzehnfache der natürlichen Breite. Die teilweise Unterdrückung von Krümmungen führt zu Verkürzungen der Längen, ein Umstand, der bei Entfernungsmessungen in Karten zu berücksichtigen ist (siehe Bd. II,6.2). Die Beziehungen zwischen Straßen- und Bebauungsgeneralisierung untersucht u. a. *Neumann 1978*.

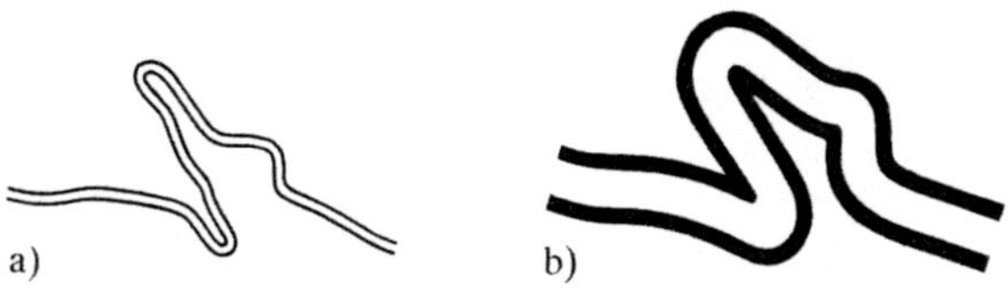

Abb. 121. Straßendarstellung in 1 : 25000 (a), generalisiert für eine Wiedergabe in 1 : 200000 (b)

5.3.1.3 Gewässer

Zum *Gewässernetz* zählen alle dauernd oder zeitweise mit Wasser bedeckten Flächen. Schmale Wasserläufe werden mit einer Linie dargestellt; die Wiedergabe durch Doppellinien beginnt für den Maßstab 1 : 5000 bei einer Breite von über 2 m, entsprechend für 1 : 25000 über 3 m und für 1 : 50000 und 1 : 100000 über 5 m. Die Uferlinien von Flüssen, Strömen, Seen und Meeresküsten werden grundrißtreu oder -ähnlich wiedergegeben. In mehrfarbigen Karten erscheinen die Linien in blauer Farbe und die von ihnen eingeschlossenen Wasserflächen im Punktraster dieser Farbe bzw. in einem zweiten, helleren Blau. Wattflächen erhalten meist einen lichteren Punktraster. Richtungspfeile geben die Fließrichtung an. Für die Gewässernamen wird meist eine rückwärtsliegende Schrift angewandt.

Wasserbauten, Schiffahrtszeichen und *Fähren* werden durch Striche grundrißähnlich (z. B. Talsperren) bzw. lagetreu (z. B. Buhnen, Furten) oder als lagetreue Signaturen (z. B. Brunnen, Pegel, Kran) meist in schwarzer Farbe wiedergegeben.

Die Generalisierung der Gewässer drückt sich aus in einer Verbreiterung der Linien und in besonderem Maße in einem Fortfall der nicht mehr darstellbaren Bögen und Schleifen bei Flußläufen bzw. Buchten und Vorsprüngen bei Küstenlinien. Eine solche Vereinfachung der Linienführung bewirkt eine Verkürzung der Längen, die noch erheblich größer sein kann als bei Straßen und Wegen (siehe Bd. II,6.2). Beim Fortfall ganzer Wasserläufe ist darauf zu achten, daß das generalisierte Gewässernetz eine Dichte aufweist, die charakteristisch ist für die geomorphologischen und hydrogeologischen Verhältnisse des Gebietes.

5.3.1.4 Bodenbedeckungen

Die Objekte (Wald, Grünland, Garten, Ödland, Weingärten, Moor, Heide usw.) werden durch Linien oder lineare Signaturen (z. B. Punktreihen) abgegrenzt, soweit dies exakt möglich ist. Für die Angabe der Qualität benutzt man bis etwa zum Maßstab 1 : 100000 flächenhafte Signaturen (Abb. 122), teilweise auch

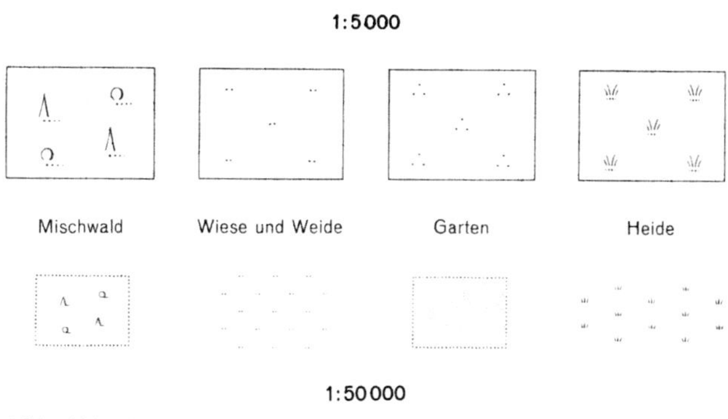

Abb. 122. Beispiele für die Darstellung von Bodenbedeckungen in den Maßstäben 1 : 5000 und 1 : 50000

schon mit Flächenfarben kombiniert. Diese Kombination gestattet es, die Bodenbedeckung auch dann erkennbar zu machen, wenn in einfarbigen Ausgaben (für Planungszwecke usw.) auf die Flächenfarbe (z. B. Waldgrün) verzichtet werden muß.

In kleineren Maßstäben treten die Flächensignaturen immer mehr zugunsten der Flächenfarben zurück. Gleichzeitig wird jedoch der Umfang der Darstellung mehr und mehr reduziert; vom Maßstab 1 : 500000 ab erscheint meist nur noch der Wald. In Karten kleiner als 1 : 1 Mill. findet eine Wiedergabe von Bodenbedeckungen fast kaum noch statt, da die Flächenfarben den farbigen Höhenschichten (5.3.2.7) vorbehalten sind und für Signaturen kaum noch Platz ist.

In neuerer Zeit verstärkt sich jedoch die Tendenz, die Bodenbedeckung bzw. -nutzung auch in Karten kleinerer Maßstäbe noch differenzierter zum Ausdruck zu bringen und hierfür die Farbvariation zu Lasten der farbigen Geländedarstellung stärker in Anspruch zu nehmen. Einen wesentlichen Beitrag hierzu hat vor allem *Herrmann 1972* mit seiner „Studie zu einer naturähnlichen topographischen Karte 1 : 500000“ durch Kombination von Schräglichtschattierung mit Oberflächenbedeckungsfarben geliefert, wobei als sog. Systemelemente die Klimaregion, die Landnutzung, die rezente natürliche Vegetation und die bodenartige bzw. bodenfreie Oberfläche gelten.

5.3.1.5 Einzelzeichen

Unter diesem Sammelbegriff faßt man alle übrigen lokalen oder linienhaften Objekte zusammen. Als Gestaltungsmittel kommt dafür fast ausschließlich die Signatur (4.3.4) in Betracht, die in der Zeichenerklärung erläutert wird.

Abb. 123 enthält Darstellungsbeispiele, und zwar

a) für *lokale* Objekte wie 1) Denkmal, 2) hervorragender Baum, 3) Hünengrab, 4) zweitürmige Kirche, 5) Rundfunk- bzw. Fernsehsender, 6) Trigonometrischer Bodenpunkt, 7) Aussichtsturm, 8) Zeltplatz;

b) für *lineare* Objekte wie 9) Damm, Deich, 10) Einfriedigung (Mauer oder Zaun), 11) Hochspannungsleitung, 12) kleiner Wall ohne Hecke.

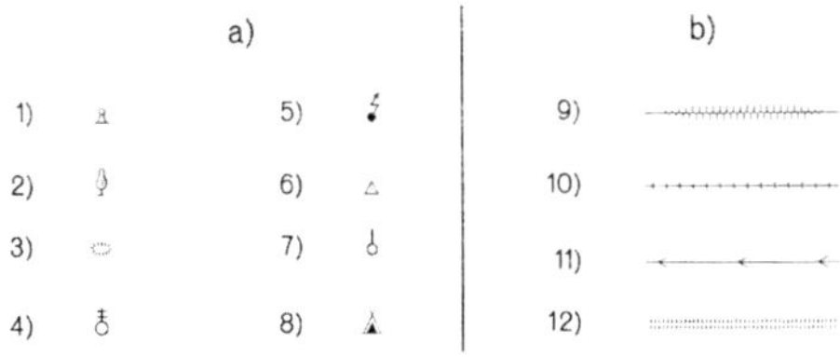

Abb. 123. Beispiele für Einzelzeichen in der Topographischen Karte 1 : 50 000

Im weiteren Sinne kann man zu dieser Gruppe auch die politischen Grenzen sowie die Grenzen von Grundstücken, Forstabteilungen, Naturschutzgebieten, Überschwemmungsgebieten usw. rechnen. In Karten kleiner Maßstäbe werden Staatsgrenzen häufig durch Farbsäume im Vollton oder durch Schraffur hervorgehoben.

Mit kleiner werdendem Maßstab findet ein fortwährendes Umsetzen in der Darstellung statt: Auf der einen Seite gehen grundrißtreue bzw. -ähnliche Darstellungen immer mehr in Signaturen über (z. B. Kirchen, Flughäfen), während auf der anderen Seite die Signaturen für kleinere Objekte (Denkmäler, Schornsteine) mehr und mehr fortfallen.

5.3.1.6 Genauigkeit und Prüfung der Situationsdarstellung

Die *größtmögliche* Lagegenauigkeit eines Kartenpunktes ist identisch mit der Kartier- und Zeichengenauigkeit. Für diese gilt als mittlerer Fehler (Standardabweichung) etwa ein Betrag von $\pm$ 0,15 mm. Daraus ergibt sich als Naturmaß $m_L = \pm\ 0{,}15 \cdot m_k/1000$ [m], wenn m_k die Maßstabszahl ist. Danach erhält man für den Maßstab 1 : 5000 $m_L = \pm\ 0{,}8$ m, für 1 : 25 000 $m_L = \pm\ 3{,}8$ m und für 1 : 100 000 $m_L = \pm\ 15$ m. Die *tatsächlichen* Lagefehler sind jedoch oft das Mehrfache dieser Werte und zwar mit kleiner werdendem Maßstab vor allem infolge der Wirkungen der Generalisierung (besonders der Verbreiterung und Verdrängung), bei mehrfarbigen Karten auch durch die Passerungenauigkeit zwischen den Druckergebnissen der einzelnen Farben.

Für die Deutsche Grundkarte 1 : 5000 (5.6.1.1) besteht die Vorschrift, daß der mittlere Lagefehler für eindeutig nach der Karte identifizierbare Punkte den Betrag $m_L = \pm 3$ m nicht überschreiten soll. Für die amtlichen Kartenwerke kleinerer Maßstäbe gibt es keine entsprechenden Forderungen.

Die Prüfung der Lagegenauigkeit kann sich auf die absolute und die relative Lage von Punkten und Linien beziehen. Die *absolute*, d. h. koordinatenrichtige Lage prüft man durch Vermessungen übergeordneter Genauigkeit oder durch exakte Karten größeren Maßstabs. Bei der Prüfung älterer Karten überträgt man oft das Koordinatennetz anhand identifizierbarer Punkte und erhält damit ein sog. *Verzerrungsgitter*, dessen Abweichungen von der Sollfigur Ausdruck für die Absolutgenauigkeit, aber auch für die Relativgenauigkeit von Teilbereichen ist. Die *relative* Lage, d. h. die Nachbarschaftsbeziehung läßt sich oft bereits durch den Augenschein oder durch wenige Maße prüfen. Sie umfaßt – vor allem bei großmaßstäbigen Karten – die Angaben für Wege- und Gewässerbreiten, Gebäudemaße und -abstände sowie das Einhalten von Schnitten (z. B. Hochspannungsleitungen mit Grenzen), Parallelitäten und Rechtwinkligkeiten. Die Lagekontrolle großmaßstäbiger Karten mit statischen Verfahren beschreiben *Arnold 1979* und *B. Wagner 1980.*

5.3.2 Geländedarstellung

5.3.2.1 Aufgaben und Probleme

Die Aufgabe der Geländedarstellung besteht darin, mit graphischen Mitteln die *räumlichen* Bodenformen in der *Kartenebene* so wiederzugeben, daß die Darstellung

- geometrisch ausreichend genau ist und
- die Oberflächenformen zutreffend erkennbar macht.

Für die Wahl der Gestaltungsmittel ist zu beachten, daß es sich bei dem Objekt um ein *Kontinuum* handelt, das aber vereinzelt auch Unstetigkeitsstellen (Fels, Böschungskanten u. ä.) aufweist.

Bei Karten *großer Maßstäbe* steht die erste Bedingung im Vordergrund: Eine geometrisch einwandfreie Darstellung soll gewährleisten, daß man die Höhen von Kartenpunkten sowie Geländeneigungen, Fallrichtungen und Profile bestimmen und Erdmassen berechnen kann. Diese vor allem vom Ingenieurbau erhobenen Forderungen lassen sich durch die Höhenliniendarstellung (5.3.2.4) weitgehend erfüllen. Dagegen ist eine unmittelbare Vorstellung von der Geländeoberfläche – abgesehen von Kleinformen – nur bedingt zu erzielen.

In Karten *mittlerer Maßstäbe* ergibt sich die beste Synthese beider Bedingungen: Hier kommt noch die geometrische Wiedergabe zu ihrem Recht, von gewissen, durch die Generalisierung bedingten Einschränkungen abgesehen; andererseits ist es mit Hilfe weiterer Gestaltungsmittel möglich, eine anschauliche oder gar plastische Geländewiedergabe zu erzielen – geeignetes Gelände vorausgesetzt.

Hervorragende Beispiele für geometrisch exakte und zugleich formengerechte Kartendarstellungen liefern die zwischen 1968 und 1975 erschienenen *Topographisch-Geomorphologischen Kartenproben 1 : 25 000.* In einem von Behrmann und Finsterwalder 1940 gegründeten Arbeitskreis entstanden 30 Kartenausschnitte 4 × 6 km^2 verschiedener Landschaftstypen (Flachland bis Alpen) auf der Grundlage neuerer topographischer Vermessungen, dazu mit kartographischen Gestaltungsvarianten und eingehenden, vor allem geomorphologischen Beschreibungen. Die Proben verdeutlichen einerseits das topographische und kartographische Leistungsvermögen, andererseits sind sie ein vorzügliches didaktisches Material für Zwecke der Karteninterpretation *(Hofmann 1976).*

In Karten *kleiner Maßstäbe* ist eine geometrisch einwandfreie Wiedergabe weder möglich noch besonders nötig. Da auf der anderen Seite eine Karte stets einen relativ großen Geländeabschnitt erfaßt, wird die subjektive Vorstellung noch dadurch gefördert, daß die Formen in ihren großen Zusammenhängen erkennbar werden.

Auch die Situationsdarstellung kann in bestimmtem Umfang Hinweise auf das Geländerelief geben: Der Verlauf der Gewässer markiert die jeweils tiefsten Stellen. Wege und Wirtschaftsgrenzen haben sich der Geländeform anzupassen; daher sind gewundene Linienführungen ein Indiz für steile Hänge oder Mulden, während gekrümmte Grenzen oft eine stärkere Hangwölbung anzeigen.

Ausführliche Abhandlungen zur Geländedarstellung findet man außer in den allgemeinen Lehrbüchern vor allem bei *Brandstätter 1957, 1970, Imhof 1965, Hofmann 1971, Bosse 1978.*

5.3.2.2 *Seiten- und Schrägansichten*

Der lange Entwicklungsweg der Geländedarstellung begann im Altertum mit *Seitenansichten* durch einfache Bergprofile in Bogenform, mit wellenförmigen Streifen usw. Auch die Mönchskarten des Mittelalters brachten die Gebirge nur in Form von Bändern mit teilweise ornamentalen und bildhaften Einzeichnungen. Solche sehr schematische Wiedergabe von Bodenerhebungen bezeichnet man als *Haufenzeichnung* oder *Maulwurfshügelmanier* (Abb. 124). Erst ab etwa 1500 kam es zu einer mehr

Abb. 124. Maulwurfshügelmanier

individuellen Darstellung der Einzelform der Berge mit Formlinien und Schattenzeichnung (Abb. 125).

Abb. 125. Seitenansicht in individueller Form (aus Apians „Große Karte von Bayern")

Solche Seitenansichten verdecken oder verdrängen bei bergigen Gebieten große Teile des Grundrisses. Daher vollzog sich später der allmähliche Übergang zu *Schrägansichten*, die oft auch aus militärischen Gründen gefertigt wurden und die Bezeichnung *Kavalier-*, *Militär-* oder *Halbperspektive* erhielten. Über die Vogelperspektive gelangte man schließlich zur heute üblichen *senkrechten (orthogonalen) Parallelprojektion.*

Die früheren Seiten- und Schrägansichten beruhen jedoch im Gegensatz zu heutigen raumbildlichen Darstellungen (Bd. II, 3) nicht auf einer geometrisch exakten perspektiven Konstruktion.

5.3.2.3 *Schraffen*

Beim Übergang zur orthogonalen Projektion behielt man zunächst die gewohnte Strichzeichnung bei. Der einzelne Strich – die Schraffe (Bergschraffe, Bergstrich) – hatte dabei die Funktion einer Formlinie, die meist in Richtung des stärksten Gefälles verlief. Eine geometrische Aussage (z. B. über die Hangneigung) war damit aber noch nicht verbunden. Dies änderte sich, als 1799 *Lehmann* die Böschungsschraffe einführte, deren Systematik 1821 durch *v. Müffling* modifiziert wurde. Später kam es noch zur Entwicklung der Schattenschraffe.

Für die Konstruktion solcher Schraffen gelten als Regeln:

1. Die Schraffen werden in horizontalen Reihen angeordnet, wobei die Horizontale auf Schätzung beruht.
2. Die Schraffen sind Fallinien (2.2.2.3).
3. Ihre Länge ist von der Geländeneigung abhängig.

Darüber hinaus gilt für die

Böschungsschraffe:	Schattenschraffe:
4. Je steiler die Böschung, desto dicker (dunkler) die Schraffen (-darstellung).	4. Mit einer angenommenen Schrägbeleuchtung (meist von links oben) sind die Schraffen an den Lichthängen dünner und an den Schattenhängen dicker.

Die Schraffen liefern keine absoluten Höhenangaben, sondern höchstens relative Angaben in Form von Neigungswerten. Da sie ferner einen hohen Zeichenaufwand erfordern und die Kartenfläche graphisch so stark belasten können, daß die Lesbarkeit anderer Darstellungen erschwert wird, benutzt man sie heute kaum noch.

Bei der *Böschungsschraffe* stellt Lehmann für das Verhältnis von Schraffenbreite (s) und Zwischenraum (w) bei einer Geländeneigung α (bis maximal $\alpha = 45°$) die Formel $s : w = \alpha : (45° - \alpha)$ auf. Mit einer Stufung von 5° zu 5° erhielt er damit bei 0° beginnend die Verhältniszahlen 0 : 9, 1 : 8, 2 : 7 usw. bis 9 : 0 über 45° (Abb. 126a). In Bayern wurde die Stufenreihe später auf 60°, in Österreich auf 80° erweitert. Aus der einfachen Formlinie war damit eine gestufte Flächensignatur zur

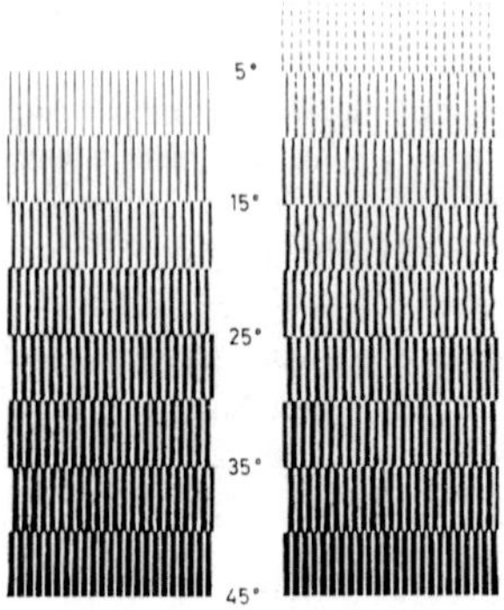

a) b)

Abb. 126. Böschungsschraffen

a) nach Lehmann, b) nach Müffling

Aus Platzgründen ist hier für alle Neigungen gleiche Schraffenlänge angesetzt

Entnahme der Geländeneigung geworden. Die weiteren Formveränderungen durch v. Müffling haben sich nicht durchgesetzt (Abb. 126b). Das bekannteste Beispiel für die Anwendung der Böschungsschraffe ist die „Karte des Deutschen Reiches 1:100 00" aus dem 19. Jahrh. (Abb.

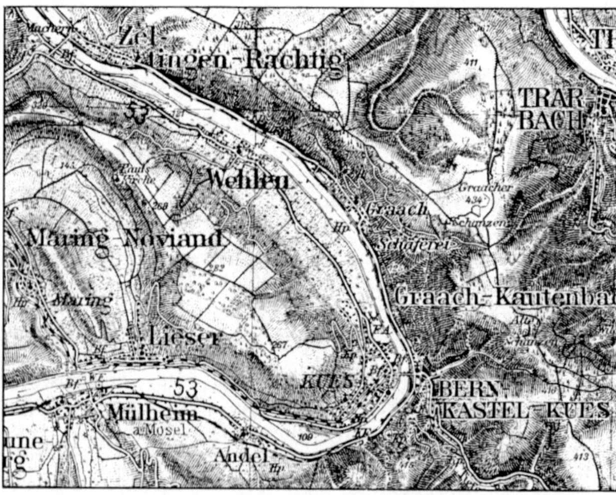

Abb. 127. Böschungsschraffen in der Karte des Deutschen Reiches 1 : 100 000 (Herstellung: Landesvermessungsamt Rheinland-Pfalz)

127, vgl. hierzu Anlage 4). An die Stelle der Böschungsschraffe ist heute die Böschungsschummerung getreten (5.3.2.5).

Mit der *Schattenschraffe* läßt sich bei der Gebirgsdarstellung eine gute plastische Wirkung erzielen. Am bekanntesten ist die Darstellung in der Dufourkarte 1 : 100 000 (19. Jh., Schweiz, Abb. 128). Statt der Schattenschraffen benutzt man heute die Schräglichtschummerung (5.3.2.5).

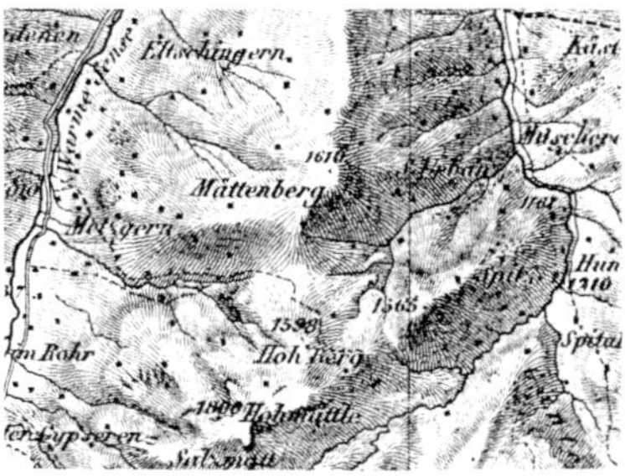

Abb. 128. Schattenschraffen in der Dufourkarte

Vereinfachte Gebirgsschraffen waren in Karten kleiner Maßstäbe üblich, wo die Schraffen aus Platzmangel und wegen des Zwanges zu stärkerem Generalisieren nicht mehr streng nach den genannten Regeln zu konstruieren waren. Dabei entstand ein subjektives Gestaltungselement des Kartographen, das jedoch nicht zu groben Formverfälschungen führen durfte. Die meisten älteren Atlanten enthalten solche Darstellungen (Abb. 129).

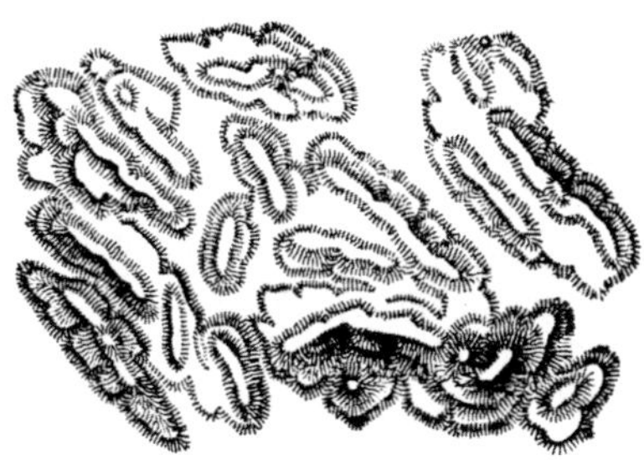

Abb. 129. Vereinfachte Gebirgsschraffen

5.3.2.4 Höhenlinien und Höhenpunkte

1. *Begriffliches.* In allgemeinster Form bezeichnet man Linien, die durch den Schnitt von Niveauflächen mit der Geländeoberfläche entstehen, als *Niveaulinien* oder *Horizontallinien.* Wird nun eine bestimmte Niveaufläche als Bezugsfläche (z. B. Normal Null) angehalten, so gelten die Niveaulinien *oberhalb* dieser Bezugsfläche als *Höhenlinien (Höhenkurven, Höhenschichtlinien, Isohypsen),* die *unterhalb* gelegenen Niveaulinien als *Tiefenlinien (Isobathen).* Dementsprechend läßt sich die Höhenlinie auch als Verbindungslinie benachbarter Geländepunkte gleicher Höhe über einer Bezugsfläche definieren. Ihre Orthogonalprojektion in die Kartenebene ergibt die Höhenliniendarstellung oder das *Höhenlinienbild.*

Höhenlinien sind demnach gedachte Linien, die nur im Falle von Uferlinien stehender Gewässer und bei Reisterrassen eine reale Entsprechung besitzen. Sie entstehen aus topographischen Vermessungen (2.2.2) durch Interpolation zwischen gemessenen Punkten (bzw. gerechneten Punkten eines digitalen Geländemodells) oder durch unmittelbares Abfahren bei der Luftbildauswertung. Die Darstellung von Niveaulinien setzt daher geeignete Meßverfahren und -geräte sowie eine Bezugsfläche voraus. Letzteres ist am leichtesten zu verwirklichen bei der Tiefenmessung von Gewässern durch Lotungen gegen die Wasseroberfläche; es ist daher verständlich, daß Niveaulinien zunächst in Tiefenkarten (etwa ab 1600) erschienen. 1791 brachte der Franzose *Dupain-Triel* die „Carte de la France“ als vermutlich erste Höhenlinienkarte heraus, aber erst um die Mitte des 19. Jahrhunderts führten die zunehmende Forderung nach genauen Höhenangaben in Karten und ihre Erfüllbarkeit durch die Vermessungstechnik zur allgemeinen Anwendung von Höhenlinien in topographischen Karten.

2. *Äquidistante Höhenlinien.* Der Höhenunterschied zwischen benachbarten Höhenlinien wird als *Höhenstufe (Schichthöhe, Höhenlinienintervall)* bezeichnet. Ist diese für ein Höhenliniensystem konstant, so spricht man von *Äquidistanz.* Der Betrag der Äquidistanz hängt ab vom Kartenmaßstab, von der Geländeneigung, vom Formenschatz und von der Genauigkeit der Höhenmessung.

Imhof 1965 findet für die sog. *ideelle Äquidistanz* – in Metern –

$$A = n \cdot \lg n \cdot \tan \alpha_{\max} \qquad \text{mit} \qquad n = \sqrt{\frac{m_k}{100} + 1}.$$

Darin ist m_k der Maßstabsfaktor und $\alpha_{\max}$ die maximale Geländeneigung. Für die gebräuchlichsten großen und mittleren Kartenmaßstäbe ergeben sich daraus die auf benachbarte volle Meter abgerundeten Werte der folgenden Tabelle für

a) Gebirge ($\alpha_{\max} = 45°$), b) Hügel- und Bergland ($\alpha_{\max} = 25°$),
c) Flachland ($\alpha_{\max} = 10°$):

m_k	2000	5000	10000	25000	50000	100000	200000
a	2	5	10	20	30	50	100
b	1	2	5	10	15	25	50
c	0,5	1	2	2,5	5	10	10

Man nennt die durch die Äquidistanz festgelegten Höhenlinien auch *Haupthöhenlinien* und zeichnet sie gewöhnlich als durchgehende Linien. In bestimmten Abständen (z. B. jede 10. Linie) werden die Haupthöhenlinien zur besseren Gliederung des Höhenlinienbildes in größerer Strichbreite dargestellt. Bezifferte Haupthöhenlinien bezeichnet man als *Zähllinien.* Da für größere Gebiete die maximale Geländeneigung je Kartenblatt meist sehr verschieden ist, ist es kaum möglich, für ein geschlossenes Kartenwerk eine einheitliche Äquidistanz beizubehalten. Die Musterblätter der deutschen amtlichen Kartenwerke berücksichtigen diesen Umstand, indem sie, je nach Landschaftscharakter, verschiedene Äquidistanzen festlegen.

Auch innerhalb eines Kartenblattes können die Geländeneigungen stark differieren. Hier kann man sich helfen, indem man nach Bedarf an flachen Stellen *Hilfshöhenlinien (Zwischenhöhenlinien),* meist in halber Äquidistanz, in Form linearer Signaturen (gerissen, punktiert usw.) einschaltet (Abb. 131). Man kann aber für flachere Gebietsteile auch allgemein eine kleinere Äquidistanz wählen und erhält dann im Kartenfeld sog. *schwingende* oder *kombinierte Äquidistanzen.* Obwohl solche Lösungen die morphologische Aussagekraft zweifellos erhöhen, sollte man sie doch auf zwingende Fälle beschränken, da sie andererseits die Vorstellung vom Gelände erschweren. Mitunter hilft in solchen Fällen auch der Gebrauch von Formzeichen (5.3.2.6).

Die *kleinstmögliche* Äquidistanz ergibt sich aus der Überlegung, daß bei einer vorgegebenen Strichbreite nur eine Anzahl von k Linien in einem Millimeterintervall auf der Karte nebeneinander liegen kann. Dann ist

$$A = \frac{m_k \cdot \tan \alpha_{\max}}{1000 \cdot k} [\mathrm{m}].$$

3. *Probleme der Höhenliniendarstellung.* Trotz vieler Vorzüge sind die Höhenlinien auch mit Nachteilen behaftet. Dazu gehören vor allem im Flachland der große Lagefehler (5.3.2.9) und der damit unsichere Verlauf der Linien, ferner die Tatsache, daß durch die Höhenlinien jeweils nur ein sehr schmales Geländeband exakt wiedergegeben wird, während für den Zwischenraum nur die hypothetische Annahme eines gleichmäßigen Gefälles gilt. Schließlich entsteht eine anschauliche Formwirkung nur bei genügend enger Scharung (formverwandtem Verlauf) benachbarter Linien.

Der letztgenannte Mangel führt dazu, daß eine räumliche Vorstellung gewöhnlich erst auf dem Wege eines intensiven geistigen Prozesses gewonnen werden kann. Die Abb. 130 stellt ein Stereopaar einer Höhenliniendarstellung $M = 1 : 200\,000$ dar. Man versuche zuerst, aus *einem* Bild der Abbildung eine Vorstellung von den Formen zu gewinnen und überprüfe sie dann durch den Eindruck, der sich bei stereoskopischer Betrachtung, z. B. mit einem Taschenstereoskop, einstellt.

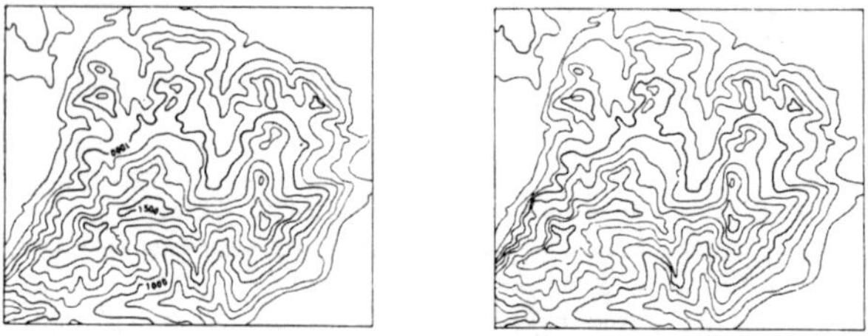

Abb. 130. Höhenlinien (Stereobildpaar)

Ein weiterer Mangel ist die Tatsache, daß die Höhenliniendarstellung bestimmter Einzelformen von ihrer absoluten Höhenlage und von der Geländeneigung abhängt. So ändert sich z. B. das Höhenlinienbild eines

Dammes, wenn man ihn bis zum Betrage einer Äquidistanz gleichmäßig hebt, aber auch, wenn man ihn neigt. Schließlich ist zu berücksichtigen, daß die Höhenlinien auch die Krümmung des Geländes nicht exakt wiedergeben: Während sich die Krümmung einer Oberfläche aus der Schnittlinie mit der zu ihr senkrechten Ebene (Normalschnitt) ergibt, zeigen die Höhenlinien als Schnittlinien mit einer Horizontalebene stets größere Krümmungen, und zwar um so stärker, je weniger das Gelände geneigt ist. Nach dem Satz von *Meusnier* ist der Krümmungsradius in der horizontalen Kartenebene $r_H = r_N \cdot \sin \alpha$, wenn r_N = Krümmungsradius im Normalschnitt und α = Geländeneigung. Die Ebene des Normalschnitts ist demnach um $90° - \alpha$ gegen die Kartenebene geneigt. r_H ist stets kleiner als r_N.

4. Die *Generalisierung* der Höhenlinien beginnt mit der Festlegung einer größeren Äquidistanz; dadurch bleibt meist nur jede 2., 4. oder 5. Höhenlinie erhalten (Auswählen). Teile einer sonst fortfallenden Höhenlinie müssen bei Bedarf als Hilfshöhenlinie erhalten bleiben (Bewerten durch Betonen). Die weiteren Veränderungen wirken sich vor allem auf die geometrische Lage aus; sie sind teils durch die notwendigen Formvereinfachungen (Glätten), teils durch die Verdrängungen in der Situationsdarstellung bedingt. Wichtig ist, daß dabei das Formtypische erhalten bleibt oder sogar – wenn notwendig – betont wird (Abb. 131).

In einem generalisierten Höhenlinienbild spielt die ***absolute,*** also koordinatentreue Lage einer Höhenlinie eine geringe, die ***relative,*** d. h. die nachbarschaftliche Lage dagegen eine bedeutende Rolle, da nur aus ihr die Angaben über Größe, Richtung und Änderung des Gefälles sowie über Einzelformen zu gewinnen sind. Im allgemeinen gilt bei der Generalisierung von Höhenlinien, daß die Vollformen vor den Hohlformen Vorrang haben, d. h. daß z. B. kleine Mulden geschlossen werden müssen. Sollen jedoch Hohlformen beibehalten werden, so sind sie etwas zu öffnen. Bei sehr enger lokaler Scharung der Höhenlinien kann es zu geringfügigen Verdrängungen kommen. Verdrängungen aus dem vorweg generalisierten Grundriß sind in Zonen abzufangen, die um so breiter sind, je steiler das Gelände ist, damit sich keine zu großen Formverzerrungen, Gefälländerungen usw. einstellen.

Unter Beachtung solcher Regeln ist selbst in den Maßstäben 1 : 100000 und 1 : 200000 durchaus noch eine formtypische Generalisierung möglich *(Finsterwalder 1951, Knorr 1965,*

a)

b)

c)

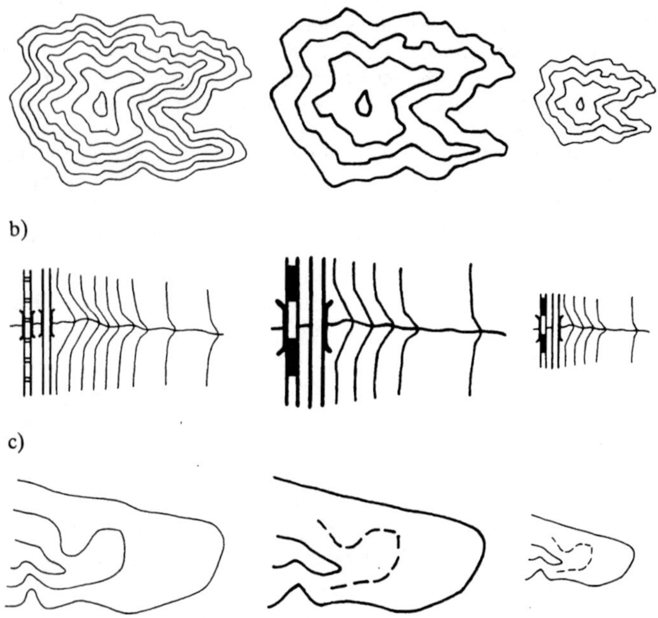

Abb. 131. Generalisieren von Höhenlinien durch Auswählen und
a) Vereinfachen (Glätten der Linien),
b) Verdrängen (infolge Straße und Eisenbahn),
c) Bewerten (in Form der Hilfshöhenlinie und Mulde),
dargestellt im Maßstab der Ausgangskarte und der Folgekarte

Bartsch 1966). Mit kleiner werdendem Maßstab ist dann allerdings die Grenze exakter Höhenliniendarstellung erreicht.

Versuche zur *rechnergestützten* Generalisierung begannen zunächst mit dem Vereinfachen des einzelnen Linienverlaufs durch Ansatz mathematischer Glättungsfunktionen *(Gottschalk 1971, Johannsen 1975).* Dabei ist das gleichzeitige Auswählen in unmittelbarer Weise nur dann möglich, wenn die äquidistanten Systeme von Ausgangskarte und Folgekarte so zueinander passen, daß Linien lediglich fortzulassen, nicht aber neu zu interpolieren sind. Der Glättungsansatz bei einzelnen Linien kann jedoch den formbedingten Zusammenhang benachbarter Höhenlinien zerstören. Daher entwickeln sich zunehmend Verfahren der flächenhaften Generalisierung durch Heranziehen der Nachbarlinien bei der Krümmungsgeneralisierung *(Hentschel 1979)* oder durch Fourier-Transformationen *(Frederiksen u. a. 1978).* Weitergehende Ansätze ergeben sich beim Vorliegen regelmäßiger, z. B. gitterförmiger digitaler Geländemodelle (2.2.2.5). Die Gitterpunkte werden dabei durch Auswählen reduziert oder in ihrer Höhe Glättungsfunktionen unterzogen. Aus dem so veränderten digitalen Geländemodell entsteht durch Interpolation ein neues Höhenlinienbild, bei dem nunmehr auch das äquidistante System unabhängig von dem der Ausgangskarte frei wählbar ist. Für lokale Korrekturen ist der interaktive Bildschirm einzusetzen.

5. *Farbton* der Höhenlinien. In mehrfarbigen Karten erscheinen die Höhenlinien meist in einem sepia- bis rotbraunen Farbton. Beim Verlauf durch Felsdarstellungen wird häufig auch eine schwarze, in Gletscherbereichen eine blaue Darstellung benutzt.

6. Über die *Höhenbezugsfläche* siehe 2.2.1.3.

7. *Höhenpunkte* ergänzen das Höhenlinienbild. Sie sind eine Auswahl der bei den topographischen Vermessungen bestimmten Punkte mit beigeschriebener Höhenzahl. Solche möglichst gleichmäßig verteilten Punkte befinden sich an markanten Stellen, also auf Kuppen und Sätteln, in Mulden und Kesseln sowie an einwandfrei identifizierbaren Örtern der Situation wie z. B. Wegekreuzungen und Bahnübergängen. Das Musterblatt der Topographischen Karte 1 : 25 000 sieht eine mittlere Dichte von etwa 2 Höhenpunkten je km^2 vor.

8. Über die *Genauigkeit und Prüfung der Höhenlinien und Höhenpunkte* siehe 5.3.2.9.

5.3.2.5 Schummerung (Schattierung)

Die Schummerung ist im System der Kartengraphik die Variation eines Flächentonwertes nach bestimmten Regeln. Sie wird in der Karte zur Wiedergabe von Schatteneffekten angewandt und hat die Aufgabe, die Geländeformen plastisch zum

Ausdruck zu bringen (siehe Anlagen 3 bis 7). Als Gestaltungsmittel kommt daher der echte oder unechte Halbton (4.3.6) in Betracht.

Von Hand ausgeführte Flächentönungen zur Kennzeichnung der Böschungsverhältnisse finden wir schon z. B. auf den Blättern der Kurhannoverschen Landesaufnahme (1764–1786), also zu einer Zeit, als eine drucktechnische Vervielfätigung von Halbtönen noch nicht möglich war. Erst mit der Entwicklung der Autotypie (Bd. II,4) im vorigen Jahrhundert gewann die Schummerung ihre volle Bedeutung.

Das Entstehen einer schattenplastischen Schummerung läßt sich erklären, wenn man sich ein Geländemodell durch eine Lichtquelle beleuchtet denkt. Die von der Flächenneigung und der Lichtrichtung abhängigen unterschiedlichen Tönungen (Licht- und Schattenpartien) der einzelnen Flächenelemente lassen sich entsprechend auf einer Kartenfläche wiedergeben, so daß beim Betrachten ein scheinbarer Raumeindruck entsteht.

Die einfache *Böschungsschummerung* nach dem Prinzip „je steiler, desto dunkler" ist in ihrer plastischen Wirkung gering. Die hier angenommene Senkrechtbeleuchtung entspricht der bei den Böschungsschraffen (5.3.2.3).

Die *Schräglichtschummerung* nimmt in der Regel eine von links oben kommende Hauptlichtrichtung an. Das entspricht wie bei den Schattenschraffen (5.3.2.3) dem üblichen Lichteinfall beim Lesen und Schreiben und zugleich dem aus der Photographie bekannten plastischen Gegenlichteffekt. Eine von den natürlichen Verhältnissen auf der Nordhalbkugel abgeleitete Südbeleuchtung ruft dagegen beim Lesen der nach Norden orientierten Karten leicht Pseudoeffekte hervor (Abb. 132). Um an allen Stellen einen bestmöglichen Formeindruck zu erzielen, kommt man ohne lokale Lichtdrehungen nicht aus. Horizontale Flächen erhalten einen mittleren Tonwert.

Die *kombinierte Schummerung* ist eine Verknüpfung von Böschungsschummerung mit Schräglichtschummerung. Damit ergibt sich für die flachen Bereiche ein relativ heller bis weißer Tonwert. Da aber gerade in den Talebenen die Situationsdarstellung besonders dicht ist, bleibt somit die Voraussetzung für eine gute Lesbarkeit erhalten.

Die Herstellung von Schummerungen ist auf verschiedenen Wegen möglich: Die *manuelle* Schummerung durch Wischen, Sprühen usw. (Bd. II, 4) orientiert sich an der Darstellung der Höhenlinien und des Gewässernetzes *(Langer 1973)*. Die *mechanische* Schummerung fräst durch Ab-

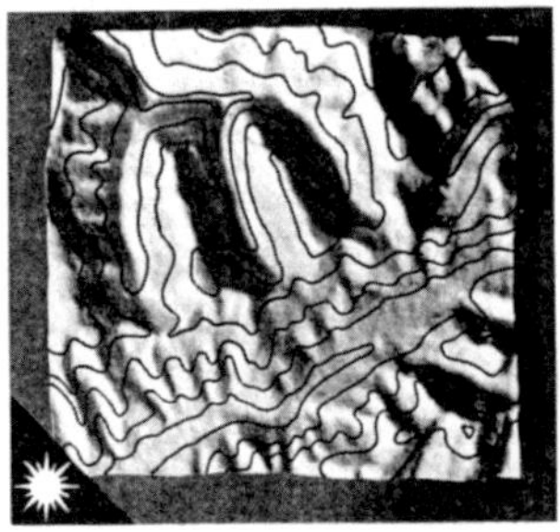

Abb. 132. Schräglichtschummerung mit verschiedenen Beleuchtungsrichtungen

fahren von Höhenlinien ein Gipsmodell, das beleuchtet und photographiert wird (Wenschow-Verfahren, Bd. II, 4; *Kneißl/Pillewizer 1952*). Die *analytische* Schummerung (Bd. II, 5) berechnet den Tonwert kleiner Flächenelemente auf der Basis eines digitalen Geländemodelles *(Yoéli 1967, Brassel 1973, Gottschalk 1978, 1981)*.

Schummerungen können – bewegtes Gelände vorausgesetzt – in den Maßstäben 1 : 25000 und kleiner zur plastischen Ausgestaltung des Kartenbildes Verwendung finden. Wegen ihres völligen Versagens in geometrischer Hinsicht werden sie bis etwa 1 : 500000 in der Regel in Verbindung mit einer Höhenliniendarstellung angewandt. Der Vorteil der Schummerungen liegt darin, daß sie – im Gegensatz zu den Schraffen – die Lesbarkeit des übrigen Karteninhalts kaum beeinträchtigen. In Karten kleinerer Maßstäbe ist die Schummerung in Verbindung mit einigen Höhenzahlen oft alleiniges Mittel für die Geländedarstellung. Als *vereinfachte Gebirgsschummerung* kann sie bis zu kleinsten Maßstäben benutzt werden.

5.3.2.6 Formzeichen und Formzeichnungen

Darstellungen dieser Art sind in erster Linie dazu bestimmt, das Höhenlinienbild zu ergänzen, indem sie *Kleinformen* vollständig oder überhaupt erst erkennbar machen. Im Vergleich zu den anderen Darstellungsarten sind sie das einzige Mittel zur

Wiedergabe realer und zugleich diskreter Erscheinungen, die im Kontinuum „Oberfläche“ gewisse Unstetigkeitsstellen bilden.

Als Gestaltungsmittel dienen lineare oder flächenhafte Signaturen, unter denen die schraffenartige Darstellung vorherrscht. Solche Schraffen unterscheiden sich aber wesentlich von den in 5.3.2.3 beschriebenen Schraffen, da sie sich stets auf die Wiedergabe von Strukturen geringer Ausdehnung beschränken.

1. Natürliche Formen

Gefällwechsel in den Oberflächenformen werden durch Höhenlinien nicht immer ausreichend erfaßt. Solche Wechsel lassen in der Natur mehr oder weniger scharfe Kanten entstehen, die man durch *Kantenlinien* wiedergeben kann. Dabei unterscheidet man nach *Neugebauer 1962* je nach Ausprägung im Gelände zwischen scharfen und stumpfen Kanten, gerundeten Übergängen und Negativkanten (am Rande von Talböden) (Abb. 133).

a) b) c) d)

Abb. 133. Kantenlinien (in Kombination mit Höhenlinien)

a) scharfe Kante   b) stumpfe Kante   c) gerundeter Übergang   d) Negativkante

Abrisse, Dolinen, Schutthalden, Dünen, vulkanische Kleinformen usw. werden meist durch *Keilschraffen* in Fallrichtung dargestellt (Abb. 134a, b).

a) b) c) d)

Abb. 134. Natürliche und künstliche Kleinformen

a) Abriß   b) Dünen   c) Felszeichnung   d) Steinbruch

Bei der *Felsdarstellung* spricht man von einer Form*zeichnung*, weil diese nicht nur auf geometrischen Prinzipien der Schraffenkonstruktion beruht, sondern auch auf freieren, künstlerischen Strichdarstellungen, durch die die Anschaulichkeit verstärkt werden soll. So ist z. B. auch eine horizontale Schraffur möglich, wenn dadurch die Schichtcharakteristik typisch wiedergegeben werden kann (Abb. 134c).

Felszeichnungen erscheinen meist in schwarzer Farbe; die anderen Darstellungen werden gewöhnlich in der Farbe der Höhenlinien ausgeführt.

2. Künstliche Formen

Die wichtigste künstliche Form ist die Böschung. *Keilschraffen* liefern dabei die ansprechendste Darstellung, erfordern aber auch mehr Zeichenaufwand. Man findet daher besonders in Karten großer Maßstäbe die leichter darstellbaren *Linearschraffen* (Abb. 135).

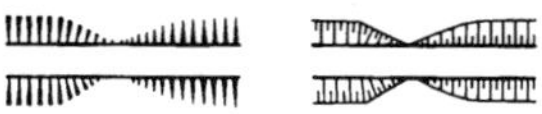

a) b)

Abb. 135. Einschnitt und Damm
a) mit Keilschraffen b) mit Linearschraffen

Die Schraffen müssen senkrecht zu den Höhenlinien verlaufen und erscheinen in Karten großer Maßstäbe meist in schwarzer Farbe. Das hat den Vorteil, daß sie in die Situationsdarstellung einbezogen und damit auch dann noch wiedergegeben werden können, wenn die Karte keine Geländedarstellung durch Höhenlinien enthält (z. B. Vorstufe der Deutschen Grundkarte 1 : 5000).

Auch zur Darstellung von Kiesgruben, Abraumhalden, Steinbrüchen usw. wendet man meist die Schraffen an (Abb. 134d).

5.3.2.7 Farbige Höhenschichten

Keine der bisher behandelten Darstellungsweisen vermag allein aus der *Anschauung* einen unmittelbaren Eindruck über die *ab-*

solute Höhe von Punkten oder Geländeteilen zu vermitteln. Dies läßt sich jedoch erreichen, wenn man das Gestaltungsmittel Fläche (4.3.3) anwendet und diese der Höhe entsprechend nach den Farbmerkmalen Ton, Sättigung und/oder Helligkeit (4.2.1.3) variiert. Damit ergibt sich zugleich eine rasche und wirkungsvolle Übersicht über die großen Formzusammenhänge (siehe Anlagen 6 und 7).

In den meisten Fällen werden die Bereiche zwischen bestimmten Höhenlinien mit konstanten Farbmerkmalen versehen. Damit entsteht allerdings ein gestufter Eindruck, der an sich dem Prinzip des Kontinuums nicht gerecht wird.

Man bezeichnet eine solche Darstellungsweise auch als *farbige Höhenstufen* oder als *hypsometrische* Methode. Die letztgenannte Bezeichnung wird mitunter auch nur auf den Fall der hypsometrischen Karte bezogen, die vorwiegend oder nur eine sehr differenzierte Geländegliederung nach der Höhe enthält (siehe die unbunte Skala Abb. 100c).

Die zahlreichen *Höhenfarbskalen,* die etwa von der Mitte des 19. Jahrh. ab entwickelt wurden, beruhen auf unterschiedlichen Regeln und Auffassungen.

1. In den Anfängen gab es neben regellosen, meist sehr kontrastreichen Farbskalen solche nach dem Grundsatz „Je höher, desto heller" (Graugrün bis Weiß), aber auch solche nach dem umgekehrten Prinzip „Je höher, desto dunkler" (Weiß bis Braun).

2. Ein großer Teil der heute – vor allem bei Atlaskarten – angewandten Höhenfarbskalen läßt sich aus Bodenbedeckungsfarben und/oder abgewandelten spektralen Farbreihen erklären.

a) Unter der auf *E. v. Sydow* (1838) zurückgeführten Bezeichnung als *Regionalfarben* versteht man eine Skala von Grün über Gelb oder Hellbraun zu Mittelbraun und Dunkelbraun, die damit etwa einer Gliederung nach kulturgeographischen Regionen (Grünland, Ackerland, Bergland) entspricht.

b) *K. Peucker* (1898) legt dem Versuch zu einer gesetzmäßigen *Farbenplastik* folgende Regeln zugrunde:

- Je höher, desto heller (Helligkeitsreihe)
- Je höher, desto farbsatter (Sättigungsreihe)
- Je höher, desto wärmere Farbtöne (Spektralreihe).

Diese drei Farbmerkmale bestimmen den Raumwert der „spektraladaptiven“ Skala. Sie führt von einer mittleren Höhe in Gelb in der Folge Orangegelb, Gelborange, Braunorange, Orange, Rotorange, Orangerot und Rot zu den Berggipfeln und mit Grüngelb, Gelbgrün, Grün, Blaugrün, Graugrün, Grüngrau und Grau zu den Tälern. Die blaue Farbe wird den Gewässern vorbehalten. Obwohl die Theorie der Farbenplastik heute weitgehend abgelehnt wird, hat die Skala selbst bis heute auf die Praxis großen Einfluß ausgeübt.

c) Die heutigen *konventionellen Höhenfarbskalen* lassen sich als Verfeinerungen oder Abwandlungen von a) oder b) auffassen. Hierbei steigen die Höhenstufen progressiv nach oben, so daß sich z. B. die nachstehende Folge ergibt:

0–100 m	Blaugrün	500–1000 m	Hellbraun
100–200 m	Gelbgrün	1000–2000 m	Braun
200–500 m	Gelb	2000–4000 m	Rotbraun

über 4000 m Braunrot.

Anstelle der braunen Farbtöne werden auch aufgehellte Folgen (z. B. Violett – Grau – Weiß bei der Internationalen Weltkarte, 5.8.2) benutzt.

Die blauen Stufen der Ozeane zeigen mit zunehmender Tiefe eine stärkere Sättigung. In Küstennähe werden in der Regel geringere, im offenen Ozean größere, äquidistante Tiefenstufen gewählt.

3. *Luftperspektivische Höhenabstufung.* Die in der Schweiz entwickelte Farbskala verfolgt andere Gesichtspunkte. Sie ist so gewählt, daß unter Ausnutzung des Effektes der Luftperspektive (je tiefer, desto dunstiger) und unter Berücksichtigung des Zusammenspiels von Oberflächenfarbe und Schattenton möglichst natürliche Vorstellungen von der Landschaft geweckt werden. Um die Schummerung nicht zu beeinträchtigen, muß für die Farbe der hohen Bereiche ein heller Ton gewählt werden, der jedoch mit dem Grünblau der Tiefe möglichst kontrastiert. Die luftperspektivische Farbleiter umfaßt im allgemeinen von unten nach oben folgende, allmählich ineinander übergehende Farbtöne: graues Grünblau, Blaugrün, Grün, Gelbgrün, Gelb und rötliches Gelb.

5.3.2.8 Kombinationen der Darstellungsarten

Da keine der besprochenen Darstellungsarten allein geeignet ist, die in 5.3.2.1 genannten Bedingungen einer Geländedarstellung zu erfüllen, liegt es nahe, dies durch Kombination zu erreichen.

Bei einer Ableitung aus der Übersicht (Abb. 136) ist jedoch zu berücksichtigen, daß die Anwendung von Schraffen einerseits den Gebrauch von Höhenlinien und Schummerung andererseits ausschließt.

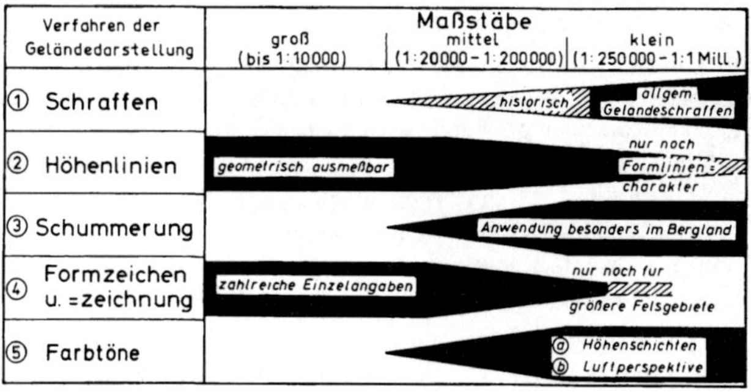

Abb. 136. Anwendung und Kombination von Verfahren der Geländedarstellung

Die heute wichtigsten Kombinationen sind:

1. in Karten *großer Maßstäbe* Höhenlinien und Formzeichen;
2. in Karten *mittlerer Maßstäbe* Höhenlinien, Schummerung und Formzeichen.

   Bei den in der Schweiz entwickelten *Reliefkarten* sind Höhenlinien, Felszeichnung, Schummerung bei Schrägbeleuchtung und luftperspektivische Höhenabstufung zu einem harmonischen Gesamtbild vereinigt, das vor allem geeignet ist, die großen Formzusammenhänge optimal wiederzugeben *(Imhof 1965)*. Andererseits versucht *Brandstätter 1970* mit dem von ihm entwickelten System der *Scharungsplastik* die aus Luftbildmessungen zu gewinnenden Aussagen über die kleineren Formen kartographisch deutlicher zu machen. Hierbei werden äquidistante Höhenliniensysteme ausreichend mit Kantenlinien versehen, und an Böschungsänderungen verstärken lokale Schummerungen den Eindruck von der Struktur des Reliefs. Solche und andere Bemühungen um die bestmögliche Aussage finden ihren Niederschlag auch in den topographisch-geomorphologischen Kartenproben 1 : 25 000 (5.3.2.1) und in zahlreichen Alpenvereinskarten (5.7.3) als weiteren Beispielen eindrucksvoller *Hochgebirgskartographie.*

3. In Karten *kleiner Maßstäbe* Schummerung mit farbigen Höhenschichten und/oder einzelnen Höhenpunkten.

5.3.2.9 Genauigkeit und Prüfung der Geländedarstellung

Angaben zur Genauigkeit und über geeignete Prüfverfahren können sich praktisch nur auf Höhenlinien und Höhenpunkte sowie auf Formzeichen beziehen, da die anderen Darstellungsmittel – Schraffen, Schummerung, Farbtöne – bei neueren Karten stets aus Höhenlinien abgeleitet werden.

Das aus Messungen hervorgegangene Höhenlinienbild kann nie völlig fehlerfrei sein; es soll jedoch

1. *geometrisch* ausreichend genau sein und
2. in *morphologischer* Hinsicht die Formen richtig bzw. charakteristisch wiedergeben (2.2.2.1; 5.3.2.1).

1. Die *geometrische Genauigkeit* läßt sich angeben durch den mittleren Höhenfehler m_h der Gesamtheit aller auf den Höhenlinien gelegenen Punkte. In der von *Koppe* (1902) angegebenen Form ist

$$m_h = \pm (a + b \cdot \tan \alpha).$$

Dabei ist α die Geländeneigung; a und b sind Konstanten, die von Kartenmaßstab, Meßverfahren, örtlichen Verhältnissen und anderen Faktoren abhängen. Die Koppe'sche Formel läßt sich auch in der Fassung $m_h = \pm (a + b \cdot p/100)$ schreiben, wenn p die Geländeneigung in Prozenten angibt. Im Flachland ist demnach der Höhenfehler $m_h = \pm a$; er wächst mit zunehmender Geländeneigung. Das Ausmaß des Zuwachses hängt vom Faktor b ab; dieser ist bei terrestrischen Messungen meist größer als bei photogrammetrischen Messungen.

Anschaulicher als der Höhenfehler m_h ist der Lagefehler m_l der nach Abb. 137 aus dem Höhenfehler mit $m_l = \pm m_h \cdot \cot \alpha$ hervorgeht:

$$m_l = \pm (b + a \cdot \cot \alpha).$$

Im Flachland ist demnach der Lagefehler sehr groß; jede geringfügige Meßungenauigkeit hat erhebliche Grundrißverschiebungen der Höhenlinie zur Folge. In Karten großer Maßstäbe kann daher der Lagefehler

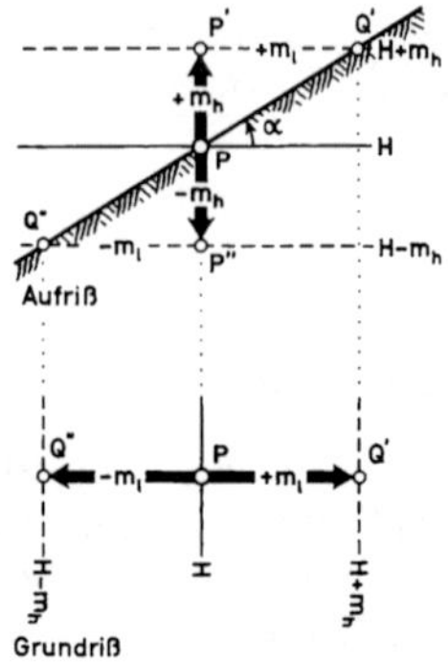

Abb. 137. Lage- und Höhenfehler von Höhenlinien

spürbar größer sein als der graphisch bedingte Kartier- und Zeichenfehler der Situation. Mit zunehmender Geländeneigung wird der Lagefehler der Höhenlinie immer geringer.

Für die „Deutsche Grundkarte 1 : 5000" (5.6.1.1) soll der mittlere Höhenfehler den Betrag $m_{h_1} = \pm\, 0{,}3$ m im Flachland (Äquidistanz 1 m oder kleiner) bzw. $m_{h_2} = \pm\, (0{,}4 + 3 \cdot \tan \alpha)$ [m] in den übrigen Fällen nicht überschreiten. Die nachstehende Tabelle gibt hierzu einige Zahlenwerte:

α (gon)	5	10	15	20	30	40	50
p (%)	7,87	15,83	24,01	32,49	50,95	72,65	100,00
m_{h_2} [m]	0,64	0,87	1,12	1,38	1,93	2,58	3,40
m_{l_2} [m]	8,08	5,52	4,66	4,23	3,78	3,55	3,40
m_{l_2} [mm i. d. Karte]	1,6	1,1	0,9	0,8	0,8	0,7	0,7

Da Geländeneigungen über 50 gon praktisch nicht vorkommen, würden demnach alle Höhenlinien der geometrischen Genauigkeit genügen, wenn ihr mittlerer Lagefehler ± 0,7 mm in der Karte nicht überschreitet.

Für andere amtliche deutsche Kartenwerke ist die geometrische Genauigkeit in dieser Form nicht festgelegt. In der Schweiz gilt für den Grundbuchübersichtsplan 1 : 10000 $m_h = \pm (1 + 3 \cdot \tan \alpha)$ [m] und für die Landeskarte 1 : 25000 $m_h = \pm (1 + 7 \cdot \tan \alpha)$ [m].

2. Die *morphologische Richtigkeit* einer Höhenliniendarstellung erläutert Abb. 138 (nach *Brandstätter 1957*). Die linke Hälfte *(a)* zeigt ein fehlerfreies Höhenlinienbild mit den schraffierten Fehlersäumen für die Lagefehler m_l. Zwar liegen auch die Linien der rechten Hälfte *(b)* innerhalb des entsprechenden Fehlersaumes und genügen damit wohl den geometrischen Ansprüchen, doch entsprechen sie nicht den morphologischen Forderungen, da sie offensichtlich die Formen falsch wiedergeben. So zeigt z. B. der gleichförmig geneigte Talgrund einige Stufen; Hangrinne und Hangnase sind vernachlässigt, und der scharfkantige Hangfuß ist ausgerundet.

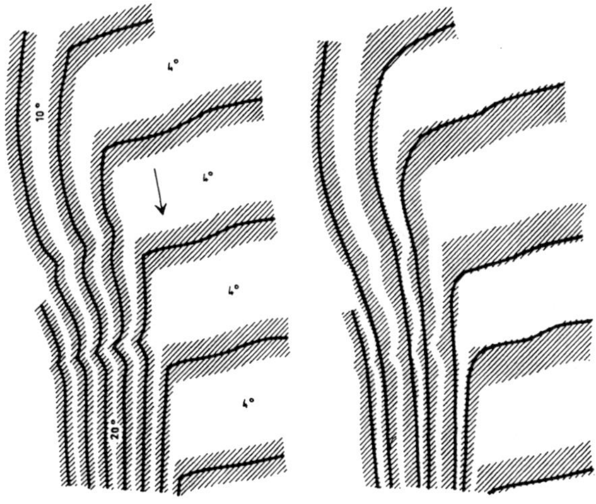

a b

Abb. 138. Geometrische Genauigkeit und morphologische Richtigkeit von Höhenlinien

3. Die *Prüfung* von Höhenlinien geht in *geometrischer* Hinsicht von Vergleichsmessungen übergeordneter Genauigkeit aus. Dabei kann es sich um einzelne Stichproben, um das gezielte Aufsuchen einer oder mehrerer Höhenlinien, um Profilschnitte oder um eine flächenhafte Neu-

aufnahme handeln. In *morphologischer* Hinsicht kommt es auf die Überprüfung der Nachbarbeziehungen an; sie kann nach dem Augenschein, durch Messung von Richtung und Betrag des Gefälles oder durch intensives Krokieren (2.2.2.3) vorgenommen werden.

4. Der mittlere Höhenfehler eines *Höhenpunktes* soll in der Deutschen Grundkarte 1 : 5000 den Wert $m_{H_1} = \pm\ 0{,}2$ m (Äquidistanz 1 m oder kleiner) bzw. $m_{H_2} = \pm\ 0{,}3$ m in den übrigen Fällen nicht überschreiten. *Imhof 1965* ermittelte mittlere Höhenfehler in 1 : 10000 zu ± (0,2 bis 0,5) m und in 1 : 25000 zu ± (0,4 bis 1,0) m.

Genauigkeitsangaben und Prüfverfahren bei Formzeichen erstrecken sich auf die geometrische Abgrenzung und die qualitativ sachgerechte Wiedergabe.

5.3.3 Schrift

Die Schrift ist das erläuternde Element der Karte. Obwohl sie die Situations- und Geländedarstellung teilweise beeinträchtigt, ist sie doch zu ihrer Ergänzung sowie zur Identifizierung und zum Verständnis der räumlichen Gegebenheiten unentbehrlich.

Eine Topographische Karte 1 : 25000 enthält oft mehr als 1000 Namen, Bezeichnungen und Höhenzahlen; eine einzige Atlaskarte kann sogar mehr als 5000 Schriftangaben aufweisen.

Über die allgemeinen *Merkmale der Kartenschrift* und die damit verbundenen Aussagemöglichkeiten siehe 4.3.7. Die Wahl der Schriftart hängt stark von der Lesbarkeit und der harmonischen Einfügung in das Kartenbild ab: Groteskschriften sind in kleinem Schriftgrad noch am besten lesbar; Antiquaschriften stören eine vorwiegend linienhafte, häufig gleichfarbige Darstellung am wenigsten.

In topographischen Karten besteht die Schrift aus Namen (Namengut), Erläuterungen (vielfach als Abkürzungen) und Zahlen.

1. Bei den *Namen* handelt es sich gewöhnlich um *Eigennamen* von Siedlungen, Bodenerhebungen (Berge, Gebirge), Bodensenkungen (Täler, Niederungen), Bodenbedeckungen (Wald, Heide), Straßen, Gewässern (Flüsse, Seen, Buchten), Inseln,

Fluren, Landschaften, historischen Stätten (Burgen), Hoheits- und Eigentumsverhältnissen sowie weiterer Einzelobjekte. Daneben treten *Gattungsnamen* (Postamt, Naturpark) auf, häufig in Verbindung mit einem Eigennamen.

In den amtlichen topographischen Karten der Bundesrepublik Deutschland werden politische Gemeinden in stehender Schrift (dabei Städte in Großbuchstaben), Gemeindeteile in rechtsliegender Schrift dargestellt. Die Schriftgröße kennzeichnet die Einwohnerzahl. Gewässer werden mit einer rückwärtsliegenden Schrift bezeichnet, die bei mehrfarbigen Karten meist blau ist.

Mit der Darstellung fremder Sprachbereiche ergeben sich – zwangsläufig vor allem bei Karten kleiner Maßstäbe – auch einige *Probleme der Schreibweise*:

a) Als *Exonyme* gelten die in der eigenen Sprache gehaltenen Namen von Orten in anderen Sprachgebieten *(Breu 1971)*. Sie werden allein oder neben dem landessprachlichen Namen angegeben, z. B. Milano/Mailand.

b) *Fremde Sprachen in lateinischer Schrift* sind zwar lesbar, doch kann im Einzelfalle die Aussprache nicht geläufig sein, vor allem bei den *diakritischen Zeichen*, wie z. B. bei a, á, à, â, ă, ạ, å. Wertvolle Hinweise hierzu enthält für den europäischen Bereich das Wörterbuch geographischer Namen *(Ständiger Ausschuß . . . 1966)*.

c) *Fremde Sprachen in nichtlateinischer Schrift* werden nach bestimmten Regeln in die lateinische Schreibweise umgesetzt. Dabei ist die *Transkription* eine mehr phonetische Umschrift unter Erhaltung des Lautwerts (z. B. ARJOL für die russische Stadt ОРЕЛ), die *Transliteration* eine buchstabengetreue Umsetzung (OREL), die auch eine Rückübertragung gestattet *(Weygandt 1961, Grebe 1962, Breu 1970)*. In der Praxis trifft man oft auf Mischformen beider Verfahren.

d) Zur Erfassung und Standardisierung geographischer Namen sowie zur Herausgabe von Namenbüchern, u. U. als Teil eines Informationssystems, siehe 2.4.2. Zu den Registern von Karten und Atlanten äußert sich u. a. *Rennau 1976*.

2. *Abkürzungen (Abbreviaturen)* sind Übergangsformen zu den Signaturen (4.3.4.1). Sie werden zur Entlastung des Kartenbildes und zur näheren Bezeichnung einer Signaturdarstellung angewandt, müssen aber in der Legende erläutert werden.

3. *Zahlen* treten auf

a) als Höhen- und Tiefenangaben für die
   - Erdoberfläche an Höhenlinien (Zähllinien) und -punkten bzw. Tiefenlinien und -punkten,
   - Gewässerspiegel fließender und stehender Binnengewässer,

b) zur Angabe von Hausnummern, Forstabteilungsnummern, Kilometrierungen, Entfernungen, Koordinaten sowie Zahlen des Suchnetzes.

5.4 Kartennetz und Kartenrandangaben

5.4.1 Kartennetz und Suchnetz

Das Kartennetz ist das Gerüst für die geometrische Lage des Karteninhalts. Es entsteht in der Kartenebene nach mathematischen Abbildungsgesetzen (siehe Kap. 3 über die *Kartennetzentwürfe*). Die Netzlinien stellen konstante und meist runde Zahlenwerte der ebenen-rechtwinkligen (geodätischen) oder geographischen Koordinaten dar (z. B. alle runden 100 m, 200 m, 1 km, 2 km; 30′, 1°, 5° usw.).

Im *Kartenfeld* werden die Netzlinien entweder 1. netzartig voll durchgezogen (Abb. 139a, c, d) oder 2. nur im Bereich der Schnittpunkte durch kleine Kreuze markiert (Abb. 139b) oder 3. überhaupt nicht dargestellt. Fall 1 tritt vor allem bei geographischen Netzen auf, da die Netzlinien häufig gekrümmt verlaufen und die entstehenden Netzmaschen auch bei geraden Netzlinien meist keine Quadrate sind. Die Fälle 2 und 3 bieten den Vorteil, daß sie das Kartenbild wenig bzw. gar nicht stören; sie erfordern jedoch zur Übertragung oder zur Entnahme von Koordinatenwerten die nachträgliche Vervollständigung des Netzes.

Der *Kartenrahmen* enthält die Netzlinien in kurz angesetzten Strichen. Die Koordinatenwerte werden allen oder nur bestimmten Linien beigeschrieben (Abb. 88).

Das Suchnetz, meist als *Suchgitter,* dient in Stadt-, Straßen- und Atlaskarten dem Auffinden von Straßen, Orten usw. mit Hilfe von Kennbuchstaben und -ziffern. Es ist bei einfacher, z. B. gitterförmiger Gestalt des Kartennetzes meist mit diesem identisch oder bildet ein besonderes Netz in anderer Farbe bzw. auf einer Deckfolie.

5.4.2 Angaben in Kartenrand und Kartenrahmen

Der *Kartenrand,* die außerhalb des Kartenrahmens gelegene Kartenfläche, enthält die zum Verständnis und zur Auswertung des Karteninhaltes erforderlichen *Randangaben.* Zu diesen zählt man häufig auch die Angaben im Kartenrahmen.

Diese Angaben umfassen neben der Blattbenennung (5.5.2) und der Maßstabsangabe (in digitaler Form) meist noch die Zeichenerklärung *(Legende),* Angaben über den Herausgeber und den Zeitpunkt der Herausgabe sowie einen graphischen Längenmaßstab. Häufig findet man auch noch nähere Angaben zum Berichtigungsstand, Hinweise zur magnetischen Orientierung, zum Gebrauch eines Suchnetzes, einen Neigungsmaßstab sowie Angaben zum Kartennetzentwurf, über persönliche Bearbeiter oder beteiligte Institutionen, urheberrechtliche Vermerke (z. B. Copyright-Vermerk ©), ferner Orientierungsvermerke und Verzeichnisse bei Stadt-, Straßen- und Wanderkarten und schließlich *Nebenkarten* als Blattübersichten, zur Darstellung von Verwaltungsgrenzen oder als sog. Zuverlässigkeitsskizze (2.5), aus der Einzelheiten über die topographischen Unterlagen wie Vermessungsverfahren, Luftbilder, Aufnahmezeiten usw. ersichtlich sind.

Zu den Randangaben im weiteren Sinne kann man auch die Angaben rechnen, die sich auf der *Rückseite* der Karte in Form von Blattübersichten, Titelangaben, Straßen- oder Ortsverzeichnissen, heimatkundlichen Beschreibungen, Bildern, Werbungen usw. befinden.

Die Angaben im *Kartenrahmen* bestehen im wesentlichen aus den Koordinatenzahlen für die Linien des Kartennetzes, den Zahlen und Buchstaben des Suchnetzes den Anschlußhinweisen zu den Nachbarblättern, den Richtungsangaben zum Verkehrsnetz sowie Teilen der Schrift, die als sog. Abgangsschrift aus dem Kartenfeld herausläuft (z. B. Gebirgsnamen) oder als sog. Zugangsschrift in das Kartenfeld hineinführt.

5.5 Äußere Kartengestaltung

Während Karteninhalt, Kartennetz und Kartenrandangaben *sachliche* Bestandteile der Karte sind (1.5.3), werden bei der äußeren Kartengestaltung Einzelheiten der *formalen* Gliederung behandelt. Allgemein ist bei der Abgrenzung des Kartenfeldes und der Verteilung der Randangaben zu berücksichtigen, daß bei allen kartentechnischen Arbeiten wie Photographie, Kopie und Druck die vorgesehenen Formate ohne Schwierigkeiten darstellbar sind.

Für den handlichen Gebrauch, vor allem im Gelände, ist eine günstige Faltung (Falzung) vorzusehen. Oft trifft man auf eine Längsfalzung mit anschließender harmonikaartiger sog. Leporellofalzung. Bei der Plazierung der Randangaben ist hierauf Rücksicht zu nehmen. Gefaltete Karten, besonders Stadtkarten, werden häufig mit einem Umschlag aus festem Karton versehen, in den sie eingesteckt, eingelegt oder eingeklebt werden. Straßenverzeichnisse, touristische Informationen usw. können sich dabei auf der Kartenrückseite, aber auch auf einem besonderen Blatt befinden.

5.5.1 Abgrenzung des Kartenfeldes durch den Kartenrahmen

Topographische Karten sind meist *Rahmenkarten*. Norden liegt gewöhnlich oben; Überzeichnungen treten nur selten auf. Nach der Art der Abgrenzung durch die *Kartenschnittlinie* (1.5.3) kann man dabei folgende Fälle unterscheiden:

1. Die Kartenschnittlinie wird durch Netzlinien *ebener-rechtwinkliger (geodätischer)* Koordinaten gebildet.

Diesen Fall der sog. *Gitternetzkarten* trifft man vor allem bei Kartenwerken *großer* Maßstäbe an. Es ergibt sich für fast alle Karten ein konstantes Format (Abb. 139a); lediglich an den Rändern der Streifensysteme (3.7.3) bilden sich verschieden große Sonderformate (z. B. Trapeze und Sechsecke bei der Deutschen Grundkarte 1 : 5000).

2. Die Kartenschnittlinie wird durch Netzlinien *geographischer* Koordinaten gebildet.

Solche aus Meridian- und Parallelkreisabschnitten begrenzten Karten bezeichnet man auch als *Gradabteilungskarten*. Sie sind meist trapezförmig und damit bei ausgedehnten Kartenwerken von etwas unterschiedlichem Format. Man findet diese Abgrenzung bei vielen Kartenwerken *mittlerer* Maßstäbe in Verbindung mit einem Kartennetz aus geodätischen Koordinaten (Abb. 139b). Dieser Sachverhalt ist teilweise historisch bedingt. Die Abgrenzung tritt ferner bei Kartenwerken *kleiner Maßstäbe bis etwa 1 : 2500000* auf, dort aber mit geographischen Kartennetzlinien (Abb. 139c).

3. Die Kartenschnittlinie wird durch ein *Rechteck* (oder eine andere Form) unabhängig von den Netzlinien gebildet.

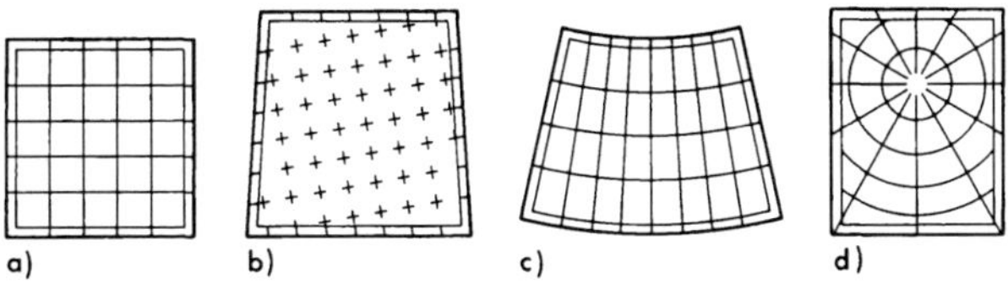

Abb. 139. Kartennetze und Abgrenzungen des Kartenfeldes
a) Netz und Abgrenzung aus geodätischen Koord.
b) Netz aus geodät., Abgrenzung aus geogr. Koord.
c) Netz und Abgrenzung aus geographischen Koord.
d) Netz aus geogr. Koord., Abgrenzung rechteckig

Diese Abgrenzung gibt es bei Verlagsprodukten wie *Stadt-*, *Straßen-* und *Wandkarten*. Sie richtet sich bei *Einzelkarten* vor allem nach einer möglichst günstigen Lage der wichtigsten darzustellenden Objekte im Kartenfeld, bei *Atlaskarten* auch nach dem Atlasformat (Abb. 139d).

5.5.2 Kartenbenennung

Die Kartenbenennung (der Kartentitel) soll die geographische Lage und den Maßstab einer Karte angeben. Die Bezeichnung von *Einzelkarten*, z. B. Stadtkarten, beschränkt sich gewöhnlich auf die Angabe von Kartenart, Ortsname und Maßstab („Stadtkarte Hannover 1 : 20000"). Bei *Kartenwerken* spielt darüber hinaus die Systematik in der Benennung des Einzelblattes eine wichtige Rolle; die Kartenbenennung setzt sich in diesem Falle aus der Blattnummer und dem Blattnamen zusammen.

Die *Blattnummer* ergibt sich aus der Kombination von Ziffern und/oder Buchstaben, die jeweils den horizontalen, westöstlichen Reihen (Zonen) und den vertikalen, nordsüdlichen Spalten (Kolonnen) von Blättern zugeordnet sind und von einem bestimmten Ausgangspunkt aus gezählt werden. Zu diesen Angaben kann noch eine Maßstabskennzahl (z. B. das römische C für 1 : 100000) treten. Atlaskarten, die gewöhnlich unregelmäßiger und auch überlappend angeordnet sind, werden meist durchlaufend numeriert.

Die Abbildung 140 zeigt a) das Benennungssystem der Topographischen Karte 1 : 25000, bei dem die Reihen von Norden nach Süden und die

Spalten von Westen nach Osten jeweils mit zwei Ziffern gezählt werden. Dagegen werden b) bei der Internationalen Weltkarte 1 : 1 000 000 die Reihen vom Äquator her mit Großbuchstaben *A, B, C* usw. bezeichnet, während die Zählung der Spalten vom 180. Längengrad aus in östlicher Richtung durch fortlaufende Numerierung vorgenommen wird. Der vorgestellte Buchstabe N bzw. S kennzeichnet die nördliche bzw. südliche Erdhalbkugel.

Der *Blattname* wird meist durch den Namen der auf dem Blatt dargestellten größten Siedlung angegeben. Ist eine solche nicht vorhanden, wird der wichtigste topographische Gegenstand (z. B. Berg oder See) zur Bezeichnung herangezogen. Karten kleiner Maßstäbe, z. B. Atlaskarten, tragen gewöhnlich den Namen einer Region, eines Staates, eines Kontinents oder eines Teiles davon.

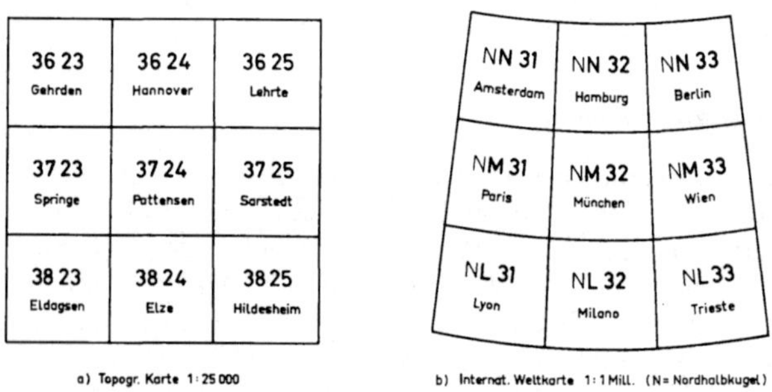

Abb. 140. Blattbezeichnungen

Bei Kartenwerken gibt es in der Regel besondere *Blattübersichten*, denen die Kartenbenennung entnommen werden kann. Weitere Bezeichnungen, die auch bei Bestellungen von Bedeutung sind, können sich auf die Art der Kartenausgabe (z. B. mit rotem Aufdruck für Fernstraßen, orohydrographische Ausgabe, Graudruck u. a.) beziehen.

5.5.3 Gestaltung von Kartenrahmen und Kartenrand

Die *geometrische* Form des *Kartenrahmens* ergibt sich aus der Abgrenzung des Kartenfeldes (5.5.1). Die *graphische* Gestaltung richtet sich u. a. nach dem Ausmaß der im Rahmen vorgesehenen Schriftangaben und weiteren Darstellungen (Abb. 141).

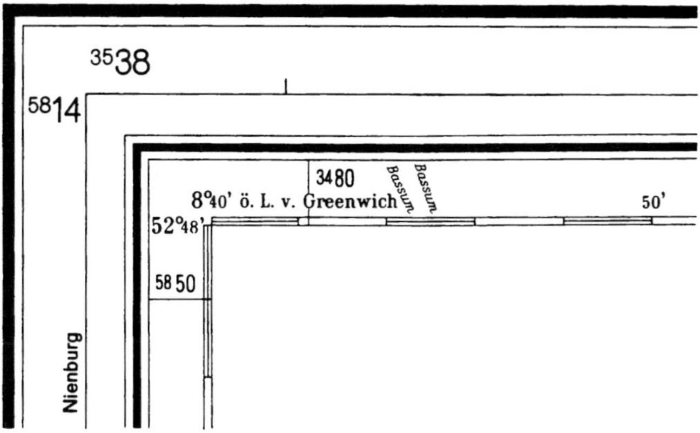

Abb. 141. Kartenrahmen (Ausschnitt)
außen: Stadtkarte Hannover 1 : 20 000 mit geodät. Koord. u. Richtungsangabe,
innen: Top. Übersichtskarte 1 : 200 000 CC 3918 mit geodät. u. geograph. Koord. (Minutenleiste) und Richtungsangaben

Kartenwerke, bei denen häufig benachbarte Blätter zusammenzufügen sind, enthalten mitunter die (sonst störenden) Kartenschnittlinien nicht mehr. Bei anderen ist die Kartenschnittlinie an zwei Seiten identisch mit der Blattkante (Papiergrenze), so daß ein Zusammenfügen sofort ohne Beschneiden möglich ist.

Größe und Form des *Kartenrandes* richten sich nach dem Verhältnis von Kartenfeldformat zum Papierformat sowie nach dem Umfang und der Verteilung der Kartenrandangaben (5.4.2). Die Kartenbenennung befindet sich meist im oberen Teil des Randes; bei der Anordnung der übrigen Angaben wird der rechte und der untere Teil des Randes bevorzugt. Übersichtliche Gruppierungen, sachliche Zusammenfassungen und Trennungen, betontes Hervorheben und Unterdrücken sind dabei auch auf ihre ästhetischen Wirkungen zu prüfen. Praktische Gesichtspunkte, die auch die Wahl des Papierformats beeinflussen, sind die Handlichkeit im Gebrauch, das Unterbringen und schnelle Herausfinden in Schränken sowie für den Hersteller die Vereinfachung des Papiervorrats durch Wahl eines einheitlichen Formats für verschiedene Kartenwerke.

5.6 Amtliche topographische Kartenwerke

5.6.1 Amtliche topographische Kartenwerke in der Bundesrepublik Deutschland

Die Angelegenheiten des amtlichen Vermessungs- und Kartenwesens fallen in der Bundesrepublik Deutschland in die gesetzliche Zuständigkeit der Bundesländer. Diese haben (mit Ausnahme von Hamburg) inzwischen die Herstellung und Fortführung der Landeskartenwerke im Rahmen von *Vermessungsgesetzen* auf eine klare gesetzliche Grundlage gestellt. Als zuständige Behörden sind die *Landesvermessungsämter* tätig, teilweise auch die staatlichen und kommunalen *Vermessungsämter (Katasterämter)*. Eine bundesweite Koordinierung findet statt in der *Arbeitsgemeinschaft der Vermessungsverwaltungen der Länder der Bundesrepublik Deutschland (AdV)*.

Das *Institut für Angewandte Geodäsie* in Frankfurt am Main mit seiner Außenstelle in Berlin (West) ist eine dem Bundesminister des Innern unterstellte Bundesbehörde und bildet die Abteilung II „Angewandte Geodäsie" des von der Deutschen Geodätischen Kommission (bei der Bayerischen Akademie der Wissenschaften in München) betriebenen Deutschen Geodätischen Forschungsinstituts. Es nimmt im Rahmen eines Verwaltungsabkommens zwischen dem Bund und den Ländern die Herstellung, Fortführung und Veröffentlichung der amtlichen Kartenwerke 1 : 200000 bis 1 : 1000000 wahr.

Ob Inhalt und Darstellung der amtlichen topographischen Kartenwerke noch zeitgemäß sind, erörtern *Bertinchamp 1979* und *Grothenn/Harbeck 1981*. Über einheitliche europäische Kartenwerke stellt *Albrecht 1979* Betrachtungen an. Vergleiche mit den Kartenwerken der DDR führt *Meine 1968* durch. Mit dem Verbleib der Originale der Kartenwerke des Deutschen Reiches befaßt sich *Böhme 1978*. Einzelheiten zur Entwicklung und zum Stand der Kartenwerke in den Bundesländern enthalten auch die einschlägigen Aufsätze in den *Topographischen Atlanten* (Bd. II, 2). Eine Übersicht gibt *Beck* in *Bosse 1970.*

Die von den zuständigen Stellen herausgegebenen Kartenwerke werden nachfolgend näher beschrieben. Besonderheiten in den einzelnen Ländern müssen dabei zum Teil unberücksichtigt bleiben.

5.6.1.1 Deutsche Grundkarte 1 : 5000 (DGK 5)

Herstellungszeitraum: Seit 1925, als amtliche Karte seit 1940; Kartenwerk noch nicht fertig.

Art der Entstehung: Topographische Grundkarte mit Situation aus Flurkarten und topographischen Ergänzungen, Geländedarstellung durch Tachymetrie oder Bildmessung *(Brindöpke 1971)*; über Fehlergrenzen siehe 5.3.1.6 und 5.3.2.9.

Benennung: Rechts- und Hochwert der linken unteren Blattecke sowie Name des wichtigsten Ortes, Berges usw.

Kartennetz: Gauß-Krüger-Meridianstreifensystem.

Blattschnitt: Durch Linien der geraden km-Werte des Gauß-Krüger-Netzes mit Ausnahme an den Grenzmeridianen.

Format: 0,40 × 0,40 m^2 (≙ 4 km^2 Geländefläche).

Karteninhalt: Zweifarbige, weitgehend grundrißtreue Darstellung, dazu Grundstücksgrenzen, soweit maßstabsbedingt möglich (siehe Anlage 1).
Schwarz: Situation, Schrift, Höhen der Festpunkte;
Braun: Höhenlinien und -punkte mit Zahlen, natürliche Kleinformen.

Ausgabearten neben der DGK 5: DGK 5 (G) als Vorstufe nur mit einfarbiger Situation (Grundriß); DGK 5 (L) als Luftbildkarte *(E. Pape 1971)*;
Sonderausgabe in mehr als zwei Farben für städtische Bereiche.

Zeichenvorschrift: Musterblatt von 1981.

In Bayern wird die Karte nicht hergestellt, da dort die Höhenflurkarte 1 : 5000 vorliegt; das gleiche gilt für den württembergischen Landesteil von Baden-Württemberg, da es dort bereits Höhenflurkarten 1 : 2500 gibt. In Hessen entsteht sie nur auf Antrag; andererseits fertigt man dort im Bedarfsfalle die sog. großmaßstäbige topographische Kartengrundlage (TK 5) im Maßstab und Blattschnitt der DGK 5 *(Apel 1979)*.

5.6.1.2 Topographische Karte 1 : 25 000 (TK 25)

Herstellungszeitraum: Seit Anfang des 19. Jahrh., zunächst nur als Aufnahmemaßstab für Karten 1 : 100 000. Erst ab 1876 in Preußen als selbständiges Kartenwerk veröffentlicht und zu Beginn des 20. Jahrh. fertig.

Art der Entstehung: Als topographische Grundkarte durch Meßtischtachymetrie (daher früher als *Meßtischblatt* bezeichnet); auch heute noch Grundkarte, soweit keine Neuzeichnung bzw. Fortführung über die DGK 5.

Benennung: Durch Kombination der jeweils zweiziffrigen Numerierung von Kartenreihen und -spalten (Abb. 140), dazu Name des wichtigsten Ortes.

Kartennetz: In Norddeutschland ursprünglich *Preußische Polyederprojektion* (3.5.4): Begrenzungsmeridiane und -parallelkreise längentreu; letztere aber nicht als Kreisbogenstücke, sondern als deren Sehnen. Neu gezeichnete Blätter (etwa ab 1925) im *Gauß-Krüger-System*. Unterschiede beider Netzentwürfe jedoch geringer als die Zeichenungenauigkeit. Alle Blätter enthalten daher das Gauß-Krüger-Gitter im Kartenrahmen (Abstand 1 km ≙ 40 mm in der Karte).

Blattschnitt: Durch Linien geographischer Koordinaten in Abständen von 10′ in Länge und 6′ in Breite (Gradabteilungskarte).

Format: Ost-West-Ausdehnung bei $\varphi = 55°$ etwa 425 mm, bei $\varphi = 47{,}5°$ etwa 500 mm; Nord-Süd-Ausdehnung rund 445 mm (≙ etwa 120 bis 140 km^2 Geländefläche).

Karteninhalt: Ursprünglich einfarbige, heute überwiegend drei- bis vierfarbige, weitgehend grundrißähnliche Darstellung (siehe Anlage 2).

Schwarz: Situation und Schrift (ohne Gewässer);
Blau: Gewässer, Firnhänge und Gletscher mit Namen;

Braun: Höhenlinien und -punkte mit ihren Zahlen, natürliche Kleinformen;
Grün: Flächenfarbe für Wald.

Ausgabearten: Neben der Normalausgabe teilweise Ausgaben mit Wanderwegen.

Zeichenvorschrift: Musterblatt von 1981.

Schrifttum: *Krauss 1969.*

5.6.1.3 Topographische Karte 1 : 50000 (TK 50)

Herstellungszeitraum: 1956–1967. Vorgänger: Wenige Blätter der Deutschen Karte 1 : 50000 aus den 30er Jahren.

Art der Entstehung: Als Folgekarte aus der TK 25 und anderen Unterlagen durch kartographisches Generalisieren.

Benennung: Buchstabe L (römische Schreibweise für 50 als Maßstabshinweis) und Blattnummer der in der Südwestecke gelegenen TK 25, dazu wichtigster Ortsname.

Kartennetz: Gauß-Krüger-System. Der Kartenrahmen enthält jede gerade km-Linie (≙ 40 mm Abstand in der Karte).

Blattschnitt: Durch Linien geographischer Koordinaten in Abständen von 20′ in Länge und 12′ in Breite. Dabei enthält eine TK 50 das Gebiet von 4 ganzen Blättern der TK 25.

Format: Ost-West- bzw. Nord-Süd-Ausdehnung ergeben sich damit wie bei der TK 25 (zugehörige Geländeflächen etwa 480 bis 560 km^2).

Karteninhalt: Vierfarbige, weitgehend grundrißähnliche Normalausgabe.
Schwarz, Blau, Braun: Ähnlich wie bei TK 25,
Grün: Bodenbewachsung (Linien- und Flächenfarben).

Ausgabearten: Neben der Normalausgabe fünf- und mehrfarbige Ausgabe mit Schummerung (siehe Anlage 3) und/oder mit rotem Fernstraßenaufdruck sowie teilweise auch mit Wanderwegen; Orohydrographische Ausgabe (nur Gewässernetz und Geländedarstellung);
Militärisches Kartenwerk 1 : 50000 mit 1 km-UTM-Gitter, anderen und mehrsprachigen Randangaben und ohne Schummerung *(T. Müller 1967).*

Zeichenvorschrift (für die zivilen Ausgaben): Musterblatt von 1981.

Schrifttum: *Beck 1969.*

5.6.1.4 Topographische Karte 1 : 100000 (TK 100)

Herstellungszeitraum: Seit 1962 mit dem Ziel, die Karte des Deutschen Reiches 1 : 100000 (Abb. 127) aus dem 19. Jahrhundert abzulösen. Stand der Fertigstellung in den Bundesländern sehr unterschiedlich.

Art der Entstehung: Folgekarte aus TK 50 und TK 25.

Benennung: Buchstabe C (römische Schreibweise für 100 als Maßstabshinweis), sonst wie bei TK 50.

Kartennetz: Gauß-Krüger-System. Im Kartenrahmen alle vollen 5 km-Linien (≙ 50 mm Abstand in der Karte).

Blattschnitt: Durch Linien geographischer Koordinaten in Abständen von 40′ in Länge und 24′ in Breite. Eine TK 100 enthält das Gebiet von 4 ganzen TK 50.

Format: Abmessungen der Karte damit etwa wie bei TK 50.

Karteninhalt: Weitgehend grundrißähnliche Normalausgabe mit Farbgebung ähnlich TK 50.

Ausgabearten: Wie die zivilen Ausgaben der TK 50 (siehe Anlage 4).

Zeichenvorschrift: Musterblatt von 1980.

Schrifttum: *Appelt 1969, H. H. Müller 1981.*

5.6.1.5 Topographische Übersichtskarte 1 : 200000 (TÜK 200)

Herstellungszeitraum: 1961–1974 durch das Institut für Angewandte Geodäsie (44 Blätter). Vorgänger: Topographische Übersichtskarte des Deutschen Reiches 1 : 200000.

Art der Entstehung: Folgekarte aus TK 50, TK 25 u. a.

Benennung: Buchstabe CC usw. wie das System der TK 100.

Kartennetz: Gauß-Krüger-System. Im Kartenrahmen alle vollen 10 km-Linien (≙ 50 mm Abstand in der Karte).

Blattschnitt: Wie das System der TK 100 und TK 50, d. h. mit 80′ in Länge und 48′ in Breite, und jede TÜK 200 enthält das Gebiet von 4 ganzen TK 100.

Format: Abmessungen der Karte damit etwa wie bei TK 100.

Karteninhalt: Die Normalausgabe entspricht in der Farbgebung etwa der TK 100 mit dem Unterschied, daß Eisenbahnen und Schrift in Schwarz, Siedlungen und Straßen in Braun erscheinen.

Ausgabearten: 6-7farbige Normalausgabe, 10–11 farbige Schummerungsausgabe (siehe Anlage 5), 4-7farbige Orohydrographische Ausgabe, 10farbige Umgebungskarten von Hamburg, Bremen, Frankfurt am Main und Stuttgart.

Zeichenvorschrift: Musterblatt von 1981.

Schrifttum: *Knorr 1969, Kranz 1977, Schöttler 1978, Böhme 1980a.*

5.6.1.6 Übersichtskarte 1 : 500000 (ÜK 500)

Herstellungszeitraum: 1973–1976 durch das Institut für Angewandte Geodäsie 4 Einzelblätter (deutscher Anteil; zunächst militärische, dann auch zivile Ausgabe) sowie 1979–1981 vier Großblätter.

Art der Entstehung: Aus der französischen Version der britischen World Map 1 : 500000 (5.8.1).

Benennung: Großblätter Blatt 1 (Nordwest), Blatt 2 (Nordost), Blatt 3 (Südost), Blatt 4 (Südwest).

Kartennetz: Konforme konische Abbildung des geographischen Netzes mit zwei längentreuen Parallelkreisen.

Blattschnitt und Format: Großblätter in Anpassung an die Ländergrenzen mit starken Überlappungen.

Karteninhalt: Auf bis zu 27 Folien verteilt zur Erleichterung der Ausgabearten und thematischer Sonderwünsche.

Ausgabearten: 6farbige Normalausgabe, 9–11farbige Schummerungsausgabe mit farbigen Höhenschichten (siehe Anlage 6), 7–9farbige Orohydrographische Ausgabe, 3farbige Verwaltungsausgabe, daneben spezielle Länderkarten durch die Länder herausgegeben.

Zeichenvorschrift: Musterblatt von 1981.

Schrifttum: *Böhme 1980.*

Näheres zu den Einzelblättern siehe 5.8.1.

5.6.1.7 Internationale Weltkarte 1 : 1 000 000 (IWK)

Das Institut für Angewandte Geodäsie gibt abweichend vom Blattschnitt dieses Kartenwerks die Blätter „NN-31/32 Amsterdam-Hamburg" und „NM 32/33 München" heraus. Daneben gibt es ein Blatt für den gesamten Bereich der Bundesrepublik Deutschland. Das Musterblatt von 1981 ergänzt die Richtlinien von 1962. Weitere Einzelheiten siehe Anlage 7 und 5.8.2 sowie *Böhme 1980.*

5.6.2 Amtliche topographische Kartenwerke in der DDR

Auf der Grundlage des einheitlichen Konzepts der osteuropäischen Staaten gibt der VEB Kombinat Geodäsie und Kartographie neu geschaffene und vollständig vorliegende Kartenwerke in den Maßstäben 1 : 10 000 (Grundkarte), 1 : 25 000, 1 : 50 000, 1 : 100 000, 1 : 200 000, 1 : 500 000 und 1 : 1 Mio. heraus. Für bestimmte Gebiete gibt es auch noch Karten in den Maßstäben 1 : 5000 und 1 : 2000. Die Karten sind nicht im Handel erhältlich.

Allen Karten bis 1 : 500 000 einschl. liegt eine *Gauß-Krüger-Abbildung* zugrunde, und zwar mit 3° breiten Meridianstreifen für 1 : 5000 und größer, mit 6° breiten Streifen für die übrigen Karten. Die Koordinaten beziehen sich auf das Ellipsoid von *Krassowskij* (2.2.1.1), die Höhenangaben auf den Pegel von *Kronstadt* (2.2.1.3). Alle Karten sind *Gradabteilungskarten,* die sich durch fortgesetztes Unterteilen des Bereiches einer Internat. Weltkarte 1 : 1 Mill. (5.8.2) in Anzahl und Format wie folgt ergeben:

1 Blatt	1: 1 000 000	4°	(Breite) × 6° (Länge)
zu je 4 Blättern	1: 500 000	2°	(Breite) × 3° (Länge)
zu je 9 Blättern	1: 200 000	40′	(Breite) × 1° (Länge)
zu je 4 Blättern	1: 100 000	20′	(Breite) × 30′ (Länge)

zu je 4 Blättern 1:	50000	10′ (Breite) × 15′ (Länge)
zu je 4 Blättern 1:	25000	5′ (Breite) × 7′30″ (Länge)
zu je 4 Blättern 1:	10000	2′30″ (Breite) × 3′45″ (Länge)
zu je 4 Blättern 1:	5000	1′15″ (Breite) × 1′52,5″ (Länge).

Der mehrfarbige Karteninhalt ist gekennzeichnet durch ein stark betontes Verkehrsnetz sowie durch zahlreiche quantitative Angaben wie Straßen- und Gewässerbreiten, Gewässertiefen, Brückenbelastbarkeiten, mittlere Höhen und Abstände der Waldbäume usw. Die Geländedarstellung beschränkt sich auf Höhenlinien und -punkte.

Schrifttum: *Schilling 1958, Meine 1968.*

5.6.3 Amtliche topographische Kartenwerke in Österreich

Das Bundesamt für Eich- und Vermessungswesen in Wien gibt zur Zeit die folgenden Kartenwerke heraus:

1. Ein einfarbiges Luftbildkartenwerk 1 : 10000 auf der Grundlage von Orthophotos und in Ausgaben mit bzw. ohne Höhenlinien ist seit 1975 im Aufbau.

2. Österreichische Karte 1 : 50000

Seit 1959 aus Luftbildmessungen und Karten größeren Maßstabs 213 Blätter in Gauß-Krüger-Abbildung, jedoch als Gradabteilungskarten mit 15′ Ausdehnung in Länge und Breite; 7–8farbige Ausgabe mit Schummerung, daneben Ausgaben als Wanderkarte, als Straßenkarte und als Vergrößerung auf 1 : 25000.

3. Österreichische Karte 1 : 200000

Seit 1961 als Folgekarte aus der Karte 1 : 50000 insgesamt 23 Blätter (16 davon 1980 fertig) in Gauß-Krüger-Abbildung, jedoch als Gradabteilungskarten mit 1° Ausdehnung in Länge und Breite (1 Blatt enthält das Gebiet von 16 ganzen Bättern der Karte 1 : 50000); 11–14farbige Ausgabe mit Schummerung, daneben Ausgabe als Vergrößerung auf 1 : 100000.

4. Übersichtskarte von Österreich 1 : 500000

Ein einziges, 1961 erschienenes Blatt für das gesamte Staatsgebiet in konformer konischer Abbildung mit 2 längentreuen

Parallelkreisen in 46° und 49° Breite; 10farbige Ausgabe mit Schummerung sowie Straßenfarben.

Schrifttum: *W. Wagner 1973.*

5.6.4 Amtliche topographische Kartenwerke in der Schweiz

Die Eidgenössische Landestopographie in Bern gibt die Landeskarten 1 : 25000 und kleiner heraus; für die Karten größerer Maßstäbe sind kantonale Behörden zuständig. Zur Zeit erscheinen in schiefachsiger konformer Zylinderabbildung die folgenden Kartenwerke:

1. Grundbuchübersichtspläne 1 : 5000 und 1 : 10000

Topographische Grundkarte als Ergebnis der 1920 begonnenen Grundbuchvermessungen, früher 5–6farbig, heute einfarbig.

2. Landeskarte der Schweiz 1 : 25000

Seit 1952 aus Grundbuchübersichtsplänen und Luftbildmessungen 279 Blätter als rechteckige Gitternetzkarte (0,48 m NS × 0,70 m WO) und 6 bzw. 8farbige Ausgabe ohne bzw. mit Schummerung.

3. Landeskarte der Schweiz 1 : 50000

Seit 1938 aus Grundbuchübersichtsplänen und Luftbildmessungen 78 Blätter (0,48 × 0,70 m^2) mit dem Gebiet von jeweils 4 ganzen Karten 1 : 25000 als 4 bzw. 6farbige Ausgabe ohne bzw. mit Schummerung.

4. Landeskarte der Schweiz 1 : 100000

Seit 1954 aus der Karte 1 : 50000 insgesamt 23 Blätter (0,48 × 0,70 m^2) mit dem Gebiet von jeweils 4 ganzen Karten 1:50000 in 10 Farben mit Schummerung und Straßenfarben.

5. Landeskarte der Schweiz 1 : 200000

Seit 1971 aus der Karte 1 : 100000 insgesamt 4 überlappende Blätter in 16 Farben mit Schummerung.

6. Landeskarte der Schweiz 1 : 500000

Ein einziges, 1965 erschienenes Blatt in 13 Farben.

7. Landeskarte der Schweiz 1 : 1000000

Das Blatt wird zur Zeit hergestellt.

Schrifttum: *Huber 1975, Institut für Geodäsie und Photogrammetrie der ETH Zürich 1978, Schweizer Alpen-Club 1979.*

5.6.5 Amtliche topographische Karten anderer Staaten

Die Tabelle der Abb. 142 zeigt für die europäischen Staaten sowie für einige außereuropäische Staaten die vorhandenen Kartenwerke in den Maßstäben 1 : 5000 bis 1 : 500000. Die Angaben beruhen auf einer – im Ergebnis unvollständigen – Erhebung mit dem Stand von 1974 *(United Nations 1976)*. An einigen Stellen sind auch neuere Informationen eingeflossen.

Die relativ dichte Maßstabsfolge in den europäischen Staaten darf nicht darüber hinwegtäuschen, daß 1977 weltweit etwa nur 40% der Landfläche in brauchbaren Karten 1 : 100000 oder 1 : 50000 dargestellt waren und daß der jährliche Zuwachs nur etwa 1% beträgt *(Böhme 1979)*.

5.6.6 Fortführung amtlicher topographischer Kartenwerke

Der gesetzliche Auftrag und die Erwartungen der Kartenbenutzer stellen die amtliche Landesvermessung vor die Aufgabe, in ihren Karten den jeweils gegenwärtigen topographischen Zustand darzustellen. Um dies in angemessener Weise zu erreichen, sind angesichts der raschen und umfangreichen Veränderungen des Landschaftsbildes erhebliche topographische und kartographische Arbeiten erforderlich. Eine *kontinuierliche* Fortführung (Laufendhaltung) ist nur bei großen Kartenmaßstäben praktikabel, wenn die Fortführungsdaten aus anderen Quellen (z. B. Kataster) ständig verfügbar sind und jeweils nur geringe Auflagen durch einfache Vervielfältigungsverfahren (z. B. Lichtpause) entstehen. In der Praxis besteht daher meist ein '*Fortführungszyklus (Berichtigungsturnus)*, dessen zeitliche Festlegung vom Fortführungsumfang und der damit verbundenen personellen und materiellen Arbeitskapazität abhängt. In den europäischen Ländern liegt dieser Zyklus meist zwischen 5 und 10 Jahren, wobei ein mittelfristiges Fortführungsprogramm bei sehr unterschiedlicher Landschaftsstruktur (z. B. Ballungsgebiete

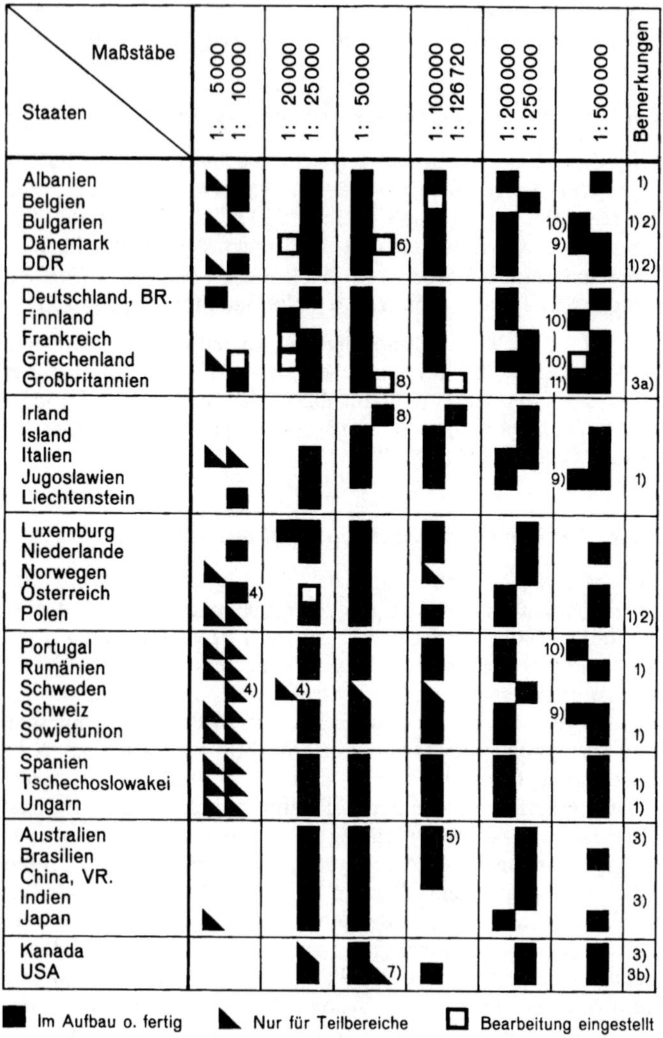

Abb. 142. Übersicht zu den amtlichen topographischen Kartenwerken in Europa und einigen außereuropäischen Staaten

und Hochgebirge) auch zeitliche Differenzierungen vorsehen kann *(Krauss 1971, Huber 1975)*.

Photogrammetrie und Fernerkundung spielen auch bei der Fortführung eine zunehmende Rolle. Dabei werden sowohl die Orthophototechnik *(Schmidt-Falkenberg 1976)* als auch die Zweibildmessung *(Voss 1978)* eingesetzt. In kleineren Maßstäben ist auch schon die Auswertung von Satellitenbildern, vor allem bei flächenhaften Objekten (z. B. Wald, Kulturland) möglich. Darüber hinaus ist durch Digitalisierung von Vermessungsergebnissen, Generalisierungsentwürfen und anderen Unterlagen auch eine rechnergestützte Verarbeitung und automatische Zeichnung der Fortführungsfälle praktikabel *(Lehmbrock/Oster 1981)*. Ist die gesamte Karte bereits in digitaler Form vorhanden (z. B. innerhalb einer Datenbank), so ist auch eine Fortführung mit zusätzlichem Einsatz eines interaktiven Bildschirms denkbar.

Bei mehreren Folgemaßstäben sind zwei Vorgehensweisen möglich:

1. Die *Fortführung in der Maßstabsfolge*, d. h. die Berichtigung der Grundkarte mit anschließender Berichtigung der Folgekarten von Maßstab zu Maßstab, vermeidet Doppelarbeit, erfordert aber die gleichzeitige Bearbeitung großer Grundkartenbereiche und einen größeren Zeitraum bis zur Berichtigung der Karte kleinsten Maßstabs.

2. Die *direkte Fortführung*, d. h. die weitgehend gleichzeitige, also parallele Bearbeitung aller Karten führt zu spürbarem Zeitgewinn, erfordert aber höheren topographischen und gerätemäßigen Aufwand bei stärkerer Spezialisierung und Zentralisierung.

Erläuterung der Fußnoten in der Tabelle Abb. 142:

1) Karten nicht im Handel, 2) Form und Inhalt wie in der Sowjetunion
3) Umstellung auf metrisches System
   a) ferner Bearbeitung 1 : 10560 eingestellt
   b) es bleiben ferner 1 : 24000 und 1 : 125000
4) Luftbildkarten, 5) teilweise als Orthophotokarten, 6) 1 : 40000, 7) 1 : 62500 und 1 : 63360, 8) 1 : 63360, 9) 1 : 300000, 10) 1 : 400000, 11) 1 : 625000.

In der Praxis gibt es oft Mischformen: So werden z. B. die Maßstäbe 1 : 5000 und 1 : 25000 unabhängig voneinander fortgeführt und im Anhalt an 1 : 25000 dann die kleineren Maßstäbe bearbeitet.

Nach dem *Umfang* der Fortführung unterscheidet man in der Bundesrepublik Deutschland:

- Die *Berichtigung* bezieht sich auf sämtliche, im Bereich eines Blattes eingetretenen Veränderungen.
- *Nachträge* beschränken sich dagegen auf wesentliche Veränderungen (z. B. im Siedlungsbild, im Verkehrs- und im Gewässernetz).
- *Einzelne Nachträge* sind Nachführungen einzelner Objekte vor dem Nachdruck bei vergriffener Auflage.
- *Redaktionelle Änderungen* ergeben sich z. B. aus der Änderung von Verwaltungsgrenzen und Ortsnamen bei Eingemeindungen, erfordern also keine topographischen Arbeiten.

Eine *vollständige Neuherstellung (Neuzeichnung)* der Karte kann in den folgenden Fällen günstiger sein als die Fortführung der alten Originale:

- Die notwendigen Berichtigungen sind sehr umfangreich.
- Die geometrische Genauigkeit ist unzureichend, aber genauere Unterlagen liegen inzwischen vor.
- Bei rechnergestützter Arbeitsweise ist die automatische völlige Neuzeichnung meist wirtschaftlicher als das sonst übliche kartentechnische Zusammentragen der Darstellungen.

5.7 Andere topographische Kartenwerke und Karten

Neben den amtlichen topographischen Karten gibt es in großen und mittleren Maßstäben weitere topographische Karten amtlicher und privater Herkunft, die ihrer Zweckbestimmung entsprechend in stärkerem Maße auch thematische Angaben enthalten. Sie liegen damit im Übergangsbereich zwischen topographischen und thematischen Karten.

Stadtkarten, Gewässer-, Watt- und Gletscherkarten sowie Karten für Tourismus und Freizeit besitzen meist einen noch weitgehend vollständigen topographischen Inhalt; sie werden daher nachfolgend behandelt. Dagegen sind Flurkarten (Katasterkarten) und Verkehrskarten (Straßen-, See-, Eisenbahn- und Luftfahrtkarten) vielfach stärker thematisch geprägt; sie kommen deshalb im Band II, 1 zur Sprache. Über kleinmaßstäbige Kartenwerke siehe 5.8. Atlaskarten werden wegen ihrer besonderen Erscheinungsform im Band II, 2 behandelt.

5.7.1 Stadtkarten

Diese werden von den Städten (Stadtvermessungsämtern) oder von anderen öffentlichen Stellen als *amtliche* Grund- oder Folgekarten, aber auch von *privater* Seite als Folgekarten herausgegeben. Die Maßstabsreihe der amtlichen Stadtkarten beginnt meist mit den auch als *Stadtgrundkarten* bezeichneten Rahmenkarten 1 : 1000. Von diesen werden häufig die Karten 1 : 2000 durch einfaches photographisches Verkleinern abgeleitet. Dagegen sind die Karten 1 : 5000 entweder mit der Deutschen Grundkarte 1 : 5000 identisch oder beruhen auf ähnlichen, oft vielfarbigen Konzepten.

Von besonderer Bedeutung sind vor allem die Folgekarten, die in einem Blatt das gesamte Stadtgebiet darstellen. Die Kartenmaßstäbe richten sich dabei nach der Ausdehnung des Stadtgebietes und dem vorgesehenen Kartenfeldformat; sie reichen von 1 : 5000 bis 1 : 30000, wobei die meisten Stadtkarten in den Bereich von 1 : 10000 bis 1 : 20000 fallen. Der Karteninhalt entsteht durch Generalisieren der Stadtgrundkarten, anderer topographischer Grundkarten, Flurkarten und Luftbilder.

Stadtkarten dienen der mannigfaltigen Planung und Verwaltung im Stadtgebiet, daneben aber auch in erheblichem Maße den verschiedenen Orientierungszwecken. Darstellungen, die vorwiegend nur der Übersicht und Orientierung dienen sollen und daher ihrem Maßstab entsprechend geometrisch und inhaltlich stärker vereinfacht sind, werden häufig auch als *Stadtpläne* bezeichnet.

Je nach Funktion der Stadtkarte ist das Siedlungsbild mehr oder weniger stark gegliedert. Öffentliche Gebäude sind meist besonders hervorgehoben. Historische Bauwerke und andere Sehenswürdigkeiten erscheinen mitunter in einer ihrem tatsächlichen Aussehen entsprechenden Ansichtsdarstellung. Auch das Straßen- und Verkehrsnetz wird gewöhnlich betont dargestellt und nach seiner Funktion gegliedert; die Wiedergabe umfaßt alle Straßennamen, oft auch einzelne Hausnummern, ferner Parkplätze, Einbahnstraßen, Haltestellen, Nummern der Verkehrslinien usw. Im Gegensatz zu vergleichbaren topographischen Karten der amtlichen Landesvermessung herrschen die Flächenfarben vor, doch ist die Grundrißdarstellung in Strichen so gehalten, daß auch einfarbige, meist graue Drucke für Planungszwecke oder als Grundlage thematischer Karten alle Angaben zur Geometrie und zur Schrift enthalten.

Zu den bei Karten sonst üblichen Randangaben (5.4.2) tritt oft ein Verzeichnis der Straßen, Behörden, kulturellen Einrichtungen, das Stadtwappen, ein historischer Abriß, Beschreibungen, Bilder usw. Vielfach erscheinen diese Angaben aber auch in einer besonderen Beilage.

Bei der Abgrenzung des Kartenfeldes ist nicht nur der Grenzverlauf für den Bereich der politischen Gemeinde zu berücksichtigen, sondern es sind evtl. auch noch solche Bereiche darzustellen, in denen wichtige Verkehrsanschlüsse, Erholungsgebiete, Sehenswürdigkeiten usw. liegen. In stärkerem Maße als bei anderen Karten treten Überzeichnungen und Nebenkarten auf. Oft müssen einzelne, weit ins Land hinausragende Flächen noch dargestellt werden. Großstadtkarten in relativ kleinem Maßstab erfordern meist noch eine Nebenkarte, die den Citybereich in größerem Maßstab wiedergibt. In anderen Fällen ist das Kartennetz so verzerrt dargestellt, daß der Stadtkern in relativ großem, die Randgebiete in relativ kleinem Maßstab erscheinen (siehe 3.6.1). Fast immer enthalten die Karten ein Suchgitter (5.4.1).

Die vielen und raschen Veränderungen im Siedlungsbild zwingen dazu, die Stadtkarten in relativ kurzen Zeitabständen neu aufzulegen. Im Hinblick auf die meist hohen Auflagen – vor allem bei Großstädten – sind solche kurzen Fortführungsperioden jedoch auch wirtschaftlich vertretbar.

Eine umfassende Darstellung zur Stadtkartographie bringen u. a. *Bosse 1976* und *H. Pape 1979*. Ein Überblick zur amtlichen deutschen Stadtkartographie stammt von *Schriever 1970*. Über das Gemeinschaftswerk „Amtliches Stadtplanwerk Ruhrgebiet“ mit Beteiligung von mehr als 40 Städten und Gemeinden berichtet *Gintzel 1977*.

5.7.2 Karten der Binnengewässer, Watten und Gletscher

Karten der Binnengewässer stellen größere Flüsse, Ströme und Seen in Maßstäben zwischen 1 : 5000 und 1 : 100000 dar. Die Wiedergabe der angrenzenden Landflächen ist den amtlichen Karten unverändert entnommen oder nach diesen neugestaltet. Die Wasserflächen erscheinen mit eingehenden Angaben zu den Tiefenverhältnissen, zu Schiffahrtseinrichtungen, zu Wassersportmöglichkeiten usw.

Wattkarten geben die an Gezeitenküsten bei Tideniedrigwasser trockenfallenden Watten wieder. Sie schließen damit die Lücke zwischen den Landkarten mit ihrer undifferenzierten Wattdarstellung und den Seekarten, die zwar einige Tiefenpunkte darstellen, aber eingehendere Angaben meist erst für die schiffbaren Tiefen enthalten. Herausgeber sind die zuständigen Fachbehörden der Küstenländer. Das Kuratorium für Forschungen im Küsteningenieurwesen (KFKI) betreibt seit 1977 die Herausgabe von 65 Blättern des mehrfarbigen *Küstenkartenwerkes 1 : 25000* für die gesamte Deutsche Bucht im Blattschnitt und doppelten Format der Topographischen Karte 1 : 25000. Wegen der fortwährenden Veränderungen der Watten sind periodische Neuaufnahmen aus technischen und wissenschaftlichen Gründen von erheblicher Bedeutung.

Die Karten 1 : 5000 oder 1 : 10000 beruhen auf terrestrischen oder photogrammetrischen Vermessungen. Die Karten 1 : 25000 sind teils Grundkarten, teils Folgekarten. Mit der Herstellung von Luftbildkarten der Watten befaßt sich u. a. *Hake 1979.* Da topographische Einzelheiten meist im Wattgebiet fehlen, besteht die Darstellung fast nur aus Höhenlinien, bei mehrfarbigen Ausgaben ergänzt durch farbige Höhenschichten; im Luftbild erscheinen alle Kleinformen wie Prielverästelungen, Rippeln usw. Bezugsfläche ist Normal Null.

Gletscherkarten stellen die vergletscherten Bereiche von Hochgebirgen dar. Sie dienen in großen Maßstäben (z. B. 1 : 10000) der Bestandsaufnahme und der Ermittlung von Schwankungen *(Brunner 1977, 1979)*; daher sind auch hier wie bei den Wattkarten Wiederholungsmessungen sehr wichtig. Neuerdings wird zur naturnahen Darstellung der feinen Gletscherstrukturen auch die Orthophototechnik eingesetzt *(Brunner 1980).*

5.7.3 Karten für Tourismus und Freizeit

Die klassische *Wanderkarte* in den Maßstäben 1 : 20000 bis 1 : 100000 entsteht

- als Produkt der Privatkartographie in Form der reinen Wanderkarte bzw. als kombinierte Straßen- und Wanderkarte oder
- aus amtlichen Karten durch Aufdruck zusätzlicher Informationen über markierte Wanderwege, Aussichtspunkte, Hütten usw.

Daneben gibt es auch Wanderkarten auf der Basis von Luftbildern, ferner geologische Wanderkarten mit umfangreichen Erläuterungen.

Kartenrand oder Kartenrückseite enthalten häufig nähere Beschreibungen der Routen oder auch der Landschaft, ihrer Sehenswürdigkeiten, Geschichte usw. Für einige Gebirge gibt es Ausgaben für den Sommer und den Winter. *Naturparkkarten* erscheinen vorwiegend in 1 : 50000. Unter den von den großen Wandervereinen betreuten oder herausgegebenen Karten nehmen die *Alpenvereinskarten* eine besondere Stellung ein: Sie sind nicht nur gute Gebrauchskarten für Bergsteiger und Schifahrer, sondern vermitteln auch durch die exakte Geländedarstellung wertvolle geowissenschaftliche Informationen *(Arnberger 1970, Brandstätter 1974).*

Radwegekarten zeigen vor allem für städtische Bereiche das Netz der Radwege. *Freizeitkarten* stellen Freizeiteinrichtungen aller Art in 1 : 50000 bis 1 : 200000 dar. *Orientierungslaufkarten (OL-Karten)* bringen im Format DIN A 4 und kleiner und in 1 : 15000, 1 : 16667 oder 1 : 20000 die vorgesehenen Laufstrecken und eine differenzierte Gliederung der Topographie (vor allem des Waldes) nach dem Grade der Belaufbarkeit *(Schmidt 1979, Lunze/Möser 1980).*

Allgemeine Ausführungen zum Wandern mit der Karte macht *Beck 1977.* Zur thematischen Problematik äußert sich *Aurada 1980.* Die Interessenkollisionen zwischen amtlicher und privater Kartographie erörtern *Ravenstein/Bertinchamp 1977.*

Die seit 1952 erscheinende *Deutsche Generalkarte 1 : 200000* (Mairs Geographischer Verlag) stellt die Bundesrepublik Deutschland in 26 sich etwas überlappenden Blättern dar. Diese enthalten das UTM-Gitter, betonen das Straßennetz, zeigen

Waldflächen in schwach grünem Flächenton und stellen das Gelände durch Schummerung und vereinzelte Höhenpunkte dar. Im selben Duktus gibt es 9 Blätter vom Bereich der DDR, die *Generalkarte Österreich* und die *Internationale Generalkarte* für Bereiche der Mittelmeerküste und Norditaliens.

5.8 Topographische Kartenwerke der Erde

Solche Kartenwerke werden von nationalen oder internationalen, amtlichen oder privaten Institutionen herausgegeben. Mit Stand und Bedeutung befaßt sich *Kretschmer 1973*. Die noch häufig auftretende Bezeichnung als „Weltkarten" ist heute angesichts der Entfaltung der Weltraumkartographie nicht mehr ganz zutreffend; streng genommen handelt es sich um globale Erdkartenwerke.

5.8.1 World 1 : 500000 (Serie 1404)

Das in Großbritannien entstandene Kartenwerk wird inzwischen auch von anderen europäischen Ländern für die eigenen Bereiche bearbeitet; dabei übernahm die Bundesrepublik Deutschland die Art der inhaltlichen Neubearbeitung von Frankreich. Das Kartenwerk erscheint zur Zeit für Europa, Nordafrika und den Vorderen Orient. Die Gradabteilungskarten im Blattschnitt der Internationalen Weltluftfahrtkarte 1 : 1 Mio. beruhen auf der konformen konischen Abbildung des Internationalen Ellipsoids (mit zwei längentreuen Parallelkreisen). Sie enthalten farbige Höhenschichten (seit 1960 im metrischen System), teilweise Schummerung, Straßenkilometrierung und teilweise das UTM-Gitter. Schrifttum: *Böhme 1980.*

5.8.2 Internationale Weltkarte 1 : 1000000 (IWK)

Zweck: Einheitliche und allgemeine Übersicht der Landflächen, systematische Einbettung nationaler Kartenwerke, Kartengrund für thematische Darstellungen.

Entstehung: Seit Konferenzbeschluß 1913 in Paris (erste Anregung 1891 durch deutschen Geographen Penck) als internationales Gemeinschaftswerk unter Betreuung 1920–1953 durch Zentralbüro in Southampton und danach durch das Kartographische Büro der Vereinten Nationen; Landflächen der Erde weitgehend erfaßt, jedoch mit teilweise schlechtem Fortführungsstand und vielfach vergriffen. Als Ersatz eignet sich das Luftfahrtkartenwerk 1 : 1 Mio. *Operational Navigation Chart (ONC).*

Benennung: Siehe 5.5.2 und Abb. 140.

Kartennetz: Zunächst modifizierte polykonische Abbildung (3.5.4 und Abb. 80) mit Daten eines Ellipsoids, das nur geringfügig von dem von Clarke abweicht *(Knorr 1962)*; ab 1962 konforme konische Abbildung des Internationalen Ellipsoids (mit zwei längentreuen Parallelkreisen).

Blattschnitt: Gradabteilungskarte mit Abständen von 4° in Breite und 6° in Länge (Abb. 80).

Karteninhalt: 8–9farbige Ausgabe mit Geländedarstellung durch farbige Höhenschichten (Anlage 7); in vielen Fällen jedoch Abweichungen vom Zeichenschlüssel; teilweise auch Sonderdrucke einzelner Staaten (siehe 5.6.1.7).

Zeichenvorschrift: Bearbeitungsrichtlinien der Technischen Konferenz 1962 in Bonn.

Schrifttum: *Meynen 1962* (Bibliographie), *Böhme 1971, 1980, United Nations 1979.*

5.8.3 Weltkarte 1 : 2500000

Zweck: Einheitliche und allgemeine Übersicht der gesamten Erdoberfläche, Kartengrund für thematische Darstellungen, insgesamt 234 Blätter.

Entstehung: 1964–1976 als Gemeinschaftsarbeit von Bulgarien, ČSSR, DDR, Polen, Rumänien, UdSSR und Ungarn.

Benennung: Durchlaufende Numerierung vom Nordpol (1) durch die Breitenzonen bis zum Südpol (234), dazu Name der wichtigsten Stadt, Insel usw.

Kartennetz: Mittabstandstreue konische Abbildung des Ellipsoids von Krassowskij (mit 2 längentreuen Parallelkreisen) zwischen 60° südl. und 64° nördl. Breite, mittabstandstreue Azimutalabbildung für die Polbereiche.

Blattschnitt: Zwischen 48° südl. und nördl. Breite als Gradabteilungskarte mit Abständen von 12° in der Breite und 18° in der Länge (1 Blatt umfaßt 9 volle Blätter der IWK), darüber hinaus betragen die Längenunterschiede 24° (für 48°–60° Breite), 36° (für 60°–72° Breite) und 72° (für 72°–84° Breite).

Karteninhalt: 12farbige Ausgabe mit farbigen Höhenschichten, lateinischer Schrift (nach Transliterationsregeln), Randangaben in englischer und russischer Sprache; daneben Varianten für thematische Darstellungen.

Zeichenvorschrift: 3sprachige Zeichenerklärung von 1967.

Schrifttum: *Meine 1971, Haack 1976, 1980, Nischan 1976, VEB Kombinat Geodäsie und Kartographie 1977.*

5.8.4 Kartenwerke 1 : 5 000 000

Hierzu gehören:

- *World 1 : 5 000 000* der American Geographical Society in New York mit 18 über die Landflächen und Polgebiete verteilten mehrfarbigen, verschieden orientierten und teilweise überlappenden Blättern in modifizierter stereographischer Projektion. Von Blatt zu Blatt ergibt sich ein stetiger Übergang.
- *Carte des Continents 1 : 5 000 000* des Institut Géographique National in Paris mit 34 Blättern (dazu Sonderblatt Antarktis) 7–11farbig in transversaler konformer Zylinderabbildung, die sich kontinentweise zusammenfügen lassen.
- *Deutsche Weltkarte 1 : 5 000 000* des Bibliographischen Instituts in Mannheim mit 32 Blättern 8farbig in kombinierter Abbildung (3.5.5) für alle Landflächen *(Hanle 1971)*. Von Blatt zu Blatt ist ein stetiger Übergang möglich. Das Kartenwerk liegt noch nicht geschlossen vor.

5.8.5 Kartenwerke 1 : 10000000

Dazu zählen:

- *Carte Général du Monde 1 : 10000000* des Institut Géographique National in Paris mit 12 rechteckig geschnittenen gleichformatigen 10farbigen Blättern in normaler konformer Zylinderabbildung für die Erdoberfläche zwischen 57° südl. und 72° nördl. Breite, die sich zu einem Ganzen zusammenfügen lassen.
- *General Bathymetric Chart of the Oceans 1 : 10000000 (Gebco)* als einheitliche Tiefenkarte aller Meere mit 16 Blättern in normaler konformer Zylinderabbildung und 2 Blättern für die Polbereiche in stereographischer Abbildung, zur Zeit in der 5. Auflage.

5.9 Topographische Karten anderer Weltkörper

Mit der Raumfahrttechnik entwickelt sich auch die *Weltraumkartographie* als ein neuer Objektbereich der Kartographie. Dabei treten neben die klassischen *astronomischen Karten (Himmelskarten, Sternkarten)* als Übersichtskarten über den Sternenhimmel (siehe Bd. II, 1) nunmehr die *Gestirnskarten* als topographische oder thematische Karten anderer Weltkörper *(Meine 1979)*.

Erste Karten dieser Art beruhten auf visuellen Beobachtungen oder photographischen Aufnahmen an den Sternwarten der Erde. Den daraus entstandenen Strichkarten oder photographischen Bildmosaiken lag meist eine transversale orthographische oder stereographische Abbildung zugrunde. Später kam es auch zu Radaraufnahmen von der Erde aus.

Der große Aufschwung in der Kartendarstellung der Planeten und ihrer Monde begann mit den Starts der sowjetischen und US-amerikanischen Raumsonden ab 1959. Bei den unbemannten Raumflügen wurden zunächst Fernsehbilder und dann photographische Bilder, letztere automatisch entwickelt und abgetastet, im Funkwege übertragen. Für die bemannten Raumflüge standen zunächst einfachere Photoapparate, ab 1971 auch Meßkammern zu Verfügung.

Die Festlegung der Figur und des Gradnetzes der Weltkörper beruht auf astronomischen Messungen oder wird aus den Aufnahmen selbst abgeleitet. Die ersten Karten enthielten zunächst nur die Situation. Spätere Darstellungen von Höhenlinien (aus Schattenmessungen oder durch Stereophotogrammetrie) haben vorwiegend relativen Charakter wegen der Ungenauigkeit des allgemeinen Bezugsniveaus (beim Erdmond etwa ± 0,5 km), da keine dem irdischen Meeresspiegel vergleichbare reale Bezugsfläche existiert. Neben topographischen Karten gibt es auch schon geologische Karten. Daneben sind ferner Atlanten und Globen erschienen. Eine Übersicht gibt *Batson 1980.*

5.9.1 Topographische Karten des Erdmondes

Das seit 1960 beim Aeronautical Chart and Information Center (ACIC) vorwiegend aus Teleskopbeobachtungen entstandene Kartenwerk *Lunar Astronautical Chart (LAC) 1 : 1 000 000* in konformer Abbildung auf Zylinder, Kegel oder Ebene (je nach Breitengrad) erfaßt die gesamte Mondoberfläche in 144 Blättern, ist zur Zeit aber noch unvollständig *(Hopmann 1971).*

Die Fernsehbilder des Ranger-Programms (1964–1965) ergeben eine Kartenserie, die Teile der Mondoberfläche in 1 : 1 000 000 und größer (kurz vor dem Aufprall sogar bis 1 : 1000) wiedergibt. Die funkübertragenen Photos des Lunar-Orbiter-Programms (1966–1967) dienten allgemein der Erfassung von Vorder- und Rückseite des Mondes, speziell auch der Erkundung von Landegebieten. Sie wurden zum Teil als digitale Geländemodelle bis zur Höhenliniendarstellung 1 : 25 000 ausgewertet. Aus den photographischen Meßbildern der Apollo-Missionen sind u. a. Orthopotos 1 : 250 000 mit Höhenlinien für etwa 10% der Oberfläche entstanden. Mit Hilfe von Satellitenphotos der Rückseite des Mondes sind inzwischen auch sowjetische und US-amerikanische Karten 1 : 5 000 000 von der gesamten Oberfläche erschienen *(Konecny 1974).* Über die Grundlagen thematischer Kartierungen siehe *Wolkow 1977.*

5.9.2 Topographische Karten der anderen Planeten und Monde

Für die nachfolgenden Angaben standen vorwiegend nur US-amerikanische Veröffentlichungen zur Verfügung *(Batson 1980).*

1. *Merkur*. Von 15 geplanten Blättern 1 : 15 Mio. liegen erst 10 Blätter vor, da die Fernsehbilder von Mariner 10 (1976) nur einen Teil der Oberfläche erfaßt haben.

2. *Venus*. Die Oberfläche wurde 1977–1980 zu etwa 80% durch Radarmessungen von Pioneer aus erfaßt. Karten 1 : 15 Mio. liegen bisher nur teilweise vor. Mariner 10 lieferte nur Wolkenaufnahmen.

3. *Mars*. 1961 entstand der sowjetische Atlas der Marsbilder nach photographischen Aufnahmen der Observatorien. Spätere Aufnahmen ergaben sich aus den Missionen Mariner 4 (1964), 6 und 7 (1969) und 9 (1971) sowie Viking 1 und 2 (1976). Es entstanden 30 Karten 1 : 5 Mio. für die gesamte Oberfläche, ferner in größeren Maßstäben auch für Teilbereiche. Über eine sowjetische Umrißkarte 1 : 20 Mio. siehe *Lawrowa 1977*.

4. *Jupiter*. 1979 übermittelten die Sonden Voyager 1 und 2 Bilder der Wolkenbedeckung des großen Planeten. Die dabei ferner entstandenen Bilder der vier großen Monde Io, Europa, Ganymed und Kallisto haben bisher zu je einer Karte 1 : 25 Mio. geführt. Weitere Bilder soll die Sonde Galileo 1985 erbringen.

5. *Saturn*. 1980–1981 entstanden ebenfalls mit Hilfe von Voyager 1 und 2 Bilder des Saturns und einiger seiner Monde.

6. *Uranus*. 1986 werden Bilder aus Voyager 2 erwartet.

7. *Neptun*. 1989 soll Voyager 2 ebenfalls Bilder aufnehmen.

Literaturverzeichnis

Hand- und Lehrbücher sind mit einem * vor dem Namen des Autors gekennzeichnet.

Die daneben aufgezählten Zeitschriftenaufsätze, Monographien, Sammelwerke, Berichte, Bibliographien, Wörterbücher usw. stellen nur eine Auswahl dar. Hierbei liegt der Schwerpunkt bei der leicht erreichbaren Literatur in deutscher Sprache. Bei spezieller Thematik mit rascher Entwicklung beschränken sich die Angaben meist auf das jeweils neueste Schrifttum; erfahrungsgemäß enthält dieses dann weitere Hinweise auf älteres Schrifttum, auch solches in anderen Sprachen.

Abkürzungen:

AkNd	Arbeitskurs Niederdollendorf
AVN	Allgemeine Vermessungs-Nachrichten
BuL	Bildmessung und Luftbildwesen
DGK	Deutsche Geodätische Kommission
GTB	Geographisches Taschenbuch
IJK	Internationales Jahrbuch für Kartographie
KN	Kartographische Nachrichten
NaKaVerm	Nachrichten aus dem Karten- und Vermessungswesen
PGM	Petermanns Geographische Mitteilungen
VT	Vermessungstechnik
ZfV	Zeitschrift für Vermessungswesen

Albrecht, O.: Gedanken zur Maßstabsfolge und Gestaltung einheitlicher europäischer Kartenwerke. 12. AkNd 1978, S. 291–302. Bielefeld 1979.

Apel, H.: Großmaßstäbige topographische Kartenunterlagen – Bemerkungen zur hessischen Lösung. AVN 86 (1979) S. 133–136.

Appelt, G.: Die Topographische Karte 1:100000. AVN 76 (1969) S. 28–38.

Arbeitsgemeinschaft der Vermessungsverwaltungen ... (Hrsg.): Katalog zur Verschlüsselung der Grundrißobjekte (Objektschlüsselkatalog). Hannover 1976.

Arbeitsgemeinschaft der Vermessungsverwaltungen ... (Hrsg.): Erprobung von Höhenlinieninterpolationsprogrammen – Schlußbericht. Bonn 1980.

Arnberger, E.: Handbuch der thematischen Kartographie. Wien 1966.

Arnberger, E.: Die Kartographie im Alpenverein. München–Innsbruck 1970.

Arnberger, E.: Die Kartographie als Wissenschaft und ihre Beziehungen zur Geographie und Geodäsie. In: Grundsatzfragen der Kartographie, S. 1–28. Österr.Geogr.Ges. Wien 1970.

Arnberger, E.: Der Weg der Theoretischen Kartographie zur selbständigen Wissenschaft. In: Geodätische Woche Köln 1975, S. 264–270. Stuttgart 1976.

**Arnberger, E., u. I. Kretschmer:* Wesen und Aufgaben der Kartographie – Topographische Karten. Band I der Enzyklopädie der Kartographie. Wien 1975.

Arnold, B.: Beitrag zu Problemen der statistischen Qualitätskontrolle bei großmaßstäbigen Karten. VT 27 (1979) S. 221–223.

Aurada, F.: Zur thematischen Problematik der Wanderkarte. IJK XX (1980) S. 27–36.

Bähr, H.-P.: Wechselwirkung von Photogrammetrie und Fernerkundung durch Anwendung digitaler Bildverarbeitung. Wiss. Arbeiten d. Fachrichtung Vermessungswesen d. Univ. Hannover, Nr. 97. Hannover 1979.

Bartsch, E.: Zur Formtreue in Karten. KN 16 (1966) S. 125–132.

Batson, R. M.: Status and Future of Extraterrestrial Mapping Programs. Internationales Archiv für Photogrammetrie, Band XXIII, Teil B 4, Kommision IV, S. 036–055. Hamburg 1980.

Bausch, U. u. a.: Teilautomatische Objektextraktion aus Luftbildern und Landkarten. NaKaVerm I/81, S. 7–22. Frankfurt am Main 1980.

Bayer-Helms, F.: Über die Definition der Basiseinheit Meter. AVN 81 (1974) S. 24–36.

Beck, W.: Die Topographische Karte 1:50000. AVN 76 (1969) S. 13–27.

Beck, W.: Generalisierung und automatische Kartenherstellung. AVN 78 (1971) S. 197–205.

Beck, W.: Herstellung topographischer Karten 1:10000 auf photogrammetrischem Wege. NaKaVerm-Sonderheft, OEEPE-Veröffentlichung D-9. Frankfurt am Main 1976.

Beck, W.: Wandern mit der Karte. Stuttgart 1977.

Berger, A.: Die automatische Ableitung einer Siedlungsdarstellung aus digitalisierten Daten für die Maßstäbe 1:25000, 1:50000 und 1:100000. KN 25 (1975) S. 154–159.

Berger, A.: Die Darstellung der Straßen in topographischen Karten Westeuropas. AVN 83 (1976) S. 47–58.

**Bertin, J.:* Graphische Semiologie (übersetzt nach der 2. französischen Auflage). Berlin 1974.

Bertinchamp, H.-P.: Sind Inhalte und Darstellung deutscher topographischer Kartenwerke noch zeitgemäß? 12. AkNd 1978, S. 303–320. Bielefeld 1979.

Bertinchamp, H.-P.: Straßen und Wege in den topographischen Karten – Kritische Bemerkungen zur Klassifizierung nach dem Ausbauzustand. ZfV 105 (1980) S. 365–369.

Board, C.: Maps as Models. In: Chorley, R. J., and P. Haggett: Models in Geography, S. 671–725. London 1967.

Böhme, R.: Die Internationale Weltkarte 1:1000000. AVN 78 (1971) S. 2–12.

Böhme, R.: Der Verbleib der Originale der amtlichen Kartenwerke des Deutschen Reiches. DGK Reihe E Heft 16. Frankfurt am Main 1978.

Böhme, R.: Topographische Aufnahme und kartographische Darstellung der Erde. In: 12. AkNd 1978, S. 83–91. Bielefeld 1979.

Böhme, R.: Stand und weitere Planung der amtlichen kleinmaßstäbigen Kartenwerke der Bundesrepublik Deutschland. KN 30 (1980) S. 5–11 (a).

Böhme, R.: Geographisches Namenbuch Bundesrepublik Deutschland. KN 30 (1980) S. 92–102 (b).

Bolliger, J.: Die Projektion der schweizerischen Plan- und Kartenwerke. Winterthur 1967.

Bollmann, J.: Quantifizierung syntaktischer Zeicheninformationen in Karten für sozialempirische Untersuchungen. NaKaVerm I/75, S. 9–31. Frankfurt am Main 1978.

Bollmann, J.: Aspekte kartographischer Zeichenwahrnehmung – Eine empirische Untersuchung. Bonn–Bad Godesberg–Berlin 1980.

Bormann, W.: Titel, Impressum, Copyright, Quellenangabe und Anerkennung der Urheberschaft kartographischer Werke – insbesondere von Atlanten – im Lichte der Gesetze. KN 25 (1975) S. 133–143.

Bormann, W.: Die kartographischen Institutionen in der Bundesrepublik Deutschland. In: 12. AkNd 1978, S. 231–273. Bielefeld 1979.

Bosse, H. (Hrsg.): Kartengestaltung und Kartenentwurf. 4. AkNd 1962. Mannheim 1962.

Bosse, H. (Hrsg.): Kartographische Generalisierung. 6. AkNd 1966. Mannheim 1967.

Bosse, H. (Hrsg.): Deutsche Kartographie der Gegenwart. Bielefeld 1970.

Bosse, H., und K.-H. Meine (Hrsg.): Ausbildungswege in der Kartographie. 10. AkNd 1974. Bonn–Bad Godesberg 1975.

Bosse, H. (Hrsg.): Stadtkartographie. 9. AkNd 1972. Bielefeld 1976.

Bosse, H. (Hrsg.): Probleme der Geländedarstellung. 11. AkNd 1976. Bielefeld 1978.

Bosse, H. (Hrsg.): Kartographische Aspekte in der Zukunft. 12. AkNd 1978. Bielefeld 1979.

Boustedt, O.: Grundriß der empirischen Regionalforschung. Teil IV: Regionalstatistik. (Taschenbücher zur Raumplanung 7). Hannover 1975.

Brandstätter, L.: Exakte Schichtlinien und topographische Geländedarstellung. Sonderheft 18 der Österreichischen Zeitschr.f.Vermessungswesen. Wien 1957.

Brandstätter, L.: Schattenplastik oder Scharungsplastik. In: Grundsatzfragen der Kartographie, S. 72–91. Österr. Geograph. Gesellschaft. Wien 1970.

Brandstätter, L.: Zur Problematik und Tradition der Alpenvereinskarten, dargestellt am Beispiel der Hochköniggruppe. IJK XIV (1974) S. 47–65.

Brassel, K.: Modelle und Versuche zur automatischen Schräglichtschattierung. Dissertation Universität Zürich 1973.

Breu, J.: Die Transkription in der Kartographie. In: Grundsatzfragen der Kartographie, S. 92–118. Österreichische Geographische Gesellschaft, Wien 1970.

Breu, J.: Kartographie und Ortsnamenkunde. IJK XI (1971) S. 291–302.

Breu, J.: Geographisches Namenbuch Österreichs. Österreichische Akademie der Wissenschaften, Forschungen zur theoretischen Kartographie, Band 3. Wien 1975.

Brindöpke, W.: Die Photogrammetrie bei der Herstellung der Deutschen Grundkarte 1:5000. BuL 39 (1971) S. 190–193.

Brunner, K.: Darstellung alpiner Gletscher in großmaßstäblichen Karten. KN 27 (1977) S. 161–164.

Brunner, K.: Arbeitsprogramm „Gletscherkarten". ZfV 104 (1979) S. 126–128.

Brunner, K.: Zur heutigen Bedeutung von Orthophotokarten. BuL 48 (1980) S. 151–157.

Bundesforschungsanstalt für Landeskunde und Raumordnung (Hrsg.): Informationssysteme für die Raumordnung (Nationaler Bericht der Bundesrepublik Deutschland). Bonn 1979.

Bundesminister für Raumordnung, Bauwesen und Städtebau (Hrsg.): Auswertung von Satellitenaufnahmen zur Gewinnung von Flächennutzungsdaten. Schriftenreihe „Raumordnung" (06.039). Bonn–Bad Godesberg 1979.

Cartographic Laboratory, University of Wisconsin (Hrsg.): A Projection Handbook, Madison (USA) 1978.

Christ, F.: Ein Programm zur vollautomatischen Verdrängung von Punkt- und Linienobjekten bei der kartographischen Generalisierung. IJK XIX (1979) S. 41–64.

Cuénin, R.: Cartographie générale. 2 Bände, Paris 1972/1973.

Dahlberg, R. E.: Evolution of Interrupted Map Projections. IJK II (1962) S. 36–54.

**Deumlich, F.:* Instrumentenkunde der Vermessungstechnik. 7. Aufl. Berlin (Ost) 1980.

**Dickinson, G. C.:* Maps and Air Photographs. 2. Aufl. London 1979.

Dodt, J.: Beiträge der Fernerkundungstechnik für die Kartographie. 12. AkNd 1978, S. 169–191. Bielefeld 1979.

Dumitrescu, V.: Kosmographische Perspektiv-Projektionen. AVN 81 (1974) S. 142–151.

Dumitrescu, V.: Cosmographic Perspective Projection – The Mathematic Model of Space-Photographs. In: Beiträge zur Theoretischen Kartographie, S. 91–106. Wien 1977.

**Eckert, M.:* Die Kartenwissenschaft, Band I und II, Berlin und Leipzig 1921 und 1925.

Egge, D., und G. Seeber: Meßverfahren zur genauen Positionsbestimmung im Meeresbereich. Wiss. Arbeiten d. Fachrichtung Vermessungswesen d. Univ. Hannover, Nr. 93. Hannover 1979.

Eichhorn, G.: Auf- und Ausbau von Landinformationssystemen in Industrie- und Entwicklungsländern. ZfV 105 (1980) S. 541–550.

Ermel, H.: Der gegenwärtige Stand der Hydrographie. Geodätische Woche Köln 1975, S. 311–319. Stuttgart 1976.

**Fezer, F.:* Karteninterpretation (Das geographische Seminar). Braunschweig 1974.

**Fiala, F.:* Mathematische Kartographie. Berlin (Ost) 1957.

Finsterwalder, R.: Zur Höhendarstellung und deren Generalisierung im Maßstab 1 : 100 000. AVN 58 (1951) S. 187–193.

Finsterwalder, R.: Begriffe Kartographie und Karte. GTB 1951/52, S. 408–411.

Finsterwalder, R.: Zur Terminologie im Vermessungswesen. ZfV 81 (1956) S. 13–16.

**Finsterwalder, R., und W. Hofmann:* Photogrammetrie. Berlin 1968.

Finsterwalder, Rüd.: Zur Genauigkeit der Kartierung mittels Stereoorthophotos. BuL 47 (1979) S. 69–73.

Fischer, E.-U.: Zur Transformation digitaler kartographischer Daten mit Potenzreihen. NaKaVerm I/79, S. 23–42. Frankfurt am Main 1979.

Frančula, N.: Die vorteilhaftesten Abbildungen in der Atlaskartographie. Dissertation Bonn 1971.

Frank, A.: Landinformationssysteme – Ein Versuch zu einer Abgrenzung. NaKaVerm I/81, S. 23–30. Frankfurt am Main 1980.

Frederiksen, P., O. Jacobi und J. Justesen: Fourier-Transformation von Höhenbeobachtungen. ZfV 103 (1978) S. 64–79.

Freitag, U.: Der Kartenmaßstab – Betrachtungen über den Maßstabsbegriff in der Kartographie. KN 12 (1962) S. 134–136.

Freitag, U.: Pragmatische Aspekte der Kartographie in Entwicklungsländern. KN 27 (1977) S. 53–62.

Freitag, U.: Grundlagen, Aufbau und zukünftige Aufgaben der kartographischen Wissenschaft. In: 12. AkNd 1978, S. 31–58. Bielefeld 1979.

Gigas, E.: Die Universale Transversale Mercatorprojektion (UTM). Vermessungstechnische Rundschau 24 (1962).

Gintzel, H.: Das Stadtplanwerk Ruhrgebiet – Bericht über eine Gemeinschaftsarbeit. KN 27 (1977) S. 47–50.

Gottschalk, H.-J.: Versuche zur Definition des Informationsgehalts gekrümmter kartographischer Linienelemente und zur Generalisierung. DGK Reihe B Heft 189. Frankfurt am Main 1971.

Gottschalk, H.-J.: Automatische Generalisierung von Siedlungen, Verkehrswegen, Höhenlinien, Wasserläufen und Vegetationsgrenzen für eine kleinmaßstäbige topographische Karte. ZfV 99 (1974), S. 338–342.

Gottschalk, H.-J.: Automatische Schummerung. 11. AkNd. 1976, S. 131–143. Bielefeld 1978.

Gottschalk, H.-J.: Einige Probleme der Schräglichtschattierung. NaKa Verm I/82, S. 27–34. Frankfurt am Main 1981.

Gould, P., and R. White: Mental Maps. Harmondsworth (England) 1974.

Grebe, P.: Transkription und Transliteration in der Kartographie. KN 12 (1962), S. 161–166.

Grohmann, P.: Alters- und geschlechtsspezifische Unterschiede im Einprägen und Wiedererkennen kartographischer Figurensignaturen. Band 2 der Forschungen zur Theoretischen Kartographie, Österr. Akademie der Wissenschaften, Wien 1975.

**Großmann, W.:* Geodätische Rechnungen und Abbildungen in der Landesvermessung. 3. Aufl. Stuttgart 1976.

**Großmann, W.:* Vermessungskunde I (15. Aufl.), II (12. Aufl.), III (11. Aufl.), Sammlung Göschen Berlin–New York 1976, 1975, 1979.

Grothenn, D., und R. Harbeck: Sind die Topographischen Landeskartenwerke noch zeitgemäß? ZfV 106 (1981) S. 41–43.

Grundey, M.: Zur Berücksichtigung der Refraktion bei der Höhenmessung durch elektronische Tachymetrie (Diss.). Wiss. Arbeiten d. Fachrichtung Vermessungswesen d. Univ. Hannover, Nr. 92. Hannover 1979.

Grundey, M., und G. Hake: Herstellung topographischer Grundkarten im Wege der Registriertachymetrie. AVN 83 (1976) S. 58–71.

Grundey, M., und G. Hake: Wattvermessung durch elektronische Tachymetrie. Wiss. Arbeiten d. Fachrichtung Vermessungswesen d. Univ. Hannover, Nr. 95. Hannover 1980.

Grundey, M., und I. Kruse: Berechnung und Auswertung von digitalen Flächenmodellen (DFM). AVN 85 (1978) S. 100–108.

Haack, E.: Die Anwendung der Weltkarte 1:2500000 für die Herstellung thematischer Weltkartenserien. VT 24 (1976) S. 285–287.

Haack, E.: Möglichkeiten zur Nutzung der Weltkarte 1:2500000. VT 28 (1980) S. 145–147.

Hake, G.: Topographische Karten als Quellen thematischer Karten. Untersuchungen zur thematischen Kartographie (2. Teil), S. 23–36. (Bd. 64 d. Forsch.- u. Sitzungsberichte d. Akad. f. Raumf. u. Landespl.) Hannover 1971.

Hake, G.: Kartographie und Kommunikation. KN 23 (1973) S. 137–148.

Hake, G.: Kartographische Ausdrucksform und Wirklichkeit. In: Festschrift zum 65. Geburtstag von G. Jensch, S. 87–107. Berlin 1974.

Hake, G.: Zum Begriffssystem der Generalisierung. NaKaVerm Sonderheft (Festschrift Knorr), S. 53–62. Frankfurt am Main 1975.

Hake, G.: Die Karte zwischen Anspruch und Gebrauch. KN 27 (1977) S. 121–131.

Hake, G.: Die Herstellung von Luftbildkarten von Wattgebieten. NaKa Verm I/78, S. 25–32. Frankfurt am Main 1979.

Hake, G.: Der wissenschaftliche Standort der Kartographie. Wiss. Arbeiten d. Fachrichtung Vermessungswesen d. Univ. Hannover Nr. 100, S. 85–89. Hannover 1981.

Hake, G., und E.-D. Hoffmeister: Computergestützte Gebäudegeneralisierung. KN 28 (1978) S. 47–55.

**Hammer, E.:* Über die geographisch wichtigsten Kartenprojektionen. Stuttgart 1889.

Hanle, A.: Die Deutsche Weltkarte 1:5000000. AVN 78 (1971) S. 24–33.

Hentschel, W.: Zur automatischen Höhenliniengeneralisierung in topographischen Karten (Diss.). Wiss.Arb. d. Fachrichtung Vermessungswesen d. Univ. Hannover Nr. 90. Hannover 1979.

Herrmann, Ch.: Studie zu einer naturähnlichen topographischen Karte 1:500000. Diss. Univ. Zürich 1972.

Heupel, A., und J. Schoppmeyer: Zur Wahl der Kartenabbildungen für Hintergrundkarten im Fernsehen. KN 29 (1979) S. 41–51.

Hofmann, O., und P. Seige: Erste Erprobungsergebnisse mit der experimentellen optoelektronischen Kamera von MBB. BuL 47 (1979) S. 33–40.

**Hofmann, W.:* Geländeaufnahme – Geländedarstellung (Das geographische Seminar). Braunschweig 1971.

Hofmann, W.: Begriffe im Umkreis des digitalen Geländemodells. Festschrift z. 70. Geb. v. K. Schwidefsky, S. 71–74. Karlsruhe 1975.

Hofmann, W.: Die Topographisch-Geomorphologischen Kartenproben 1:25000 – Ein Bericht zum Abschluß des Gesamtwerkes. Geodätische Woche Köln 1975, S. 270–275. Stuttgart 1976.

Hopmann, J.: Mondvermessung und Mondkarten. AVN 78 (1971) S. 172–187.

**Hoschek, J.:* Mathematische Grundlagen der Kartographie. Mannheim 1969.

Huber, E.: Die Nachführung der topographischen Karten der Schweiz. NaKaVerm-Sonderheft (Festschrift Knorr), S. 63–72. Frankfurt am Main 1975.

**Hüttermann, A.:* Karteninterpretation in Stichworten. Kiel 1975.

**Imhof, E.:* Kartographische Geländedarstellung. Berlin 1965.

**Imhof, E.:* Gelände und Karte. 3. Aufl. Erlenbach–Zürich 1968.

**Imhof, E.:* Thematische Kartographie. Berlin–New York 1972.

Institut für Angewandte Geodäsie (Hrsg.): Fachwörterbuch – Benennungen und Definitionen im deutschen Vermessungswesen. 18 Bände, darunter Heft 6 – Topographie, Heft 7 – Photogrammetrie, Heft 8 – Kartographie, Kartenvervielfältigung, Heft 16 – Datenverarbeitung, Automation. Frankfurt am Main 1971.

Institut für Geodäsie und Photogrammetrie der ETH Zürich (Hrsg.): Der Übersichtsplan der amtlichen Vermessung – Bedeutung, Erhaltung, Erneuerung. Mitteilungen Nr. 24. Zürich 1978.

Internationale Kartographische Vereinigung (Hrsg.): Mehrsprachiges Wörterbuch kartographischer Fachbegriffe. Wiesbaden 1973.

**Jensch,* G.: Die Erde und ihre Darstellung im Kartenbild (Das geographische Seminar). 2. Aufl. Braunschweig 1975.

**Jeschor, A.:* Gelände – Karte und Luftbild. 2. Aufl. Regensburg 1978.

Johannsen, T.: Verfahren zur Liniengeneralisierung. NaKaVerm-Sonderheft (Festschrift Knorr), S. 73–86. Frankfurt am Main 1975.

Johannsen, T., und M. Giebels: Interaktive Schriftplazierung unter Einsatz eines Photosatzgerätes. NaKaVerm I/79, S. 63–78. Frankfurt am Main 1979.

**Joly, F.:* La Cartographie. Paris 1976.

**Jordan-Eggert-Kneißl:* Handbuch der Vermessungskunde, 12 Bde. Stuttgart 1956ff.

Kadmon, N.: Data-bank Derived Hyperbolic-Scale Equitemporal Town Maps. IJK XV (1975) S. 47–54.

**Kahmen, H.:* Elektronische Meßverfahren in der Geodäsie, 2. Aufl. Karlsruhe 1978.

**Keates, J. S.:* Cartographic Design and Production. London 1973.

Kelnhofer, F.: Kartennetzberechnung mittels einfacher Computerprogramme. In: Beiträge zur theoretischen Kartographie, S. 65–70. Wien 1977.

Kelnhofer, F.: Darstellungs- und Entwurfsprobleme in topographischen Karten mittlerer Maßstäbe. Band 5 der Forschungen zur Theoretischen Kartographie, Österreichische Akademie der Wissenschaften, Wien 1980.

Kneißl, M., und W. Pillewizer: Reliefherstellung, Anaglyphenkarten und photomechanische Schummerung. DGK Reihe B, Heft 5. München 1952.

Knorr, H.: Gedanken über eine gegenseitige Angleichung der Internationalen Weltkarte und der Weltluftfahrtkarte im Maßstab 1 : 1 000 000. DGK Reihe B Heft 84. Frankfurt am Main 1962.

Knorr, H.: Die Herausarbeitung der Landschaftsformen in der neuen Topographischen Übersichtskarte 1 : 200 000. DGK Reihe B Heft 118. Frankfurt am Main 1965.

Knorr, H.: Die Topographische Übersichtskarte 1 : 200 000. AVN 76 (1969) S. 39–52.

Koch, K. R.: Digitales Geländemodell und automatische Höhenlinienzeichnung. ZfV 98 (1973) S. 346–352.

Konecny, G.: Photogrammetrische Verfahren zur Auswertung von Satellitenbildern des Mondes. AVN 81 (1974) S. 122–141.

Konecny, G.: Mathematische Modelle und Verfahren zur geometrischen Auswertung von Zeilenabtaster-Aufnahmen. BuL 44 (1976) S. 188–197.

Konecny, G.: Die Methodik der Fernerkundung und ihre Anwendung zur Erfassung thematischer Daten. ZfV 104 (1979) S. 389–410.

Konecny, G.: Das europäische Weltraum-Fernerkundungsprogramm. Na KaVerm I/82, S. 67–105. Frankfurt am Main 1981.

Konecny, G., und M. Schroeder: Einsatz von photographischen Meßkammern im Weltraum. AVN 86 (1979) S. 257–265.

Krallert, W.: Die Karte. Beiträge zur Begriffsbestimmung und Abgrenzung. IJK III (1963) S. 39–53.

Kranz, F.: Betrachtungen zur Topographischen Übersichtskarte 1 : 200 000 der Bundesrepublik Deutschland. KN 27 (1977) S. 131–143.

Kraske, P.: WAS–WEM–WIE – das A und O der Informationsübermittlung. KN 30 (1980) S. 130–136.

Krauss, G.: Die Topographische Karte 1 : 25 000. AVN 76 (1969) S. 2–12.

Krauss, G.: Die Laufendhaltung der topographischen Kartenwerke in der Bundesrepublik Deutschland. BuL 39 (1971) S. 208–214.

Kraus, K.: Zur Theorie der Klassifizierung multispektraler Bilder. BuL 47 (1979) S. 119–128.

Kretschmer, I.: Zur Wahl der Netzentwürfe in der thematischen Kartographie. In: Grundsatzfragen der Kartographie, S. 150–169. Österreichische Geographische Gesellschaft. Wien 1970.

Kretschmer, I.: Stand und heutige Bedeutung der großen Weltkartenwerke. Mitt.d.Österreichischen Geograph. Ges., Band 115, S. 124–150. Wien 1973.

Kretschmer, I. (Hrsg.): Beiträge zur theoretischen Kartographie. Festschrift für Erik Arnberger. Wien 1977.

Kretschmer, I.: Theoretical Cartography: Position and Tasks. IJK XX (1980) S. 143–155.

Kruse, I.: TASH – Ein System zur EDV-unterstützten Herstellung topographischer Grundkarten. NaKaVerm I/79, S. 95–107. Frankfurt am Main 1979.

Küppers, H.: Du Mont's Farbenatlas. Köln 1978.

Lange, T.: Seetiefenmessung mit einem LIDAR-System. DGK Reihe C Heft 179, München 1972.

Langer, E.: Kartographische Geländedarstellung. 8. AkNd 1970, S. 145–185. Bielefeld 1973.

**Lawrence, G. R. P.:* Cartographic Methods. 2. Aufl. London–New York 1979.

Lawrowa, N. P. u. a.: Mars Outline Map Compilation. AVN 84 (1977) S. 383–386.

**Lehmann, G.:* Photogrammetrie. 3. Aufl. Sammlung Göschen 1188/1188a. Berlin 1969.

Lehmbrock, H., und M. Oster: Die automationsgestützte Fortführung der Topographischen Karte 1:25000 in Nordrhein-Westfalen. KN 31 (1981) S. 52–59.

**Leser, H.:* Feld- und Labormethoden der Geomorphologie. Berlin–New York 1977.

Lichtenegger, J., und K. Seidel: Landnutzungskartierung mit multitemporalen LANDSAT–MSS–Daten. BuL 48 (1980) S. 123–131.

Lichtner, W.: EDV-unterstützte Durchführung von Verdrängungsprozessen bei der kartographischen Generalisierung in topographischen Karten. NaKaVerm I/72, S. 65–76. Frankfurt am Main 1977.

Lichtner, W.: Lagemerkmale und Reihenfolge EDV-unterstützter Generalisierungsprozesse. NaKaVerm I/78, S. 43–53. Frankfurt am Main 1979(a).

Lichtner, W.: Kartennetztransformation bei der Herstellung thematischer Karten. NaKaVerm I/79, S. 109–119. Frankfurt am Main 1979(b).

Linkwitz, K.: Digitale Geländemodelle und ihre Anwendung im Bauwesen. Geodätische Woche Köln 1975, S. 154–161. Stuttgart 1976.

Lunze, J., und M. Möser: Spezialkarten für den Orientierungslauf. VT 28 (1980) S. 412–414.

Makarovič, B.: From Progressive to Composite Sampling for Digital Terrain Models. Geo-Processing 1 (1979) S. 145–166.

*Maling, D. H.: Coordinate Systems and Map Projections. London 1973.

*McDonnell, P. W.: Introduction to Map Projection. New York–Basel 1979.

Meier, H.-K.: Über den gegenwärtigen Stand aerophotogrammetrischer Aufnahmesysteme. BuL 48 (1980) S. 103–110.

Meine, K.-H.: Grundzüge der Organisation, des Inhalts und der Gestaltung der amtlichen topographischen Kartenwerke in den Teilen Deutschlands von 1945 bis 1965. DGK Reihe C Heft 123. München 1968.

Meine, K.-H.: Zeitschriften und Schriftenreihen für Kartographie sowie geodätische und geographische Zeitschriften mit kartographischen Beiträgen, Stand 1967/68. GTB 1966/69, S. 26–32.

Meine, K.-H.: Karta Mira – World Map – Weltkarte 1 : 2500000. AVN 78 (1971) S. 12–23.

Meine, K.-H.: Zur Struktur und zur Form der Generalisierung des Siedlungsbildes. Beiträge zur theoretischen Kartographie (Festschrift Arnberger), S. 163–216. Wien 1977.

Meine, K.-H.: Weltraumkartographie. 12. AkNd. 1978, S. 93–119. Bielefeld 1979.

Menke, K.: Entwicklung digitaler Höhenmodelle aus Höhenliniendarstellungen. NaKaVerm I/81, S. 77–94. Frankfurt am Main 1980.

*Merkel, H.: Grundzüge der Kartenprojektionslehre. DGK Reihe A Heft 17/I und II, München 1956/1958.

Mesenburg, P.: Ein Beitrag zur Anwendung der Faktorenanalyse auf Generalisierungsprobleme topographischer Karten. Diss. Bonn 1973.

Meynen, E.: International Bibliography of the „Carte internationale du Monde au Millionième“. Bonn–Bad Godesberg 1962.

Meynen, E.: Die kartographischen Strukturformen und Grundtypen der thematischen Karte. GTB 1970/1972, S. 305–318, Wiesbaden 1972.

Mittelstraß, G.: Die Automatisierte Liegenschaftskarte – Stand nach 2,5 Jahren Forschungs- und Entwicklungsarbeit. ZfV 104 (1979) S. 554–566.

Moellering, H.: Strategies of Real-time Cartography. The Cartographic Journal 17 (1980) S. 12–15.

*Monkhouse, F. J., und H. R. Wilkinson: Maps and Diagrams. 3. Aufl. London 1971.

*Muehrke, P. C.: Map Use – Reading, Analysis and Interpretation. Madison/Wisconsin (USA) 1978.

Müller, H. H.: „Kartenprobe Siedlungsflächen“ C 5914 Wiesbaden – Wende in der Siedlungsdarstellung. KN 31 (1981) S. 45–52.

Müller, T.: Die Entwicklung des neuen deutschen militärischen Kartenwerks 1 : 50000. AVN 74 (1967) S. 435–446.

Neugebauer, G.: Die topographisch-kartographische Ausgestaltung von Höhenlinienplänen. KN 12 (1962) S. 102–109.

Neumann, J.: Gibt es bei der quantitativen Siedlungsgeneralisierung Gesetzmäßigkeiten? NaKaVerm I/55, S. 45–91. Frankfurt am Main 1972.

Neumann, J.: Untersuchungen zur Bebauungs- und Straßengeneralisierung. DGK Reihe B Heft 224. Frankfurt am Main 1978.

Neumann, J.: Über Begriffe der kartographischen Generalisierung. IJK XVII (1977) S. 119–124.

Nischan, H.: Aufgaben zur Aktualisierung der Weltkarte 1:2500000. VT 24 (1976) S. 287–289.

Österr. Geograph. Ges. (Hrsg.): Grundsatzfragen der Kartographie. Wien 1970.

Ogrissek, R.: Begriffsgeneralisierung in der thematischen Kartographie. VT 23 (1975) S. 247–251.

Ogrissek, R.: Kartenklassifikation und analoge kartographische Terminologie in Theorie und Praxis. PGM 124 (1980) S. 75–81 (H. 1) (a).

Ogrissek, R.: Beiträge der Kartographie der DDR zur Entwicklung der theoretischen Kartographie im letzten Jahrzehnt. PGM 124 (1980) S. 221–235 (H. 3) (b).

Ormeling, F. J.: Einige Aspekte und Tendenzen der modernen Kartographie. KN 28 (1978) S. 90–95.

Ormeling, F. J.: Aufgaben der Internationalen Kartographischen Vereinigung (IKV). In: 12. AkNd 1978, S. 9–30. Bielefeld 1979.

Papay, G.: Definition der kartographischen Darstellungsform. PGM 116 (1972) S. 153–157.

Pape, E.: Die Deutsche Grundkarte 1:5000 als Luftbildkarte. BuL 39 (1971) S. 194–198.

Pape, H.: Stadtpläne. KN 29 (1979) S. 228–250.

Pillewizer, W.: Ein System der thematischen Karten. PGM 108 (1964) S. 231–238 u. 309–317.

Pillewizer, W., und F. Töpfer: Das Auswahlgesetz, ein Mittel zur kartographischen Generalisierung. KN 14 (1964) S. 117–121.

Pöhlmann, G.: Die kartographische Darstellung der Landschaftsphysiognomie. Diss. Freie Univ. Berlin 1974.

Ramsayer, K.: Großräumige Flugkarten. AVN 83 (1976) S. 37–47.

Ravenstein, H., und H.-P. Bertinchamp: Zusammenarbeit, Berührungspunkte und Reibungsflächen zwischen amtlicher und privater Kartographie. KN 27 (1977) S. 203–211.

Regionale Planungsgemeinschaft Untermain (Hrsg.): Informations- und Planungssystem. Frankfurt am Main 1977.

Rennau, G.: Register von Karten und Atlanten. Gotha/Leipzig 1976.

**Richardus, P., and R. K. Adler:* Map Projections. Amsterdam 1972.

**Richter, M.:* Einführung in die Farbmetrik. Sammlung Göschen 2608. Berlin–New York 1976.

**Robinson, A. H., R. D. Sale and J. L. Morrison:* Elements of Cartography. 4. Auflage, New York 1978.

Rüdenauer, H.: Zur photogrammetrischen Erfassung von Geländedaten und deren digitaler Verarbeitung unter Berücksichtigung straßenbaulicher Forderungen (Diss.). Wiss.Arb. d. Fachrichtung Vermessungswesen d. Univ. Hannover Nr. 101. Hannover 1980.

**Sališčev, K. A.:* Einführung in die Kartographie (aus dem Russischen), 2 Bände. Gotha 1967.

Sališčev, K. A.: History and Contemporary Development of Cartographic Generalization. IJK XVI (1976) S. 158–172 (a).

**Sališčev*, K. A.: Kartovedenie (Kartenkunde). Moskau 1976 (b).

**Sališčev, K. A.:* Projektirovanie i sostavlenie kart (Entwurf und Zusammenstellung von Karten). Moskau 1978.

Sališčev, K. A.: Wie alt sind die Begriffe Karte und Kartographie? PGM 123 (1979) S. 65–68 (H. 1) (a).

Sališčev, K. A.: Periodical and Serial Publications on Cartography. The Canadian Cartographer 16 (1979) S. 109–132 (b).

Satzinger, W.: Die Ableitung thematischer Karten aus amtlichen kleinmaßstäbigen Karten. NaKaVerm-Sonderheft (Festschrift Knorr), S. 117–128. Frankfurt am Main 1975.

Schamp, H.: Die Kartographie in ihren Beziehungen zu den Geowissenschaften, insbesondere zur Geodäsie und Geographie. In: 12. AkNd 1978, S. 59–81. Bielefeld 1979.

Schilling, H.: Die topographischen Kartenwerke der Deutschen Demokratischen Republik. VT 6 (1958) S. 121–124.

Schittenhelm, R.: Ein Programm zur EDV-gestützten Entflechtung der Überlappungsstellen verbreiterter linienhafter Kartenelemente. NaKa Verm I/80, S. 75–82. Frankfurt am Main 1980.

Schlehuber, J.: Die Grundstücksdatenbank. ZfV 102 (1977) S. 532–540.

Schlude, F., und M. Schroeder: Entwicklungstendenzen in der Satelliten-Fernerkundung. BuL 48 (1980) S. 139–150.

Schmidt, H.: Die Orientierungslaufkarte. 12. AkNd. 1978, S. 363–366. Bielefeld 1979.

Schmidt-Falkenberg, H.: Begriff, Einteilung und Stellung der Kartographie in heutiger Sicht. KN 14 (1964) S. 52–63.

Schmidt-Falkenberg, H.: Interne und integrale Photointerpretation. BuL 38 (1970) S. 313–318.

Schmidt-Falkenberg, H.: Zum Begriff „geistige Schöpfung" in der Kartographie und zum urheberrechtlichen Schutz kartographischer Ausdrucksformen. KN 24 (1974) S. 1–5.
Schmidt-Falkenberg, H.: Photogrammetrie und Aktualität unserer Kartenwerke. Geodätische Woche Köln 1975, S. 294–303. Stuttgart 1976.
Schmidt-Falkenberg, H.: 25 Jahre Luftbild-Nachweis des Instituts für Angewandte Geodäsie. NaKaVerm I/74, S. 21–38. Frankfurt am Main 1978.
**Schneider, S.:* Luftbild und Luftbildinterpretation. Berlin – New York 1974.
Schöttler, H.: Die Topographische Übersichtskarte 1:200000. DGK Reihe C Heft 237. Frankfurt am Main 1978.
**Scholz, E., G. Tanner u. R. Jänckel:* Einführung in die Kartographie und Luftbildinterpretation. Gotha/Leipzig 1980.
Schriever, H.: Vom Plan zur Karte – Kartographische Aufgaben der kommunalen Vermessungsämter. In: *Bosse, H.* (Hrsg.): Deutsche Kartographie der Gegenwart, S. 17–28 (mit 36 Anlagen). Bielefeld 1970.
Schroeder, M., und M. Wahl: Erdwissenschaftliches Flugzeugmeßprogramm – ein Beitrag zur Förderung der Fernerkundung. BuL 45 (1977) S. 34–43.
**Schweißthal, R.:* Geländeaufnahme mit einfachen Hilfsmitteln. Frankfurt am Main 1966.
Schweißthal, R.: Grundlagen, Bearbeitung und Herstellung großmaßstäbiger Luftbildkarten (Diss.). Wiss.Arb. d. Lehrstühle f. Geodäsie, Photogrammetrie u. Kartographie d. TH Hannover, Nr. 34. Hannover 1967.
Schweizer Alpen-Club (Hrsg.): Unsere Landeskarten. Bern 1979.
**Schweizerische Gesellschaft für Kartographie (Hrsg.):* Kartographische Generalisierung – Topographische Karten. Bern 1975.
**Schwidefsky, K., und F. Ackermann*: Photogrammetrie – Grundlagen, Verfahren, Anwendungen, 7. Aufl. Stuttgart 1976.
Seeber, G.: Inertiale Vermessungssysteme und ihre Anwendungsmöglichkeiten in der Geodäsie. ZfV 104 (1979) S. 460–471.
Sigl, R., und W. Torge (Hrsg.): Berichte zur XVII. Generalversammlung der IUGG – Assoziation für Geodäsie – ZfV 106 (1981) S. 53–100.
Simmerding, F.: Zur gesetzlichen Neuordnung des Eich- und Meßwesens mit einer geschichtlichen Betrachtung über die Definition der Längeneinheit. ZfV 95 (1970) S. 141–149.
Srnka, E.: The Analytical Solution of Regular Generalisation in Cartography. IJK X (1970) S. 48–62.

Stache, B.: Ein Beitrag zur Automation der Herstellung topographischer Karten durch elektronische Tachymetrie (Diss.). Wiss.Arbeiten d. Lehrstühle f. Geodäsie, Photogrammetrie u. Kartographie d. TU Hannover, Nr. 58. Hannover 1974.

Ständiger Ausschuß für geographische Namen: Duden – Wörterbuch geographischer Namen, Europa (ohne Sowjetunion). Mannheim 1966.

Stams, W.: Neuere Lehrbücher und Monographien der Kartographie. Geographische Berichte 85 (1977) S. 311–320.

Stanger, W.: Das Stuttgarter Höhenlinienprogramm – Beschreibung und Ergebnisse. Sammlung Wichmann – Neue Folge – Band 5, S. 255–284. Karlsruhe 1973.

Staufenbiel, W.: Zur Automation der Siedlungsgeneralisierung unter besonderer Berücksichtigung der Formvereinfachung. NaKaVerm I/65, S. 145–156. Frankfurt am Main 1974.

Staufenbiel, W.: Das topographische Datenbanksystem TOPSY. NaKa Verm I/81, S. 101–110. Frankfurt am Main 1980.

Stephens, J. D.: Current Cartographic Serials: An Annotated International List. The American Cartographer 7 (1980), Nr. 2, S. 123–138.

Steward, H. J.: Cartographic Generalization. Monograph 10/1974 of Cartographica. Toronto 1974.

Strasser, G.: Die Toise, der Yard und das Meter. AVN 81 (1974) S. 2–23.

Thieme, K.: Die amtlichen Gemeindeverzeichnisse der Bundesrepublik. KN 18 (1968) S. 109–119.

Tobler, W. R.: Numerical Approaches to Map Projections. In: Beiträge zur Theoretischen Kartographie (Festschrift Arnberger), S. 51–64. Wien 1977.

**Töpfer, F.:* Kartographische Generalisierung. Gotha–Leipzig 1974.

Töpfer, F.: Auswahlgesetz und automatische Objektauswahl. VT 25 (1977) S. 55–58.

Töpfer, F.: Zur automatischen Plazierung von Kartennamen. VT 27 (1979) S. 200–202.

**Torge, W.:* Geodäsie. Sammlung Göschen 2163. Berlin–New York 1975.

Ucar, D.: Kommunikationstheoretische Aspekte der Informationsübertragung mittels Karten. Dissertation Univ.Bonn 1979.

United Nations (Hrsg.): World Cartography, Volume I. New York 1951.

United Nations (Hrsg.): World Cartography, Volume XIV. New York 1976.

United Nations (Hrsg.): International Map of the World on the Millionth Scale – Report for 1977. New York 1979.

Vanecek, E.: Experimentelle Beiträge zur Wahrnehmbarkeit kartographischer Signaturen. Bd. 6 d. Forschungen z. Theor. Kartographie, Österr. Akad. d. Wiss. Wien 1980.

VEB-Kombinat Geodäsie und Kartographie (Hrsg.): Beiträge zur Weltkarte 1:2500000. Band 37 d. Arb. aus d. Verm.- u. Kartenwesen d. DDR, Leipzig 1977.

**Volquardts/Matthews:* Vermessungskunde, Band 1 (25. Aufl.), Band 2 (13. Aufl.), Stuttgart 1980/1975.

Voss, F.: Die Fortführung der topographischen Landeskartenwerke durch Stereoauswertung mit dem Zeiss-Planicart. BuL 46 (1978) S. 153–161.

Wagner, B.: Zur Anwendung des Sequentialstichprobenverfahrens bei der Kontrolle der Lagegenauigkeit großmaßstäbiger Karten. VT 28 (1980) S. 130–131.

**Wagner, K. H.:* Kartographische Netzentwürfe. Mannheim 1962.

Wagner, K. H.: Über das Zusammenfügen von geographischen Kartennetzen . . . . Die wissenschaftliche Redaktion, Heft 2, S. 89–117, und Heft 3, S. 7–55. Mannheim 1966.

Wagner, W.: Die österreichische Kartographie der Gegenwart. KN 23 (1973) S. 9–17.

Weber, W.: Geographische Informationssysteme – ein Überblick und Gedanken zur weiteren Entwicklung. NaKaVerm I/75, S. 159–186. Frankfurt am Main 1978.

Wegener, B.: Rechnergestützte Erfassung und Beschickung von Wasserlinien im Verfahren der Wattvermessung (Diss.). Wiss.Arbeiten d. Fachrichtung Vermessungswesen d. Univ. Hannover, Nr. 91. Hannover 1979.

Weygandt, H.: Zur Präparation exotischer Nomenklaturen in der Atlaskartographie. KN 11 (1961) S. 156–177.

**Wilhelmy, H.:* Kartographie in Stichworten. 4. Aufl. Kiel 1981.

Wilski, I.: Ein Programm zum Entwerfen und Zeichnen geographischer Netze. NaKaVerm I/75, S. 187–199. Frankfurt am Main 1978.

Wilski, I.: Änderung kartographischer Abbildungen – Einige Programme für die Umformung des Inhalts vorhandener Karten in Abhängigkeit unterschiedlicher Abbildungen. IJK XIX (1979) S. 139–149.

Winkelmann, G.: Aufnahme- und Bildflugtechnik in der Bundesrepublik. BuL 48 (1980), S. 98–102.

**Witt, W.:* Thematische Kartographie, 2. Aufl. Hannover 1970.

Witt, W.: Theoretische Kartographie, ein Beitrag zur Systematik. In: Beiträge zur Theoretischen Kartographie (Festschrift E. Arnberger), S. 15–37. Wien 1977.

**Witt, W.:* Lexikon der Kartographie. Band B der Enzyklopädie der Kartographie. Wien 1979.

Wolkow, N. M., and W. D. Bolschakow: Thematic Moon Surface Cartography, based on Space Photographs. AVN 84 (1977) S. 375–379.

Yoéli, P.: Die Richtung des Lichtes bei analytischer Schattierung. KN 17 (1967) S. 37–44.

**Zetsche, H.:* Elektronische Entfernungsmessung EDM. Stuttgart 1979.

Zögner, L. (Bearb.): Verzeichnis der Kartensammlungen in der Bundesrepublik Deutschland und Berlin (West). Wiesbaden 1981.

Zwickert, E.: Konzepte registrierender Vermessungsinstrumente (1959–1979). ZfV 105 (1980) S. 225–232.

Namen- und Sachverzeichnis

Ausschnitt aus der Deutschen Grundkarte 1:5000 Bernkastel-Kues

Anlage 1

Herstellung und Druck: Landesvermessungsamt Rheinland-Pfalz

Ausschnitt aus der Topographischen Karte 1:25000 Blatt 6008 Bernkastel-Kues Anlage 2

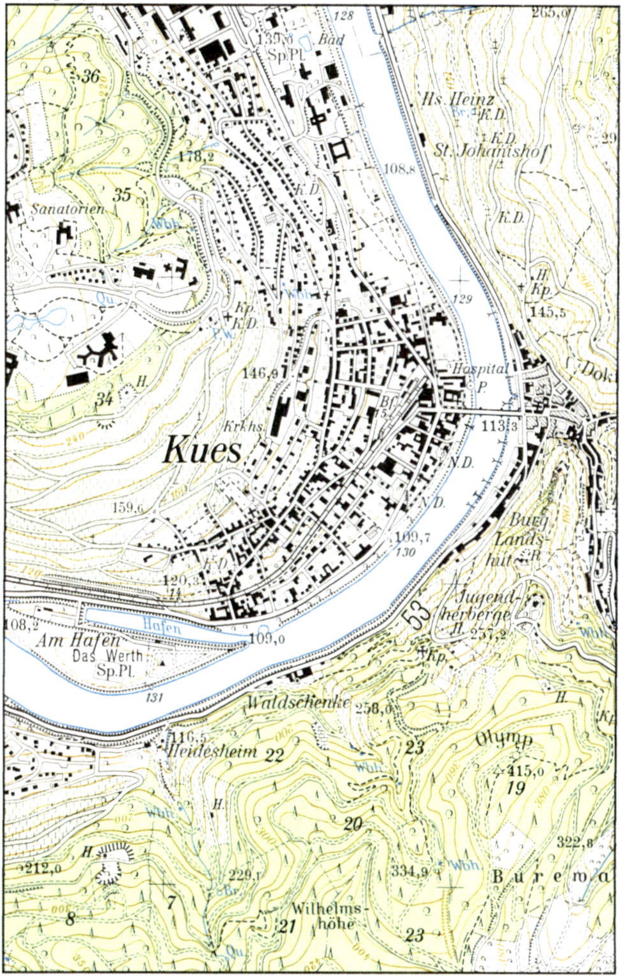

Herstellung und Druck: Landesvermessungsamt Rheinland-Pfalz

Ausschnitt aus der Anlage 3
Topographischen Karte 1:50000 Blatt L6108 Bernkastel-Kues

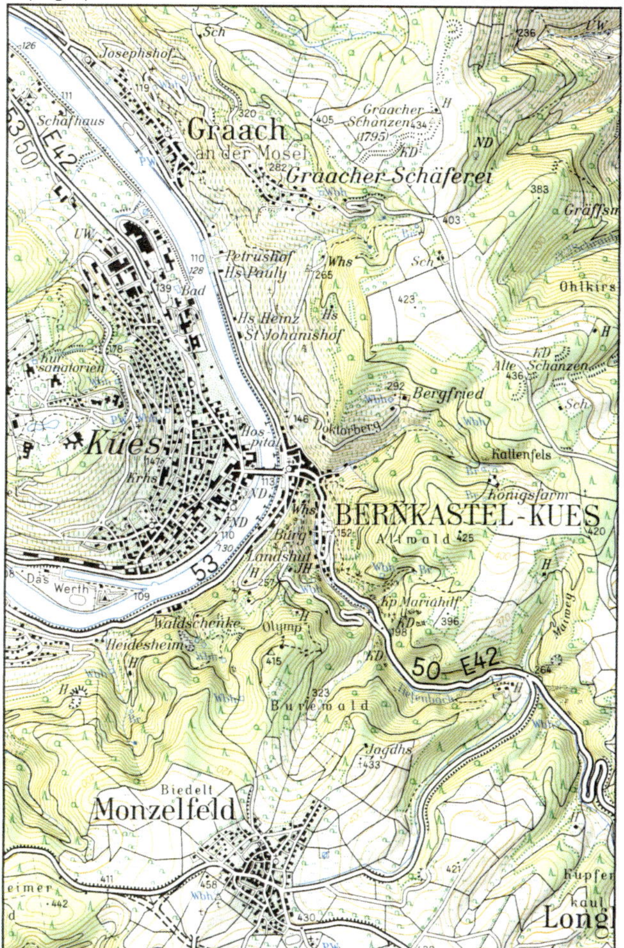

Herstellung und Druck: Landesvermessungsamt Rheinland-Pfalz

Ausschnitt aus der Anlage 4

Topographischen Karte 1:100000 Blatt C6306 Idar-Oberstein

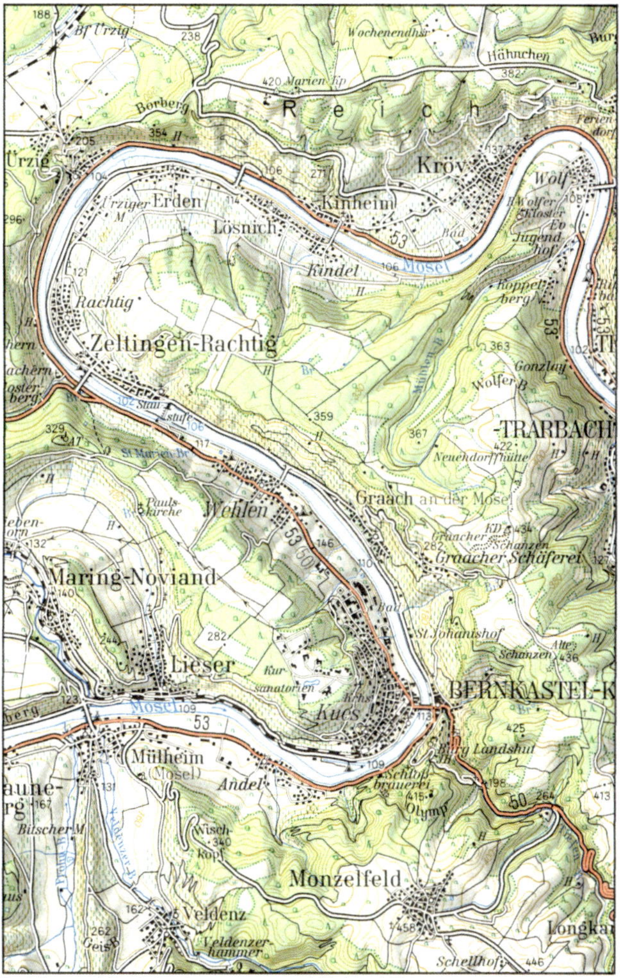

Herstellung und Druck: Landesvermessungsamt Rheinland-Pfalz

Ausschnitt aus der Anlage 5

Topographischen Übersichtskarte 1:200 000, Blatt CC 6302 Trier

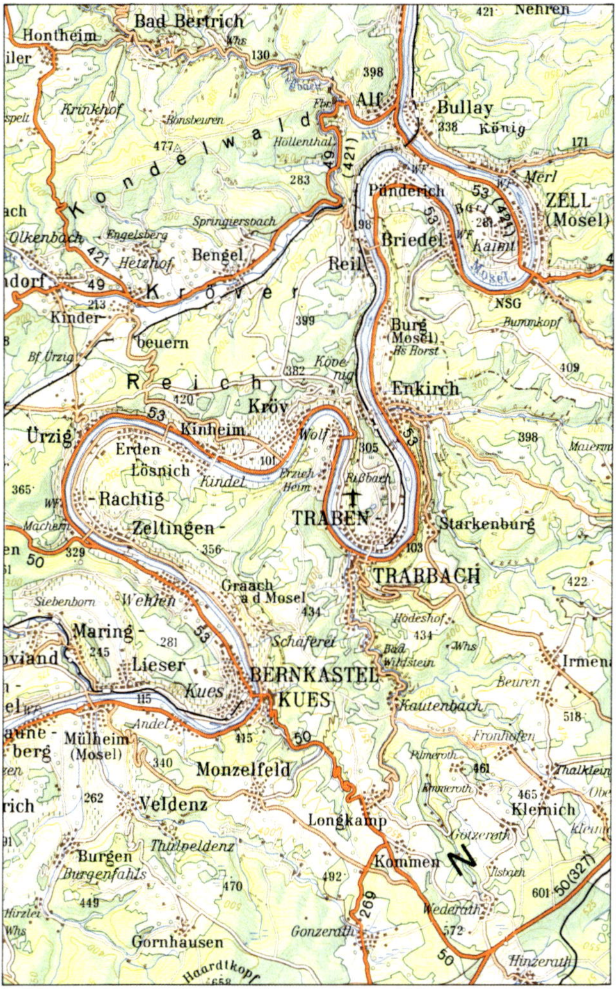

Reproduktion und Druck: Institut für Angewandte Geodäsie, Außenstelle Berlin, 1980

Ausschnitt aus der Übersichtskarte 1:500 000 – World Serie 1404, Großblatt SW

Anlage 6

Reproduktion und Druck: Institut für Angewandte Geodäsie, Außenstelle Berlin, 1980

Ausschnitt aus der Internationalen Weltkarte 1:1 000 000, Blatt NM 32/33* München

Anlage 7

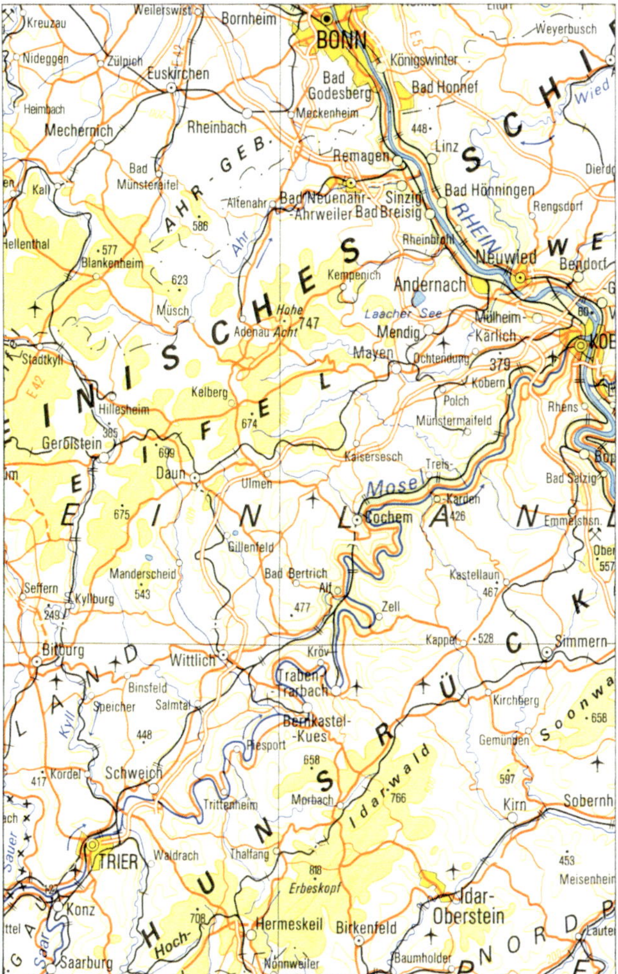

Reproduktion und Druck: Institut für Angewandte Geodäsie, Außenstelle Berlin, 1980

Anlage 8

Ausschnitt aus dem
amtlichen Stadtplan von Kaiserslautern

1:15 000

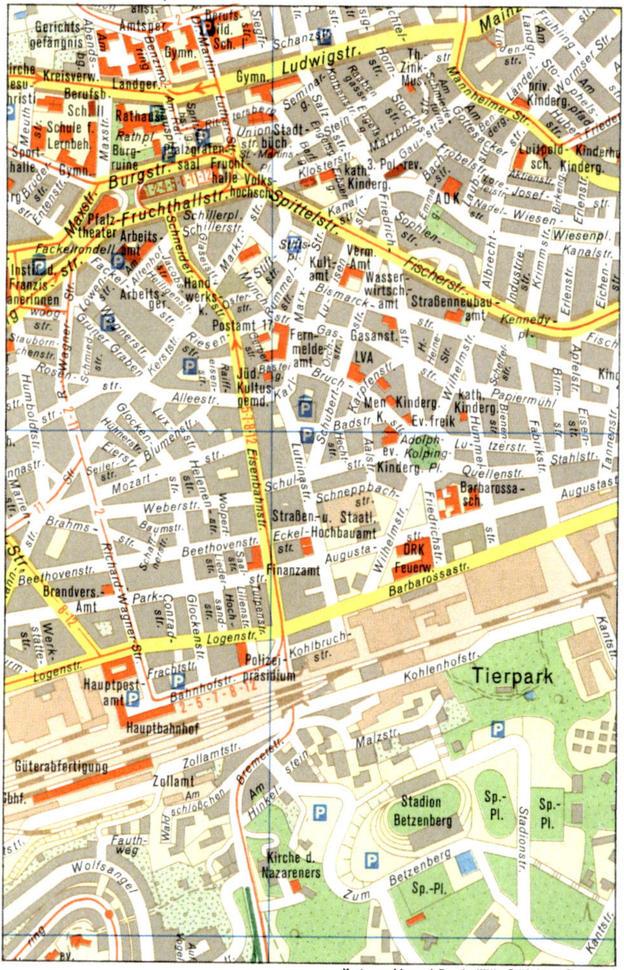

Kartographie und Druck: Willy Größchen, Dortmund